TRIZ的

創新理論
與實戰精要

Theory of Inventive Problem Solving
теории решения изобретательских задач

因果分析、矛盾矩陣、發明原理、科學效應，
一本書教你用創新方法解決實際問題

內容全面×循序漸進×結構合理×講解細□　條理清晰×通俗易懂
創新方法團隊根據　　　　　　　　　　　　結出的精華之作

U0087366

「技術系統的設計，在一百年前是一種藝術，現在已經成為精確科學......TRIZ 理論的實質在於它將從根本上改變產生新技術思想的流程。」
　　　　　　　　　　　　　　　　　　　　　──根里奇・阿奇舒勒

目錄

第 12 章　應用 TRIZ 解題流程綜合案例

附錄

附錄 A　學科效應庫效應列表

附錄 B　習題參考答案

前言

「技術系統的設計，在一百年前是一種藝術，現在已經成為精確科學……TRIZ 理論的實質在於它將從根本上改變產生新技術思想的流程。」

—— 根里奇 · 阿奇舒勒 (Genrikh Altshuller)

一套行之有效的方法是推動創新工作順利進行的保障，是讓創新主體「善於創新、勇於創新和樂於創新」的關鍵。而 TRIZ 理論是當前最高效和實用的創新方法，是蘇聯 1,500 多名專家對大量專利文獻蒐集、研究、提煉和昇華的結果。TRIZ 是一整套創新方法體系，包含了大量實用的創新方法工具，可以針對實踐中的各類工程技術問題進行剖析和解答。

但 TRIZ 的學習和掌握並不容易，其工具繁雜，流程瑣碎，細節眾多，如何能夠讓渴望創新的工程師們在最短的時間內掌握這套方法並迅速投入實踐，這是個問題。

也許本書可以給此問題一個答案。本書作者基於相關創新方法的研究及使用者的經驗總結，針對創新方法的學習和應用難點、重點撰寫了本書，書內包含了大量原創教學和應用經驗，便於學習者自學或參加培訓學習。與市面已有同類書籍相比，本書具有理論及實踐兩方面的貢獻：

(1) 理論方面。首先，本書涵蓋了需要掌握的所有理論知識點，並透過清晰的邏輯將繁雜的 TRIZ 工具合理的串聯起來。讀者可以方便的在本書中查閱所有知識點，而無須再四處搜尋。其次，作者在融合解題實戰經驗和海內外 TRIZ 理論研究最新研究成果的基礎上，對經典 TRIZ 工具及其使用流程進行了探索性的改進和最佳化，使之更符合大眾的思維方式和使用習慣。

　　(2) 實踐方面。本書引入了多次培訓過程中累積的大量真實案例，並附上了 TRIZ 專家對學員使用 TRIZ 流程的評論和建議。此外，書中還精選了若干通俗易懂、饒有趣味的原創教學案例，能夠為讀者和 TRIZ 科普工作者提供良好的協助。

作者

第 1 篇
問題分析篇

第 1 章　TRIZ 理論基礎

1.1　TRIZ 理論的起源

「發明問題解決理論」的俄文為 теории решения изобретатель-ских задач，將俄文譯成拉丁文之後為 Teoriya Resheniya Izobreatatelskikh Zadatch，其縮寫為 TRIZ，此即該理論最常用的稱呼。英語通常將 TRIZ 譯作 TIPS（Theory of Inventive Problem Solving），中文譯作「萃思」，更常見的是直接讀其英文發音 TRIZ。

有關 TRIZ 理論的緣起，還要追溯到 1940 年代。當時，年輕的阿奇舒勒擔任蘇聯海軍專利調查員，因為工作的需求在閱讀了大量專利文本之後，他敏銳的注意到在這些貌似孤立的專利中存在著一些解決問題的通用模式——每個具有創意的專利，基本上都是在解決矛盾的問題，解決這些矛盾的基本原理被一再的使用，而且往往是在隔了數年之後。阿奇舒勒據此推論，解決發明問題過程中所尋求的科學原理和法則是客觀存在的，大量發明面臨的基本問題和矛盾也是相同的，同樣的技術創新原理和相應的問題解決方案，會在後來的一次次發明中被重複應用，只是應用的技術領域不同而已。因此，將那些已有的知識進行提煉和重組，形成一套系統化的理論，就可以用來指導後來者的發明創新。如果後來的發明家能夠擁有早期解決方案的知識，那麼他們的發明創新工作將會更為容易。阿奇舒勒在當時的筆記中記錄下他的設想：「一旦我們對大量好的專利進行分析，提取它們的問題解決模式，人們就能夠學習這些模式，從而獲得創造性解決問題的能力。」

阿奇舒勒隨即著手驗證自己的設想，開發 TRIZ 理論並舉辦研討班。他於 1956 年首次發表〈發明創造心理學和技術進化理論〉。該文是第一篇正

式發表的 TRIZ 論文，文中介紹了技術衝突、理想化、創造性系統思維、技術系統完整性定律、發明原理等，象徵著 TRIZ 理論逐漸進入大眾視野。此後，TRIZ 理論在阿奇舒勒全心傾注的耕耘下蓬勃發展，並於 1961 年出版了圖書《如何學會發明》。隨著 TRIZ 理論在蘇聯境內影響力的提升，逐漸成為了科學家、發明家以及工程師解決問題的有力武器。1970 年代，質場分析、標準解系統、學科效應庫等工具初始版本的誕生，更使 TRIZ 理論羽翼漸豐。

TRIZ 理論認為，解決某個創新問題的困難程度，取決於對該問題描述的標準化程度，這也是 TRIZ 各基本工具將特殊問題轉化為標準問題的主要思維。然而，如果一個創新問題過於複雜，難以簡單的運用矛盾分析或者質－場模型的建構來進行標準化時，又該如何處理？而這類複雜的問題恰恰是日常實踐中會大量出現的。為了解決這類問題，阿奇舒勒開發了發明問題解決算法（Algorithm for Inventive-Problem Solving, ARIZ），該算法整合了上述提到的 TRIZ 中的許多概念和方法，透過系統的、邏輯化的思維方式，層層深入，抽絲剝繭，將非標準問題轉化、拆解，處理成標準問題，然後應用標準解法來獲得解決方案。

自 ARIZ 誕生後，阿奇舒勒和若干 TRIZ 專家不斷的對其進行完善和修訂，以保證 ARIZ 的與時俱進。ARIZ 有許多個版本，ARIZ-85C 是阿奇舒勒本人開發的最後一個版本，成為經典。後來，其他 TRIZ 專家和商業公司陸續推出了 ARIZ 新版本，如 ARIZ-KE-89/90、ARIZSM VA91(E) 和 ARIZ2000。隨著時間的推移，ARIZ 的一些早期版本已經不再使用。ARIZ 的每一個新版本對前面的版本都有提升和改進，其解決問題的基本思路一致，只是步驟有所不同。在最經典的 ARIZ-85C 中，9 個流程分別為：問題的分析、問題模型的分析、陳述理想化最終結果和物理矛盾、運用外部質場資源、運用效應知識庫、改變或重新格式化問題、分析消除物理矛盾的方法、運用解法方案和分析解決問題的過程，如表 1.1 所示。

表 1.1　ARIZ-85C 的問題分析流程

序號	步驟	子步驟
1	問題的分析	①陳述「焦點」問題。②定義矛盾因素。③建立技術矛盾模型。④為後續確定模型圖。⑤強化矛盾。⑥建立陳述問題的模型。⑦用標準解法解題。
2	問題模型的分析	①繪製運作區（operating zone）矛盾模型圖。②定義操作時間（OT）。③定義物質和質－場資源。
3	陳述理想化最終結果和物理矛盾	①確定 IFR-1 的表達式。②強化 IFR-1。③表述物理矛盾（宏觀）。④表述物理矛盾（微觀）。⑤表述 IFR-2。⑥運用標準解法解題。⑦運用外部質－場。
4	運用外部質－場資源	①運用小矮人建模。②從 FR「返回」。③綜合使用物質資源。④使用真空區。⑤使用資源。⑥使用電場。⑦使用場和場效應物質。
5	運用效應知識庫	①運用標準解法解決物理矛盾。②運用 ARIZ 已有解決非標準問題的方案。③利用分離原理解決物理矛盾。④運用導航知識庫來解決物理矛盾。
6	改變或重新格式化問題	①如果問題已解決則闡述功能原理，繪製原理圖。②檢查是否描述的是幾個問題的聯合體，重新定義。③如果仍不得解，則返回起點，重新根據超系統相應的問題進行格式化。這一循環過程可以重複多次。④重新定義「焦點」問題。
7	分析消除物理矛盾的方法	①檢查解決方案。②初步評估解決方案（是否理想的消除了物理矛盾）。③透過專利搜尋評價方案的新穎性。④子問題預測。
8	運用解決方案	①定義系統及超系統的改變。②檢查改變的系統的其他用途。③運用解決方案解決其他發明問題。
9	分析解決問題的過程	①分析解決問題的過程和 ARIZ 存在的差異，記下編寫的內容。②方案與 TRIZ 知識庫（標準解法、分離原理、效應知識庫等）比較，如有突破，應予以文件化，豐富知識庫。

1.2　TRIZ 理論的傳播

　　進入 21 世紀後，TRIZ 理論在世界各國的研究和推廣，大致沿著以下幾個方向：

　　方向一，TRIZ 理論自身的發展完善。以色列的 TRIZ 專家 Filkovsky 認為，對 TRIZ 龐大的理論體系的簡化和整合勢在必行，他以 TRIZ 理論中經典的「小矮人法」為出發點，提出了 TRIZ 的簡化模型—系統化創新思想

（Systematic Inventive Thinking, SIT）。1995 年，Sickafus 博士將 SIT 思想應用到福特公司，並據此建立了一套專用於企業內部培訓的方法體系，稱為統一結構化創新思維（Unified Structured Inventive Thinking, USIT），該方法致力於短期內（3 ～ 7 天）使被培訓者掌握系統化的解決創新問題的流程，從而更加有利於其大規模的傳授、推廣。

方向二，TRIZ 與其他先進設計方法的融合。美國和日本在該領域占有主導地位。從 1990 年代中期以來，美國供應商協會（American Supplier Institute, ASI）一直致力於 TRIZ 理論與六標準差（6σ）、品質機能展開（Quality Function Development, QFD）、田口方法（Taguchi Methods）等現代管理方法的整合提升，改進產品設計與生產的哲學理念，推進現代化製造業的本質提升。

方向三，以 TRIZ 理論為基礎之一的電腦輔助創新（Computer Aided Innovation, CAI）是現今新產品開發中的一項關鍵技術。當下的產品開發與設計越發複雜，單憑人腦已經無法蒐集並分析大量的專利方案以及設計資訊，而電腦輔助創新技術能夠極大的提高創新設計人員的工作效率和效果，將知識轉化為有組織的、可搜尋的、可共享的形式。因此，各國都致力於 CAI 的研究和相應軟體的開發，目前較為成熟的創新方法軟體有：美國 Invention Machine 公司的 Goldfire Innovator、美國 Ideation International 公司的 Innovation WorkBench（IWB）、美國 IWINT 公司的 Pro/Innovator、比利時 CREAX 公司的 CREAX Innovation Suite 以及烏克蘭 TriSolver GmbH & Co.KG 公司的 TriSolver 等。中國商品化的 CAI 軟體有河北工業大學 TRIZ 研究中心研發的 Invention Tool 軟體，同時浙江大學工程教育研究所也推出了一款公益 CAI 雲端軟體——創新咖啡廳（www.cafetriz.com）。

方向四，TRIZ 在各行各業中廣泛應用，幫助解決實際問題。TRIZ 的應用不僅侷限於化工、醫藥、機械、電子等工程技術領域，還包括生物科學、社會科學、政府管理等非工程技術領域。美國的福特、波音、通用汽車、3M，德國的博世、西門子以及韓國的三星電子等公司都是 TRIZ 理論的受益者。

1.3　TRIZ 理論的兩大革命性貢獻

其一，很多的原理和方法在發明過程中是重複使用的。

來自不同領域的不同問題，有時可以用相同的原理去解決。這個發現讓阿奇舒勒備受鼓舞，他決定從專利中找出解決問題時潛在的、最常用的方法。基於這樣的思維，阿奇舒勒和他的團隊對不同工程領域的專利進行了歸納和總結，提取出了專利中解決問題最常用的方法和原理。

其二，技術系統的進化和發展並不是隨機的，而是遵循著一定的客觀趨勢。

阿奇舒勒在研究專利的過程中，認為技術系統或產品的進化和發展不是隨機的，而是遵循著一定的客觀趨勢，並提煉整理出了 TRIZ 中的技術系統進化法則。

1.4　TRIZ 理論的基本概念

1.4.1　發明等級

在阿奇舒勒開始對大量專利進行分析和研究之初，他就遇到了一個無法迴避的問題：如何評價一個專利的創新水準？在大量的專利中，有的專利是在原有基礎上，對技術系統內某個性能指標進行的簡單改進；有的專利則是提出了原來根本不存在的全新技術系統（如蒸汽機、飛機、網際網路），這些人類科技發展史上的里程碑，具有極高的技術水準。顯然，這兩種專利在創新程度上是有差距的，那麼該如何制定一個相對客觀的標準來評價它們在創新程度上的差異？阿奇舒勒認為，克服技術系統中存在的矛盾，是創新的最主要特徵之一。基於這樣的思維，阿奇舒勒提出了發明專利的五個等級，如表 1.2 所示。

表 1.2　發明的五個等級

發明等級	重要特徵	
第一級發明合理化建議（占整體的 35%）	原始狀況	帶有一個通用工程參數的課題
	問題來源	問題明顯且解題容易
	解題所需的知識範圍	基本專業培養
	困難程度	課題不存在矛盾
	轉換規律	在相應工程參數上發生顯著變化
	解題後引起的變化	在相應特性上產生了明顯的變化
第二級發明適度新型革新（占整體的 45%）	原始狀況	帶有數個通用工程參數，有結構模型的課題
	問題來源	存在於系統中的問題不明確
	解題所需的知識範圍	傳統的專業培訓
	困難程度	標準問題
	轉換規律	選擇常用的標準模型
	解題後引起的變化	在作用原理不變的情況下解決了原系統的功能和結構問題
第三級發明專利（占整體的 16%）	原始狀況	成堆的工作量，只有功能模型的課題
	問題來源	通常由其他等級系統和行業中的知識衍生而來
	解題所需的知識範圍	發展和整合的創新思維
	困難程度	非標準問題
	轉換規律	利用整合方法解決發明問題
	解題後引起的變化	在轉變作用原理的情況下使系統成為有價值的、較高效能的發明
第四級發明綜合性重要專利（占整體的 3%）	原始狀況	有許多不確定的因素，結構和功能模型都無先例的課題
	問題來源	來源於不同的知識領域
	解題所需的知識範圍	淵博的知識和脫離傳統概念的能力
	困難程度	複雜問題
	轉換規律	運用效應知識庫解決發明問題
	解題後引起的變化	使系統產生極高的效能，並將會明顯的導致相近技術系統改變的「高階發明」

	原始狀況	沒有最初目標，也沒有任何現存模型的課題
第五級發明 新發現 （占整體的 1%）	問題來源	來源或用途均不確定
	解題所需的知識範圍	運用全人類的知識
	困難程度	獨特、異常問題
	轉換規律	科學和技術上的重大突破
	解題後引起的變化	使系統產生突變，並將會導致社會文化變革的 「卓越發明」

下面以飛機設計和製造領域的案例來解釋這五級發明的內涵。

第一級發明：解決方案明顯，屬於常規設計問題或技術系統的簡單改進，可以利用個人的、本領域的相關專業知識加以解決，大約 35% 的問題屬於這一級。例如，將單層玻璃改成雙層玻璃，以增加飛機客艙的保溫和隔音效果；運用高強度工程塑膠代替飛機上的某些傳統金屬部件，使其既能夠保證材料強度，又能夠減輕重量、易於加工，方便個性化訂製。這些是技術系統的簡單改進，屬於第一級發明。

第二級發明：對技術系統的局部進行改進，所需知識僅涉及到單一工程領域，常常利用折衷設計思維降低技術系統內存在矛盾的危害性，大約 45% 的問題屬於此等級。例如，需要增加某型號飛機的引擎功率，然而問題在於，引擎功率越大，工作時需要吸入的空氣越多，引擎整流罩的直徑就要相應增大；而整流罩增大，機罩離地面的距離就會減小，但該距離的減小是不被允許的，此為一對矛盾。折衷解決方案的思路是這樣的：增大整流罩的直徑，以便增加空氣的吸入量，但為了不減少整流罩與地面之間的距離，將整流罩底部的曲線變為直線，如圖 1.1、圖 1.2 所示。這樣的解決方案屬於第二級發明。

第三級發明：對技術系統進行了本質性的改進，大大提升了系統性能。這其中所需的知識涉及不同工程領域，設計過程須解決矛盾，大約 16% 的問題屬於此等級。例如，將傳統的活塞引擎改進為噴射引擎，能夠把吸氣、壓縮、燃燒、做功四個工作過程連接起來，增加了能量密度。這屬於第三級發明。

圖 1.1　飛機整流罩改進示意圖

圖 1.2　飛機整流罩改進實物圖

　　第四級發明：全面升級現有技術系統，引入完全不同的體系和全新的工作原理來完成技術系統的主要功能。這需要用到不同科學領域的知識，大約 4% 的問題屬於此等級。例如，在製造飛機高強度部件時，需要用金剛石刀具進行切割，此時不希望金剛石內部有微小裂紋。因此須設計一種設備，可以將大塊金剛石沿已存在的微小裂紋方向分解為小塊，以保證每個小塊內部沒有裂紋。該如何設計這種設備呢？

　　解決該問題的，需要用到其他領域的知識。在食品工業中，將胡椒的皮與籽分開，採用了升壓與降壓原理：首先將胡椒放在容器中，將容器中的氣壓升至 8 個大氣壓，之後快速降壓，這樣胡椒的皮與籽就分開了。採用同樣的原理，設計一個耐壓容器，將大塊的金剛石放入之後升壓（具體壓力值可由實驗得到），然後突然降壓，大塊的金剛石將沿內部微小裂紋分開。透過升壓／降壓分解金剛石的原理來自於機械行業以外的其他科學領域知識，屬於第四級發明。

　　第五級發明：透過發現新的科學現象或新物質來建立全新的技術系統，所需知識涉及到整個人類的已知範疇，只有 1% 的問題屬於此等級。在這個過程中，新的技術系統逐步融合到社會發展過程中，原有技術系統被逐步淘汰。例如，電磁感應的發現成為發明發電機的基礎，使蒸汽機和內燃機逐步退出歷史舞臺；質能等價的提出為後續原子彈的發明提供了基礎，這些都是人類科技發展史上的里程碑，屬於第五級發明。當前磁流體引擎的飛

速發展將有可能取代現有的渦輪或衝壓引擎，使低成本的超音速飛行成為可能，但為適應超音速飛行，飛機的空氣動力外型、航控系統等都將進行相應調整，從而顛覆傳統的飛機製造技術，也將對人類的移動方式造成影響，因此可視為第五級發明。

阿奇舒勒認為，第一級的發明，只是對現有系統的某些參數進行簡單改進，並沒有針對性的解決矛盾；而對於第五級的發明，通常起源於重大的科學或者技術進步，進而引起人類社會的重大變革，這樣的發明不到發明總數的 1%。TRIZ 理論對解決第二～四級的發明問題是非常有效的，可以幫助人們完成至少 80% 的創新產品技術課題；而透過不斷的、充分的實踐，學會綜合利用 TRIZ 所有工具，則可以幫助人們程序化的迅速解決 95% 的課題。

1.4.2　技術系統

技術系統是指人類為了實現某種目的而設計、製造出來的一種人造系統。該定義闡述了技術系統的兩個本質：第一，技術系統是一種人造系統，它是人類為了實現某種目的而創造出來的，這也是與自然系統的最大差別。第二，技術系統能夠透過提供某種功能，實現人類期望的某種目的。因此，技術系統具有明顯的「功能」特徵，在對技術系統進行設計、分析的時候，應該牢牢的掌握住「功能」這個概念。

一個技術系統往往由多個零件（這個概念不僅僅指實體零件，也可以是虛擬零件）按照一定的關係組合在一起形成的。系統中最小的零件或零件之間的連接關係，通常被稱為系統的元素。由這些元素組成的，具有一定功能的集合體通常被稱作子系統。一個能夠完成一定功能的技術系統往往由多個子系統構成。

任何技術系統包括一個或多個子系統，每個子系統即可執行自身的功能，又可分為更小的子系統。在 TRIZ 中，最簡單的技術系統由兩個元素以及兩個元素間傳遞的能量組成。例如，技術系統——「汽車」由「引擎」、「換向器」和「剎車」等子系統組成，而「剎車」又由「踏板」、「液壓傳動裝

置」等子系統組成。所有的子系統均在更高層系統中相互連接，任何子系統的改變將會影響到更高層系統。當解決技術問題時，常常要考慮子系統和更高層系統之間的相互作用。

子系統是當前系統的一部分，而超系統指可影響整個分析系統的外部要素。需要注意的是，「超系統」的概念與「環境」的概念是截然不同的，系統邊界外的要素都可以算為環境要素，但只有系統外部環境要素與系統或系統組件發生關係時，才作為超系統來考慮，不發生關係就不是超系統。例如以一部手機為當前系統進行研究，其子系統有「觸控螢幕」、「訊號收發系統」、「CPU」等，如果要研究的問題涉及無線網路訊號的傳輸，則「無線路由發射器」肯定與系統有關，所以也將其納入超系統來考慮。如果要研究的問題是觸控螢幕靈敏度的問題，則不涉及訊號發射與傳輸，此時「無線路由器」沒有與系統發生作用，就不是超系統。對超系統組件的詳細解釋詳見2.2.1 節。

1.4.3　理想度

技術系統是人類為了實現某種功能而設計、製造出來的一種人造系統，在技術系統使用和改進的過程中，其優劣需要進行評價和比較。日常生活中這樣的實例俯拾皆是，如我們需要購置一臺筆記型電腦，在下單之前會綜合考慮其功能、外觀、售價、重量、散熱性等多方面因素，然後做出最優選擇——簡而言之，我們用「CP 值」的概念來評價產品。用類似的思路來考察技術系統，則在 TRIZ 理論體系中引入了「理想度」的概念。其基本思路為，技術系統能夠提供一個或多個有用功能（useful function），也會附帶若干人們不希望出現的副作用，稱為有害功能（harmful function）。同時，實現技術系統必須要付出一定的時間、空間、材料、能量等成本（cost）。綜合考察，技術系統的理想度（ideality）等於系統實現的有用功能之和除以有害功能之和加成本之和，公式如下：

$$理想度 = \frac{\Sigma 有用功能}{\Sigma 有害功能 + \Sigma 成本}$$

　　技術系統不斷改進的過程，表現為理想度的不斷提升。以我們最熟悉的手機為例，其誕生初始被人們戲稱為「黑金剛」，重量和體積較大（零件多，製造成本大），訊號不穩定（有害功能多），而且也只能實現打電話的功能（有用功能少）。經過若干年的改進，如今的手機已經徹底改頭換面，有用功能大大增強（通話、簡訊、4G 網路、App 應用程式、智慧型終端機等），有害功能得到削減（手機輻射、零部件發熱等），成本降低也使得手機普及到每一個人手中——這些都顯示手機系統的理想度得到了大幅提升。

　　提升系統理想度的方法，稱之為理想化設計。上面的實例已經說明，增加有用功能、減少有害功能、降低成本等思路均可提升系統的理想度，具體來講：

　　第一，增加有用功能的數量，或者提升現有有用功能的品質。透過最佳化提升系統參數，應用新的材料和零部件，替系統加入調節或回饋系統，透過系統與環境的互動引入額外的有用功能，均可達到該目標。

　　第二，減少有害功能的數量，或者減低現有有害功能的危害。可透過預先防範、變害為利、變廢為寶等措施達到該目標。這樣的過程既可以發生在系統內部的子系統之間，也可以發生在系統與環境之間。

　　第三，減小系統的體積和重量，降低系統實現功能所需的時間、能量，以及充分利用系統內可用資源（包括未占用的空間、空閒時間、儲存的能量、資訊甚至廢料等）。利用自然界已有的資源、現象以及科學效應，均可達到降低成本的目標，從而提升理想度。

1.4.4　理想化最終結果

　　隨著技術系統的不斷進化，其理想度會不斷的提高，極限的情況是系統的有用功能趨向於無窮大，有害功能和成本則趨近於零，兩者的比值（即理想度）為無窮大。此時，技術系統能夠實現所有既定的有用功能，但卻不

占據時間、空間（不存在物理實體），不消耗資源（能量），也不產生任何有害功能——這樣的技術系統就是理想系統，這樣的狀態稱為最終理想結果（Ideal Final Result, IFR），而基於理想系統的概念得到的針對一個特定技術問題理想化解決方案的過程，稱為最終理想解[1]。

最終理想化的狀態在現實生活中是不存在的，但是對解決發明問題具有極其重要的意義。首先，IFR 為我們指明了創新的方向，能夠保證在問題解決過程中始終沿著理想化的方向前進，從而避免了狹隘的視野以及盲目無頭緒的試探，破除了傳統方法中缺乏目標引導的弊端。其次，對 IFR 的追求也能規避因客觀條件限制而被迫做出折衷妥協的弊端，避免了心理慣性，提高了創新設計的效率。

在達成理想狀態的過程中，始終需要以理想化的最終結果（IFR）為指引，打破刻板思維的束縛，考慮直接解決矛盾而不是向矛盾妥協，這是 TRIZ 理論的核心思想和創舉之一。因此，「理想化」概念的意義在於，針對試錯和依賴靈感等傳統思維和創新方法的弊端，TRIZ 理論在解決問題之初，首先明確了努力的方向，強調拋開各種客觀條件的限制，尋求理想化的狀態。

1.5 本章小結

整體而言，TRIZ 是當前最高效的實用性創新方法，其本質是一種系統性創新的方法，能夠使工程師在創新的過程中不用再依靠試錯和靈感，而直接採用系統化的思維方式和結構化的工具來建構解決方案。

作為一種系統性的創新方法，TRIZ 理論的基本思路是將一個待解決的具體問題轉化成典型問題的模型（步驟①），然後根據問題的屬性，有針對性的應用不同的 TRIZ 工具，並採用相應的流程，得到典型解決方案模型

---

1 中國國內很多文獻將最終理想結果（IFR）與最終理想解兩個概念混淆，IFR 是一個結果，而最終理想解是求解過程，是一種方法。

（步驟②），最後結合實際情況得到具體解決方案（步驟③），如圖 1.3 所示。
這一思路與關注發散性思考的傳統創新方法存在本質上的不同。

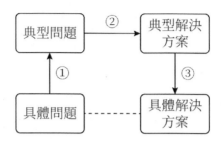

圖 1.3　TRIZ 解決問題的基本思路

　　TRIZ 解決發明問題的思路類似於解一元二次方程式的過程。如對於一般形式的方程式（具體問題），有 $2x^2 + 3x + 1 = 0$，將其轉化為典型形式（典型問題）則為 $ax^2 + bx + c = 0$。解一元二次方程式的典型解決方案為應用求根公式（配方法、因式分解法等為非典型方法），有求根公式：。

$$x = \frac{-b \pm \sqrt{b^2 - 4ac}}{2a}$$

　　結合具體情況，將 a, b, c 實際值代入求根公式，得 $x_1 = -1$，$x_2 = -0.5$。TRIZ 方法的妙處在於將解決複雜創新問題從漫無目的亂猜亂碰，變成像解方程式一樣有規律可循。

第 2 章　系統功能分析與系統裁剪

2.1　系統功能的定義

2.1.1　功能的概念

1940 年代，價值工程理論的創始人，美國奇異公司的工程師麥爾斯（Lawrence D. Miles）首先注意到了功能的概念。麥爾斯認為，顧客買的不是產品本身，而是產品的功能。例如，冰箱有滿足人們「冷藏食品」的屬性；起重機有幫助人們「移動物體」的屬性。因此，企業實際上生產的是產品的功能，客戶購買的實際上也是產品的功能。也就是說，功能是產品存在的目的。從系統科學的觀點來看：功能是系統存在的理由，是系統的外在表現；結構是系統功能的載體，是系統的客觀存在；功能是結構的抽象，結構是功能的載體。

功能（function）是指某組件（子系統、功能載體）改變或保持另一組件（子系統、功能對象）的某個參數的行為或作用（action）。關於這個概念，有以下幾個要點需要注意。

(1) 功能載體以及對象都必須是實體，不能是虛擬的物質或者參數，因為根據定義功能的載體和對象都必須是組件（子系統、功能載體）。

(2) 功能必須「改變或保持」對象的「某個參數」，因此功能是一種「客觀存在」並「產生了影響」的行為或作用，未發生的、推測或臆想的行為或作用都不是功能；此外，沒有效果的行為或作用，即沒有「改變或保持」對象的「某個參數」的行為或作用，不算功能。以人靠在牆上站立為例，牆改變了人的狀態（不然人會摔倒），此時牆對人有支撐的功能，但如果人僅僅是貼牆站著，牆沒有改變人的狀態，此時牆對人沒

有功能。

在 TRIZ 中，功能是對產品或技術系統特定工作能力抽象化的描述，任何產品都具有特定的功能，功能是產品存在的理由，產品是功能的載體，功能附屬於產品，又不等同於產品。根據功能的定義，功能一般用 SVOP 的形式來規範，其中 S 表示技術系統或功能載體名稱；V 表示施加動作；O 表示作用對象；P 表示作用對象的「被改變或保持的」參數。SVOP 的定義法如圖 2.1 所示。在 S（技術系統或功能載體）不言自明的情況下，可以將功能定義為 VOP 的簡化形式。

在 SVOP 中，施加的動作盡量用抽象的動詞表達，避免使用專業術語和直覺表達。TRIZ 的功能定義採用抽象方式表達，價值在於透過多個定義的方法來產生更多和更靈活的想法。功能定義越抽象，引發的構想就會越多。直覺表達其實描述的不是功能，而是功能執行的結果。直覺表達和抽象表達的區別如表 2.1 所示，常用的功能抽象定義的動詞如表 2.2 所示。

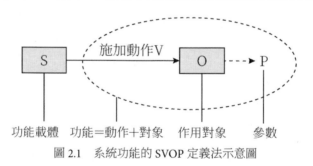

圖 2.1　系統功能的 SVOP 定義法示意圖

表 2.1　直覺表達與抽象表達定義的系統功能

技術系統	直覺表達	抽象表達（省略功能載體的規範性表述 VOP）
吹風機	吹乾頭髮	減少水分（的）數量
電風扇	涼爽身體	改變空氣（的）位移
放大鏡	放大目標物	改變光線（的）方向
白熾燈	照亮房間	提高空間光照度
擋風玻璃	保護司機	提高車及乘客的安全性
二極體	整流電流	阻滯某極性電流（的）流動性

表 2.2　常用功能動詞表

功能動詞	功能動詞	功能動詞	功能動詞
吸收	分解	加熱	阻止
聚集	沉澱	支撐	加工
裝配（組裝）	破壞	告知	保護
彎曲	檢測	連接	移除
拆解	乾燥	定位	旋轉（轉動）
相變	嵌插	混合	分離
清潔	浸蝕	移動	振動
凝結	蒸發	定向	固定
冷卻	析取	擦亮	傳遞
腐蝕	煮沸	防護	……

2.1.2　功能的分類定義

按照功能的效果與期望之間的差異可將功能分為有用功能和負面功能，其中負面功能又可分為有害功能、不足功能以及過度功能。

有用功能：指功能載體對功能對象的作用按照期望的方向改變功能對象的參數。

負面功能：指功能載體對功能對象的作用不按照期望的方向改變功能對象的參數。負面功能主要有以下 3 種：

(1) 有害功能：指功能載體對功能對象產生了有害的作用。
(2) 不足功能：指功能載體對功能對象的作用產生的實際改善值小於期望的改善值。
(3) 過度功能：指功能載體對功能對象的作用產生的實際改善值高於期望的改善值，而這種高於期望的改善值雖未帶來有害效果，但也不完全符合期望。

有害功能、過度功能和不足功能都無法滿足功能載體對作用對象的正常功能，因此都是系統中存在的不利因素。

對於系統中的有用功能而言，又可根據功能對象在系統中所處的位置

不同，進一步將其分為基本功能、輔助功能和附加功能。3 種功能類型的區別如下：

(1) 基本（主要）功能用 B 表示，其功能作用的目標是系統對象，是系統存在的主要理由，回答「系統能做什麼？」的問題。

(2) 輔助功能用 Ax 表示，其功能對象是系統組件，作用是支持基本功能，回答「系統怎麼做（實現基本功能）」的問題。

(3) 附加功能用 Ad 表示，其功能對象是超系統組件，回答「系統還能做什麼？」的問題。

2.2　系統功能分析

系統功能分析的主要目的是：對已有系統進行分解，確定技術系統所提供的主要功能，明確各組件的有用功能及對系統功能的貢獻，建立並繪製組件功能模型圖。

系統功能分析可以分以下 3 個步驟：

(1) 組件分析，描述組成系統的組件以及超系統組件。
(2) 相互作用分析，描述組件之間的相互作用關係。
(3) 建立功能模型，用規範化的功能描述，展示整個技術系統所有組件之間的相互作用關係以及如何實現系統功能。

2.2.1　組件分析

系統功能分析的第一步是組件分析。組件是技術系統的組成部分，組件有兩個特徵：

(1) 組件執行一定的功能。
(2) 組件可以等同為系統的子系統。組件可分為系統組件（包括子系統組件）和超系統組件兩大類。

　　組件分析的目的是識別技術系統的組件及其超系統組件，從而得到系統組件和超系統組件列表。組件分析回答了技術系統是由哪些組件組成的，具體包括系統作用對象、系統組件、子系統組件（如有必要），以及和系統組件發生相互作用的超系統組件。圖 2.2 是系統組件分析的層次示意圖。

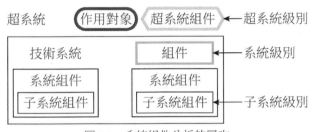

圖 2.2　系統組件分析的層次

　　通常情況下功能分析只分析到系統組件這一級，也可根據實際需求，進一步將個別系統組件拆分為子系統組件。基於分析需求，組件數量即不能太少也不要太多，根據經驗構成功能模型的組件總數（包括超系統組件）在 10 ～ 15 個為宜。

　　超系統組件指對系統造成影響的外部要素，因此超系統是客觀存在的外部環境因素，而不是系統內的組成部分。超系統組件和系統組件的一個顯著區別是「超系統不能被刪除或重新設計」。在進行系統功能分析的時候，如果不知某組件到底是系統組件還是超系統組件，那麼就應考慮該組件能否被刪除或重新設計，如不能，則一定為超系統組件。

　　超系統組件的識別是很重要的，因為超系統組件既可能導致工程系統出現問題，也可以作為工程系統的資源，成為解決問題的工具。在工程活動的各個階段，典型的超系統組件有：

- **生產階段**：設備、原料、生產場地等。
- **使用階段**：功能對象（產品）、消費者、能量源、與對象相互作用的其他系統等。
- **儲存和運輸階段**：交通方式、包裝、倉庫、儲存方式等。

- **與技術系統作用的外界環境**：空氣、水、灰塵、熱場、重力場等。

　　經過以上分析後，可以填寫系統組件列表，對系統的全部組件進行整理。系統組件列表示如表 2.3 所示。

表 2.3　系統組件列表

超系統組件	組件	子組件 （將其組件拆分為相應的子組件，寫在本列）		

　　在對超系統進行分析時，需要注意以下兩點：

(1) 超系統必須在對系統或系統組件有影響時才可納入考慮。
(2) 系統作用對象也是超系統組件，因為系統作用對象不能被刪除和重新設計。

2.2.2　相互作用分析

　　系統功能分析的第二步是相互作用分析。相互作用分析的目的主要是：全面識別在某一時刻系統組件及超系統組件之間的相互關係，以及辨別這些關係的性質。需要注意的是，在相互作用分析中，只要組件之間存在相互作用就必須都要納入考慮。一般運用建構相互作用矩陣的方法進行相互作用分析以避免遺漏。

　　在進行組件相互作用分析時，需要先將組件依次填入相互作用矩陣表格的列和行中。通常把列裡的組件作為作用的載體，把行裡的組件作為作用的對象，依次檢查兩個組件間的相互作用。如果存在作用則填寫動詞，若該作用是負面作用，還應在動詞後面加括號並寫上有害、不足或過度等字樣。假設組件之間存在「連接」、「摩擦」、「運輸」和「照射」幾個作用，以表 2.4 為例，說明這幾個組件相互作用分析的過程。

表 2.4　組件相互作用的分析

組件編號	組件 1	組件 2	組件 3	……	組件 n
組件 1		連接			摩擦（有害）
組件 2	連接				
組件 3		照射			
……					
組件 n	摩擦（有害），運輸				

(1) 組件 1 和組件 2 是裝配在一起的，這個作用是正常的，且是相互的，所以第 2 行第 3 列，以及第 3 行第 2 列都填入了「連接」，表示連接作用。

(2) 組件 *n* 對組件 1 有「摩擦」作用，這個作用是有害的，所以第 6 行第 2 列填入「摩擦（有害）」。

(3) 同時，組件 *n* 對組件 1 還有運輸作用（如傳送帶），如果存在多個作用，那麼都應填在同一格中，於是在第 6 行第 2 列繼續填入「運輸」。

(4) 組件 3 對組件 2 有「照射」作用，因此在第 4 行第 3 列填入「照射」。

　　需要強調的是，組件間的作用分為兩種：一種是物質和物質間的作用，這樣的作用是雙向的，如組件 1 和組件 2、組件 1 和組件 *n*，這兩個作用都要考慮，然後根據需求選擇主要的作用來考慮。例如組件 *n* 對組件 1 有運輸作用，反過來組件 1 一定對組件 *n* 也有「摩擦」作用，不然不會被「運輸」，但這個「摩擦」作用相較於「運輸」作用明顯可以忽略。另一種作用是物質與場之間的作用，這樣的作用是單向的，一定要注意方向，千萬不能搞錯。如本例中組件 3「照射」組件 2，如果填寫在第 3 行第 4 列就錯了，那就變成組件 2「照射」組件 3 了，方向反了。

2.2.3　建立功能模型

　　功能模型基於關係矩陣採用規範化的功能描述方式來表述組件之間的相互關係，能夠具象的將各組件間的所有功能關係及功能性質全部展示出來，有助於對系統進行深入分析。

1. 作圖規範

　　功能模型要素（代號）及繪製功能模型圖例需要遵循一定的作圖規範，本書採用統一的作圖規範如圖 2.3 所示。

功能分類	功能等級	性能水準	成本水準
有用功能	基本功能（B）	正常（N）	微不足道的（Ne）
	輔助功能（Ax）	過度（E）	可接受的（Ac）
	附加功能（Ad）	不足（I）	難以接受的（UA）
有害功能	有害功能（H）		
	圖例		
功能圖形	正常功能	⟶	
	過度功能	⟹	
	不足功能	⤏	
	有害功能	⟶	
組件圖形	系統組件	矩形	組件
	超系統組件	六稜形	超系統
	系統作用對象	圓角矩形	對象

圖 2.3　功能模型圖繪製圖例

　　功能模型圖的繪製有助於人們加深對系統本身的理解，也有助於後續解題，因此要充分重視建立功能模型圖的重要性。在建立組件功能模型圖過程中，主要有以下經驗可供參考：

(1) 功能模型圖只針對特定條件下的具體技術系統進行功能陳述，即強調「此時此景」，不要考慮系統隨時間的變化情況。

(2) 只有在作用中才能表現功能，所以在功能描述中必須有動詞反映該功能。不能採用不表現作用的動詞，也不能採用否定動詞。

(3) 功能存在的條件是作用改變了功能受體（對象）的參數。

(4) 功能陳述包括作用與功能受體（對象），表現作用的動詞能說明功能載體要做什麼。功能受體是物質，不能是參數。

(5) 在陳述功能時可以增添補充部分，指明功能的作用區域、作用時間和作用方向等。

2. 近視眼鏡的功能分析實例

下面透過近視眼鏡的例子來具體解釋功能分析的步驟，如圖 2.4 所示。

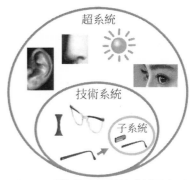

首先進行組件分析，繪製系統組件列表。為簡化分析，只將眼鏡分成三個組件，鏡片、鏡框和鏡腳。其實如果繼續分下去還可以有更多組件，例如鏡腳還可以分為金屬桿、塑膠套等，但不一定有必要。

圖 2.4　眼鏡的系統組件分析層次圖

超系統組件選擇了鼻子、耳朵和光線。

再根據上述分析，填寫組件列表，如表 2.5 所示。

表 2.5　眼鏡系統的組件列表

超系統組件	組件	子組件
光線	鏡腳	塑膠套、金屬桿等
耳朵	鏡框	
鼻子	鏡片	

根據組件間的相互作用繪製相互作用矩陣。在分析相互作用的時候盡量考慮全面，但在繪製功能模型的時候，可以忽視一些不關鍵的作用，例如鏡框和鏡腳以及鏡框和鏡片間的相互裝配作用。完整的系統組件相互作用表如表 2.6 所示。

表 2.6　眼鏡系統組件相互作用表

組件	鏡腳	鏡框	鏡片	光線	耳朵	鼻子
鏡腳		支撐			擠壓（有害）	
鏡框	連接		支撐			擠壓（有害）
鏡片		連接		折射		
光線						
耳朵	支撐					
鼻子		支撐				

隨後繪製功能模型圖，眼鏡系統的系統功能模型如圖 2.5 所示。繪製功能模型圖的時候要對照相互作用矩陣。去掉忽略的兩個「連接」裝配作用之後，矩陣中還剩下 7 個作用，這樣功能模型圖中應該有 7 條線。如果數量不一致，就要看一下是否有遺漏。

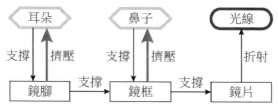

圖 2.5　眼鏡系統的系統功能模型圖

對於這個功能模型圖，有學員會提出疑問，戴眼鏡是為了改善視力，超系統中應該要考慮眼睛啊，怎麼模型中居然沒有「眼睛」呢？其實這個很好理解，因為繪製的是「眼鏡」的功能模型，「眼鏡」的功能就只是「改變光線方向」，戴在人眼睛上是這樣，放在地上也是這樣，所以眼鏡的功能與眼睛沒有關係，因此在「眼鏡」的功能模型圖中沒有眼睛。

事實上從另一個角度考慮，如果加入「眼睛」，會發現它與組件（鏡腳、鏡框和鏡片）都沒有直接發生作用，所以不符合超系統的定義，因此眼睛在這裡不能或者不需要納入超系統組件來考慮。

2.3　系統裁剪

2.3.1　系統裁剪的定義

系統裁剪（System Tailoring）即根據系統需要嘗試將系統中的某組件裁剪，同時把它有用的功能提取出來，讓系統中的其他組件（包括新引入的組件和原有組件）或超系統去實現這個功能，從而達到降低成本、提高系統理想度的目的。系統裁剪既消除了被裁剪部分產生的負面功能，又降低了成本，同時所執行的有用功能依舊存在。

總而言之，系統裁剪可以實現如下目的：

(1) 精簡組件數量，降低系統的組件成本。
(2) 優化功能結構，合理布局系統架構。
(3) 提升功能價值，提高系統實現功能的效率。
(4) 消除過度、有害、重複的功能，提高系統理想化程度。
(5) 更加利用系統內外部資源。

實施系統裁剪通常遵循如下 5 個步驟：

(1) 組件分析
(2) 建構相互作用矩陣
(3) 建構功能模型
(4) 確定裁剪組件或裁剪策略
(5) 實施裁剪

因為前 3 個步驟與系統功能分析建構功能模型的步驟一致，因此不再贅述。

2.3.2 確定裁剪組件的原則

通常，系統裁剪主要有「降低成本」、「專利規避」、「改善系統功能」和「降低系統複雜度」4 個基本目標。但依據系統的具體情況，進行系統裁剪有如下幾個原則。

（1）基於專案目標選擇裁剪對象。

首先，如果有明確的專案目標，那麼依據專案目標來確定裁剪組件。

- **降低成本**：優選功能價值低、成本高的組件。
- **專利規避**：優選專利權利聲明的相關組件。
- **改善系統**：優選有主要缺點的組件。
- **降低系統複雜度**：優選高複雜度的組件。

（2）選擇「具有負面功能的組件」。

其次，如果沒有明確的專案目標，那麼優先裁剪與負面功能有關的組件，具體順序為：優先考慮裁剪與有害功能相關的組件，其次是不足功能，然後是過度功能。

最後，如果系統沒有明確的負面功能，那麼按以下原則確定裁剪組件。

(3) 選擇「低價值的組件」。

(4) 選擇「提供輔助功能的組件」。

因為提供輔助功能組件的價值小於提供基本功能組件的價值，且冗餘度高。

(5) 選擇「其他有必要裁剪的組件」。

裁剪組件的確定不是唯一的，一定要根據實際情況來判斷。如果分析該系統的專家有足夠的經驗，可以透過對具體問題的具體分析，直接選擇出需要裁剪掉的組件。

2.3.3　實施裁剪的 3 個常見策略

如果將組件 A 作為系統功能的載體，組件 B 作為系統功能的受體，則組件 A 對 B 存在某種功能。若確定組件 A 為裁剪對象，則可以按照以下 3 個策略進行裁剪。

1. 裁剪策略①——唇亡齒寒

若移除作用對象 B，則作用對象 B 也就不需要組件 A 的作用了，此時功能載體 A 可被裁剪，具體裁剪規則如圖 2.6 所示。

圖 2.6　常用裁剪策略①示意圖

2. 裁剪策略②——自力更生

若組件 B 能自我完成組件 A 的功能，那麼組件 A 可以被裁剪，其功能由組件 B 自行完成，具體裁剪規則如圖 2.7 所示。

圖 2.7　常用裁剪策略②示意圖

3. 裁剪策略③——移花接木

技術系統或超系統中的組件 C 可以完成功能載體組件 A 的功能，那麼組件 A 可以被裁剪掉，其功能由組件 C 完成。組件 C 可以是系統中已有的，也可以是從系統外新引入的，具體裁剪規則如圖 2.8 所示。

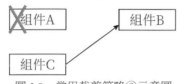

圖 2.8　常用裁剪策略③示意圖

舉個通俗的例子來解釋上述策略。例如廚師要用一把精緻的水果刀切水果，結果客人說不吃水果了（水果被裁剪掉了），那麼刀就可以收起來了，因為肯定用不上了，這用到的就是策略①。如果水果可以自己變成小塊（水果自服務），比如客人要聖女番茄而不是大番茄，那麼也就不用刀了（刀被裁剪），這用到的就是策略②。如果廚房裡還有菜刀，或者水果切割器等，那麼也可以不用水果刀（被裁剪）；菜刀是廚房中本來有的，而水果切割器是網購來的，原來廚房裡沒有，這就是策略③。

2.3.4　系統裁剪實戰案例

仍以眼鏡系統為例說明系統裁剪的過程。首先繪製眼鏡的功能模型圖，如圖 2.5 所示。

隨後確定裁剪對象，根據裁剪法實施的指導原則，在沒有明確目標的情況下，優先裁剪涉及負面功能，尤其是有害功能的組件，系統中提供涉及有害功能（作為有害功能的載體或對象）的組件是鏡腳和鏡框，因此可以先從鏡腳開始裁剪，裁剪方案如圖 2.9 所示。

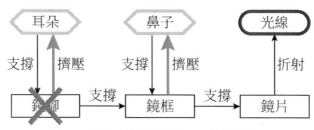

圖 2.9　眼鏡系統裁剪方案——裁剪鏡腳

將鏡腳確定為待裁剪組件後，就可以考慮運用裁剪策略實施裁剪，並尋求解決方案。鏡腳的功能為支撐鏡框，按照裁剪策略，可以從如下角度思考問題解決方案。

策略①：如果沒有鏡框，那麼鏡腳也就不需要了。

策略②：鏡框自行完成支撐作用。

策略③：技術系統中其他組件完成支撐鏡框作用（如鏡片），或由超系統組件完成支撐鏡框作用（如手、鼻子等來完成支撐作用）。

考慮到可行性，可以優先選擇策略③，用超系統組件中的鼻子或手來完成支撐鏡框的功能。這種解決方案很早就存在了，如無腳近視眼鏡在使用時用鼻子或手作為支撐。裁剪後的功能模型圖如圖 2.10 和圖 2.11 所示，圖 2.12 所示是生活中常見的無腳眼鏡。

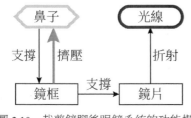

圖 2.10　裁剪鏡腳後眼鏡系統的功能模
型圖——鼻子支撐

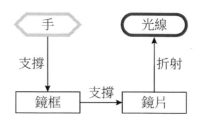

圖 2.11　裁剪鏡腳後眼鏡系統的功能模型
圖——用手支撐

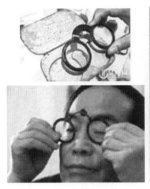

圖 2.12　無腳眼鏡

還可以持續進行裁剪。在眼鏡系統剩餘的組件中，涉及有害功能的是鏡框，故優先裁剪鏡框。裁剪方案如圖 2.13 所示。

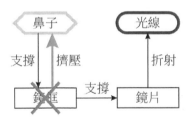

圖 2.13　眼鏡系統裁剪方案——裁剪鏡框

鏡框的功能為支撐鏡片，根據裁剪法的實施策略，逐一尋求裁剪鏡框的解決方案。

策略①：裁剪掉鏡片，鏡框也就不需要了（鏡片不需要支撐作用）。

策略②：鏡片自我完成支撐作用。

策略③：用技術系統中其他組件完成支撐鏡片的作用（無）；用超系統組件完成支撐鏡片的作用（如手、鼻子、眼睛等）。

還是先選擇策略③，用超系統組件中的眼睛來完成支撐鏡片的作用。作為鼻子和手支撐功能的對象，鏡框被裁剪掉了，於是手和鼻子也不需要了。裁剪後的功能模型圖如圖 2.14 所示。讀者很容易想到，這種眼鏡就是隱形眼鏡。

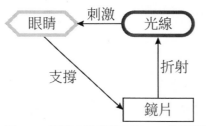

圖 2.14 眼鏡系統裁剪方案——裁剪鏡框

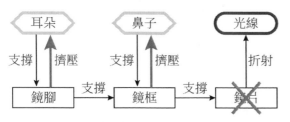

圖 2.15 眼鏡系統裁剪方案——裁剪鏡片

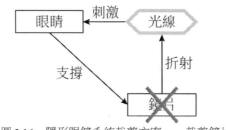

圖 2.16 隱形眼鏡系統裁剪方案——裁剪鏡片

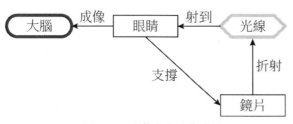

圖 2.17 人的光學成像系統

回到最初的功能模型圖，有讀者要問，如果選擇策略①或策略②可以嗎？當然可以了，如果選擇策略①，裁剪掉鏡片，則鏡框也不需要了，功能模型圖如圖 2.15 所示，直接就獲得隱形眼鏡的方案。

如果選擇策略②，則功能模型圖如圖 2.9 所示，直接獲得無腳眼鏡的方案。

因此無論是選用策略①實現一步到位，還是選擇策略②、③實施連續裁剪，最終都能達到殊途同歸的效果。

下面思考這樣一個問題，如圖 2.16 所示，針對隱形眼鏡的功能模型，是否還可以繼續實施裁剪？

如要再繼續裁剪，因系統中還剩下一個組件——鏡片，只能裁剪鏡片，那麼鏡片可以被裁剪掉嗎？

實際上，如果要繼續裁剪，那麼系統肯定要發生變化了，也就是說不再僅僅是眼鏡系統，而應該考慮一個新的、更大的系統了。例如，必須

要把整個人體的光學成像系統都納入考慮，重新繪製功能模型圖。眾所周知，人體的光學成像系統的實際作用對象是大腦，而眼睛只是改變光線和接受光線的組件，因此繪製的新功能模型圖如圖 2.17 所示。

此時，可以進一步考慮，鏡片的功能為改變光線的方向，使其進入眼睛。根據裁剪法的實施策略，逐一尋求裁剪鏡片的解決方案，裁剪方案如圖 2.18 所示。

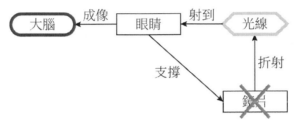

圖 2.18 光學成像系統裁剪方案

策略①：如果能夠裁剪掉光線，鏡片也就不需要了。但光線為系統作用對象，屬於超系統組件，不能刪減也不能被重新設計，故不能刪除，因此策略①不可用。

策略②：光線自我完成改變方向的作用。但這是不可能的，因此策略②也不可用。

策略③：由技術系統中其他組件完成改變光線方向的作用（如眼睛）；超系統組件完成改變光線方向的作用（無）。

若選擇實施策略③，用系統組件中的眼睛來完成改變光線方向的作用，則整個眼鏡系統被裁剪，眼鏡不存在了。透過眼睛自身來改變光線的方向，完成調整視力的功能，則系統的功能模型圖如圖 2.19 所示。這就是現在的醫療技術——近視手術。

圖 2.19 裁剪鏡片的光學成像系統方案

那麼新的問題來了，還可以繼續裁剪嗎？即把唯一的組件「眼睛」裁剪

掉，這和裁剪「鏡片」時遇到的問題一樣，如果要繼續實施裁剪，必須重新繪製功能模型圖。

　　新系統的功能不再是成像，而是「傳遞視覺資訊」，即從上個系統的主要功能「看到」物體（成像）轉變為「覺察到看到的」物體。眾所周知，視覺的形成是個很複雜的過程，大腦的視覺系統如圖 2.20 所示。大腦「看到」圖像的過程是：光線照射到眼睛（嚴格說應該是角膜）後，光訊號經過一系列轉換最後在視網膜成像，視神經將其轉化為生醫訊號並傳遞給大腦視覺中樞，最終形成視覺圖案。其詳細流程如下：光線→角膜→瞳孔→晶狀體（折射光線）→玻璃體（支撐、固定眼球）→視網膜（形成物像）→視神經（傳導視覺資訊）→大腦視覺中樞（形成視覺）。

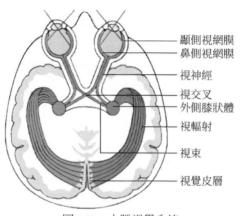

顳側視網膜
鼻側視網膜
視神經
視交叉
外側膝狀體
視輻射
視束
視覺皮層

圖 2.20　大腦視覺系統

　　因此重新繪製功能模型圖，把視網膜之前的那些組件如角膜等都視為一個組件「眼睛」或「眼球」，「眼球」將訊號傳遞給組件「視神經」，「視神經」再把訊號傳遞給「視覺中樞」形成視覺。此時系統的作用對象變成了「視覺中樞」。重新繪製的功能模型圖如圖 2.21 所示。

圖 2.21　視覺傳導系統的功能模型圖

此時，視網膜或眼球等都可被視為組件進行裁剪。裁剪後的功能模型

圖如圖 2.22 所示。

$$(大腦)視覺中樞 \xleftarrow{傳遞視覺訊息} 視神經 \xleftarrow{傳遞} 特殊視覺訊號$$

圖 2.22　視覺傳導系統的功能模型圖——裁剪後

　　從新的功能模型圖中我們可以看到，大腦只要接收到視神經給予的訊號就可以成像，能不能「看」到，是不是經過眼睛「看」到的並不重要。下述為美國當代著名哲學家普特南（Hilary Whitehall Putnam）提出的一個著名的思想實驗「缸中之腦」：

> 「一個人（假設是你自己）被邪惡的科學家施行了手術，他的大腦被從身體上切了下來，放進一個盛有維持腦存活營養液的缸中。腦的神經末梢連接在電腦上，這臺電腦按照程式向腦傳送資訊，以使這個人保持一切正常的幻覺。對於他來說，大腦還可以被輸入或截取記憶（截取掉大腦對手術的記憶，然後輸入他可能經歷的各種環境和日常生活的資訊）。他甚至可以被輸入代碼，使他『感覺』到自己正在這裡閱讀一段有趣而荒唐的文字。」[2]

　　其實他根本不知道自己看到的資訊是眼睛給的還是別人刻意輸入的。也就是說，正常情況下眼睛獲得訊號，透過電刺激將資訊傳遞給大腦中樞神經系統的視覺皮層，而如果直接向大腦的相應位置輸入這種刺激，就可以不需要眼睛直接獲得這種資訊。如圖 2.23 所示，透過某種特定機構不斷向腦皮層傳遞電訊號，同時又不斷向大腦供給營養，保證它的生物學特性，那麼大腦還是可以獲得視覺訊號的。這個「缸中之腦」的理念被用於《駭客任務》（*The Matrix*）、《全面啟動》（*Inception*）等電影與小說中。

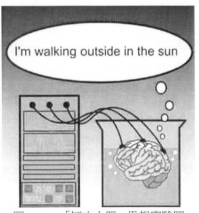

圖 2.23　「缸中之腦」思想實驗圖

2 資料來源：https：//www.zhihu.com/question/36775631

2.3.5　系統裁剪的若干經驗和注意事項

1. 裁剪前的思考

在對系統組件進行裁剪之前，可透過考慮以下 5 個問題來拓展裁剪思路。

(1) 我們需要這個組件所提供的功能嗎？

(2) 在系統內部或系統周邊，有沒有其他組件可以實現該功能？（通常替代組件會在較高層級）

(3) 現有的資源能不能實現該功能？

　① 是否有其他組件的屬性可以呈現此功能？

　② 在系統環境中，是否有其他物質可作為資源來提供此功能？

　③ 系統中是否有某些具進化潛能的組件可作為資源來提供此功能？

(4) 能不能用更便宜的方法來實現該功能？

(5) 相對於其他組件而言，該組件與其他組件是不是存在必要的裝配或運動關係？

2. 務必確保系統功能的完整性

在著手進行裁剪前，必須充分且完整的完成功能與屬性分析，確認我們是否真的已掌握了「所有」的有用功能。

例如自行車坐墊的裁剪。有人認為自行車坐墊只有一個「支撐騎士」的功能，其尖端存在有害的功能（阻礙腿部動作），因此，有設計者認為應將坐墊尖端裁剪掉。但事實上，當自行車在高速下轉彎時，離心力會將人甩離車子，此時坐墊尖端可為大腿提供一個阻止人往外摔的力，即坐墊尖端提供「抵抗側向力」的功能。這樣一來，刪除坐墊的尖端就顯得很不合適了，所以整個系統的功能模型圖應如圖 2.24 所示。坐墊對身體摔倒的阻止功能是容易被忽略的正常功能。

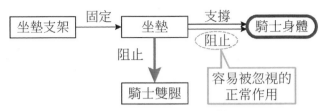

圖 2.24 自行車坐墊的功能模型圖

也許現在讀者也就知道了，為什麼三輪車的坐墊可以不是尖頭的。

進一步，在確保了解組件所有功能的基礎上，還要遵循系統完備性法則，即構成技術系統的基本要素，如動力＋傳動＋控制＋執行裝置（＋介面〔或作用對象〕）等，缺一不可。其中任一要素不存在或是損壞，此系統將無法運行。例如摩托車把動力系統油箱裁掉了，又沒有引入其他動力系統來替代油箱，那麼摩托車就不能實現移動這一基本功能了。

3. 成對出現的功能的裁剪

如果在系統中有成對的功能存在，則其中一個功能通常為可以被裁剪掉以提高系統的理想度。

該規則同時包含兩個理論基礎：

(1) 獨立公理：成對的不同需求功能之間要具備獨立性。
(2) 資訊公理：要在最小複雜度情況下獲得功能需求。

通常距離較近的元件的功能可相互替代，被替代的元件可以刪除，以降低系統的複雜程度。例如簡化成對的冷熱水龍頭。簡化前的成對冷熱水龍頭功能模型圖如圖 2.25 所示。切換其中一功能需求時，會影響到另一個功能的需求。勢必要再調節另一個冷水閥門，存在多重的兩個控制動作。（水溫太高→調小熱水量→影響整體的流量）。兩個龍頭分別流出冷與熱不同溫度的水與水量，兩個成對功能不符合獨立性。

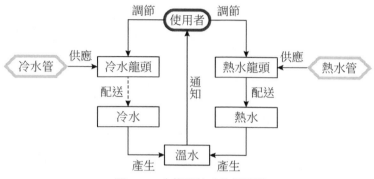

圖 2.25　水龍頭的功能模型圖

　　透過實施裁剪，將混合水龍頭系統功能模型簡化成現有操作模式，具體如下：使用者第一次調整水龍頭的溫度，如圖 2.26 所示，然後再調整到使用者期望的流量和流速，如圖 2.27 所示，兩次調節遵守了功能獨立性公理；「需求產品」來自於一件事物或一個簡單控制動作。

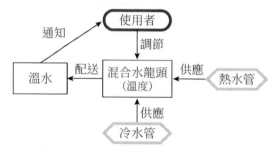

圖 2.26　水龍頭控制水溫度的功能模型圖

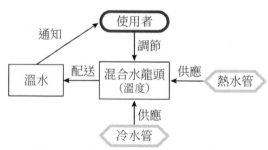

圖 2.27　水龍頭控制水流量的功能模型圖

用戶需要的是產品的功能，功能是產品的本質，而產品的具體內容只

是功能的實現形式。採用對產品進行功能分析的方法,可以把對產品具體結構的思考轉化為對產品功能的思考,從而排除產品形式結構對思維的束縛,開拓思路,搜尋一切能滿足產品功能要求的工作原理。功能分析是實現功能創新的重要方法,也是實現產品創新的核心技術。

第3章　系統因果分析

所謂系統因果分析是以系統發展變化的因果關係為依據，抓住系統發展變化的主要矛盾（內因）與次要矛盾（外因／條件）的相互關係。

3.1　常見的因果分析方法

3.1.1　5W1H（五個為什麼）

五個「為什麼」分析，也叫六問分析法，是一種診斷性技術，被用來識別和說明因果關係鏈。該方法對任何選定的專案、工序或操作，都要從原因（何因 Why）、對象（何事 What）、地點（何地 Where）、時間（何時 When）、人員（何人 Who）、方法（何法 How）等六個方面提出問題並進行思考。其核心就是不斷提問為什麼前一個事件會發生，直到回答「沒有好的理由」或直到一個新的故障模式被發現時才停止提問。

1. 經典實例

豐田汽車公司前副社長大野耐一先生見到一條生產線的機器經常停轉，修過多次仍不見好轉。

問：「為什麼機器停了？」　　答：「保險絲斷了。」

問：「為什麼保險絲斷了？」　　答：「因為超過了負荷。」

問：「為什麼超過負荷呢？」　　答：「因為軸承的潤滑不夠。」

問：「為什麼潤滑不夠？」　　　答：「因為潤滑油泵吸不上油來。」

問：「為什麼吸不上油來？」　　答：「因為油泵軸磨損、鬆動了。」

問：「為什麼磨損了呢？」　　　答：「因為沒有安裝過濾器，混進了鐵屑等雜質。」

2. 解決辦法

在油泵軸上安裝過濾器。需要注意的問題是，提問一定要不斷深入，不能在原地打轉。不然就會出現下面的笑話。

問：「為什麼買進（股票）？」　答：「以為會漲啊！」

問：「結果呢？」　答：「它跌了。」

問：「然後呢？」　答：「我賣了」

問：「為什麼賣出？」　答：「以為還會跌啊！」

問：「結果呢？」　答：「它漲了。」

問：「然後呢？」　答：「我又買了。」

問：「為什麼又買進？」　答：「以為還會漲啊！」

問：「結果呢？」　答：「它又跌了。」

問：「然後呢？」　答：「我又賣了。」

問：「為什麼又賣出？」　答：「以為還會跌啊。」

問：「結果呢？」　答：「它又漲了。」

問：「然後呢？」　答：「我又買了。」

3.1.2　FMEA（失效模式及影響分析）

FMEA（Failure Mode and Effect Analysis）是一種可靠性設計的重要方法。它實際上是 FMA（故障模式分析）和 FEA（故障影響分析）的組合。它對各種可能的風險進行評價、分析，以便在現有技術的基礎上消除這些風險，或將這些風險減小到可接受的程度。

1950 年代美國格魯曼公司開發了 FMEA，用於飛機製造業的引擎故障防範。1960 年代美國航空及太空總署（NASA）實施阿波羅登月計畫時，在合約中明確要求實施 FMEA[3]。

要達到風險分析的基本目的，就要清楚：

---

3 Countinho J S. Failure-effect analysis［J］. Transactions of the New York Academy of Sciences, 1964 26 (2)：564-584.

(1) 何種情況會產生故障？

(2) 如果產生了故障會發生什麼事情？並連鎖發生什麼事情？

　　FMEA 的意義在於把側重事後處理轉變為側重事前預防。表 3.1 是兩種分析方法之間的對比。

表 3.1　傳統失效分析方法與 FEMA 的對比

傳統方法	FMEA
問題的解決	防止問題的發生
浪費的監視	消除浪費
可靠性的量化	消除不可靠性

　　根據適用階段的不同，FMEA 可以分為以下 4 種類型。

(1) 系統 FMEA：應用於早期概念設計階段的系統和子系統分析。

(2) 設計 FMEA：應用於產品試制之前的產品設計分析。

(3) 過程 FMEA：應用於生產製造和管理流程的分析。

(4) 服務 FMEA：應用於服務流程的分析。

3.1.3　魚骨圖分析

　　魚骨圖是一個非定量的工具，它可以幫助人們找出引起問題（最終問題陳述所描述的問題）潛在的根本原因。魚骨圖分析模型如圖 3.1 所示。

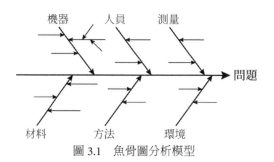

圖 3.1　魚骨圖分析模型

　　圖 3.2 所示是一個魚骨圖分析的案例。

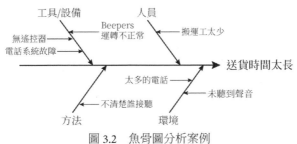

圖 3.2　魚骨圖分析案例

使用魚骨圖進行原因分析時遵循以下步驟：

(1) 首先確定主幹骨和魚頭，魚頭表示需要解決的問題。

(2) 其次是畫出 6 條支線骨，支線骨與主幹骨呈 60°角，分別表示問題分析的 6 個方面。6 條支線骨分別為人員（man）、機器（machine）、材料（material）、方法（method）、環境（environment）以及測量（measurement），即「5M1E」。

(3) 運用腦力激盪等方法盡可能的找出每個方面的所有可能原因，並去除重複和無意義的內容。

(4) 對找出的各項原因進行分類、整理，確定前因後果和從屬關係，選擇重要因素。

(5) 按照因果關係順序，依次畫出支線骨中的大骨、小骨，分別填寫原因，並對重要的原因做出標識。

3.1.4　因果矩陣分析

因果矩陣是在魚骨圖的基礎上，以矩陣的形式處理一些魚骨圖不方便處理的複雜問題的分析工具。該工具可用矩陣表示多光譜資料，以便進行高維度的計算。

其繪製步驟如下：

(1) 在矩陣圖的上方填入過程輸出缺陷的形式或關鍵過程輸出變量。

(2) 確定每個輸出特性或缺陷形式的重要度，並給定其權重（1 ～ 10，10 代表的重要程度最高）。

(3) 在矩陣圖的左側，列出輸入變量或所有可能的影響因素。

(4) 評價每個輸入變量或影響因素對各個輸出變量或缺陷的相關關係。矩陣圖中的單元格用於說明該行對應的輸入變量的相關程度，一般將這種相關程度分為四類，並按照相關程度的高低自行賦分。

(5) 評價過程輸入變量或影響因素的重要程度，將每個輸入變量對應的相關程度得分值乘以該輸入變量對應的輸出變量的權重數，然後將每一行的乘積加起來，這個結果代表了該輸入變量或影響因素的權重。以輸出變量顏料為例 $10 \times 9 + 8 \times 3 = 114$。

(6) 考察每個輸入變量或影響因素的權重數，權重較高的將是專案特別注意的對象。

表 3.2 為一個因果分析矩陣的應用示例。

表 3.2　因果矩陣分析表應用示例

序號		1	2	3	4	5	該輸入變量的總重要度
輸出		顏色	外觀形狀	尺寸	力學性能	表面品質	
對產品品質影響（權重）		10	8	5	5	3	
輸入變量	領料	◎	○				114
	下料	○	○				48
	清洗	◎			◎	◎	162
	預製準備	◎		○	◎		150
	預製過程					○	9
	再清洗	◎				△	93

注：圖中◎為 9 分，○為 3 分，△為 1 分。

3.1.5　故障樹分析 [4]

故障樹分析是一種特殊的倒立樹狀邏輯因果關係圖，它用事件符號、

4　Gofuku A, Koide S, Shimada N.Fault Tree Analysis and Failure Mode Effects Analysis Based on Multi-level Flow Modeling and Causality Estimation［C］// SICE-ICASE, 2006.International Joint Conference. IEEE, 2006：497-500.

邏輯門符號和轉移符號來描述系統中各種事件之間的因果關係。邏輯門的輸入事件是輸出事件的「因」，輸出事件是輸入事件的「果」。故障樹也稱「事故樹」（Fault Tree Analysis, FTA）。圖 3.3 所示是一個常見的故障樹應用示例，其基本流程如下。

(1) 熟悉系統：要詳細了解系統狀態及各種參數，繪出工藝流程圖或布置圖。

(2) 調查事故：收集事故案例，進行事故統計，設想給定系統可能發生的事故。

(3) 確定最上方事件：要分析的對象即為最上方事件。對所調查的事故進行全面分析，從中找出後果嚴重且較易發生的事故作為最上方事件。

(4) 確定目標值：根據經驗教訓和事故案例，經統計分析後，求解事故發生的機率（頻率），以此作為要控制的事故目標值。

(5) 調查原因事件：調查與事故有關的所有原因和各種因素。

(6) 畫出故障樹：從最上方事件起，逐級找出直接原因的事件，直至所要分析的深度，按其邏輯關係，畫出故障樹。

(7) 分析：按故障樹結構進行簡化，確定各基本事件的結構重要度。

(8) 事故發生機率：確定所有事故發生的機率，標在故障樹上，並進而求出最上方事件（事故）的發生機率。

(9) 比較：對可維修系統和不可維修系統進行討論，前者要進行對比，後者求出最上方事件發生的機率即可。

(10) 分析：原則上是上述 9 個步驟，在分析時可視具體問題靈活掌握，如果故障樹規模很大，可借助電腦進行。目前故障樹分析一般都考慮到第 7 步進行定性分析為止，也能獲得較好的效果。

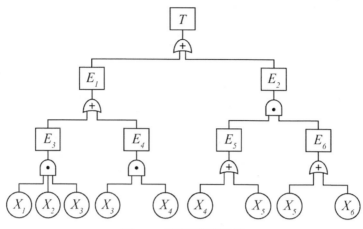

圖 3.3　故障樹應用示例

3.1.6　DOE（實驗設計）

DOE（Design of Experiments）主要是為了實現以下目的：

(1) 科學合理的安排實驗，從而減少實驗次數，縮短實驗週期，提高經濟效益。

(2) 從眾多的影響因素中找出影響輸出的主要因素。

(3) 分析影響因素之間交互作用的大小。

(4) 分析實驗誤差的影響大小，提高實驗精度。

(5) 找出較優的參數組合，並透過對實驗結果的分析、比較，找出達到最優方案和進一步實驗的方向。

常見的實驗設計方法可分為兩類：一是析因法，二是正交實驗設計法。

1. 析因法

(1) 定義：將所研究的因素按全部因素的所有水準（位級）的一切組合逐次進行實驗，稱為析因實驗，或稱完全析因實驗，簡稱析因法。它是研究變動著的兩個或多個因素效應的有效方法。許多實驗要求考察兩個或多個變動因素的效應。例如若干因素對產品品質的效應，對某種機器的效應，對某種材料的性能的效應，對某一過程燃燒消耗的效應等。

(2) 用途：析因法用於新產品開發、產品或過程的改進以及安裝服務，透過較少次數的實驗，找到優質、高產、低耗的因素組合，達到改進的目的。

2. 正交實驗設計法

(1) 定義：正交實驗設計法是研究與處理多因素實驗的一種科學方法。它利用一種規範化的表格——正交表來挑選實驗條件，安排實驗計畫和進行實驗，並透過較少次數的實驗，找出較好的生產條件，即最優或較優的實驗方案。

(2) 用途：正交實驗設計法主要用於調查複雜系統（產品、過程）的某些特性或多個因素對系統（產品、過程）某些特性的影響，識別系統中更有影響的因素、因素影響的大小，以及因素間可能存在的相互關係，以促進產品的設計開發和過程的最佳化，控制或改進現有的產品（或系統）。

3.2 因果分析的流程

根本原因與結果之間存在的一系列因果關係，構成一條或多條因果關係鏈，因果分析就是透過建構因果鏈指出事件發生的原因和導致的結果的分析方法。因果分析的目的是：

(1) 發現問題產生的根本原因
(2) 尋找解決問題的「薄弱點」
(3) 為解決問題尋找入手點

本書所介紹的因果分析與其他書籍中介紹的因果分析有所不同。本書根據輔導和諮詢過程中學員們的回饋以及實際解決問題的需求，對傳統因果分析進行了局部改進，重點強調在因果分析過程中要注意區分內因和條件（外因）。因此本書中所建議的改進型因果分析可以被稱作「雙因因果分析」。

3.2.1　第一步：繪製因果鏈

　　繪製因果鏈的目的是為了了解事件的根本原因，確定解決問題的最佳時間點。實施因果分析，首先要確定因果分析的起點，即問題（或結果）。所謂問題是指功能沒有達到預計的效果，此參數表現出偏離目標值。之後要尋找導致問題的原因。所謂原因是指：某物體的某參數沒有達到預計要求，直接導致結果的參數偏離目標。需要強調的是，因果關係是單向度的，在時間上原因一定是發生在結果之前的。原因導致結果，而不是相反。

　　因果分析的實施步驟為：

(1) 從發現的問題即結果出發，列出導致問題的直接原因。

(2) 以這些直接原因為結果，循環實施步驟 1 和步驟 2，直至發現根本原因。

(3) 根本原因的判定條件是：

　　① 當確實不能繼續找到下一層的原因時。

　　② 當達到自然現象時。

　　③ 當達到制度／法規／權利／成本等極限時。

(4) 將每個原因與其結果用箭頭連接，箭頭從原因指向結果，即構成因果鏈。

　　在進行因果分析時，有兩個要點。第一個要點是在尋找下一層原因時要注意區分內因和條件（外因）。內因是指由物質的屬性等客觀因素導致的原因；外因通常是指促使事件發生的條件。

　　唯物辯證法認為事物的發展是內外因共同產生作用的結果。其中內因是事物發展的根據，是第一位的，它決定著事物發展的基本趨向；外因是事物發展的外部條件，是第二位的，它對事物的發展造成加速或延緩的作用。外因必須透過內因產生作用。因此我們建議學員在進行因果分析時，要注意區分下一層的內因和條件（外因），這樣每一步分析都至少會分出兩個以上的內因和條件，最終形成一個倒金字塔形的樹狀結構。這樣的分析有助於開拓思路，從而實現對問題全面深入細膩的分析。

以滅火為例，常用的 4 種基本滅火方法有將溫度降到燃點以下的冷卻法，將可燃物與火源分開的隔離法，阻止空氣進入燃區（或用惰性氣體覆蓋）的窒息法以及化學抑制法。前 3 種方法都是在阻斷和控制燃燒的條件——燃點、可燃物和助燃條件，只有第 4 種化學抑制法才試圖透過化學反應來改變內因（物質成分和屬性）。例如，鹵化烷滅火器在使鹵化烷接觸高溫表面或火焰時，分解產生的活性自由基，透過溴和氟等鹵素氫化物的負化學催化作用和化學淨化作用，大量撲捉、消耗燃燒鏈式反應中產生的自由基，破壞和抑制燃燒的鏈式反應，從而迅速將火焰撲滅。由於鹵化烷滅火器對臭氧層破壞很嚴重，2010 年開始中國已禁止使用。由此可見，在解決工程問題的實踐過程中，很多時候控制條件比改變內因要容易，成本也低得多。因此，在因果分析中區分內因和外因（條件）是非常有必要的。

第二個要點是，因果分析必須達到三個終止條件之一時，對問題的分析才算有了足夠的深度和廣度，才能夠中止分析。因此進行因果分析一定要有耐心，切不可中途隨意終止分析。有時，僅深入、充分的因果分析就能夠直接產生一些問題的解決方案。

3.2.2　第二步：原因的規範化描述

在描述原因時，建議使用規範化描述，客觀的描述，不要帶感情色彩，也不要加入預先設想的方案。通常用 7 個常用動詞來進行原因的規範化描述。

1. 缺乏

缺乏是指應該有（物體，以提供有用的功能），但是沒有。

- 規範描述：缺乏—物體。
- 實例：幾天前一個舊式小型社區中，沒有安裝防盜門窗的住戶都遭竊了。
- 失竊的原因：缺乏—防盜門。

2. 存在

存在是指需要某個物體，以提供有用的功能，但同時它產生了有害影響。

- 規範描述：存在一物體。
- 實例：沒有失竊的人家以前經常抱怨，在炎熱的夏季防盜門影響通風。
- 影響通風的原因：存在一防盜門。

有時物體提供了有用功能，但是其效果不令人滿意，按照導致問題的功能參數特徵，可將原因分為過度、不足、不穩定和不可控 4 種。

3. 有害

有害是指某個物體提供的是有害功能。

- 規範描述：有害的一物體。
- 實例：汽車縮短了距離，改善了人們的生活品質，但是產生的廢氣汙染了環境。
- 汙染環境的原因：有害的一廢氣。

4. 過度

過度是指有用的功能因其性能水準超過了上閾值而產生了負面影響（但不一定有害，如果產生有害影響就表述為有害了）。

- 規範描述：物體一參數一過度。
- 實例：有一家安裝了一個很漂亮的防盜門，幾天後這家的防盜門被盜走了。
- 防盜門被盜的原因：防盜門一美觀一過度。

5. 不足

不足是指有用的功能，因其性能水準低於下閾值而效果不足（和過度一樣，僅是效果不足而未產生有害影響，如果產生有害影響就表述為有害了）。

- 規範描述：物體－參數－不足。
- 實例：裝了防盜門的有幾家門被撬壞後也失竊了。
- 失竊的原因：防盜門－強度－不足。
- 實例：用老式電腦螢幕，眼睛看久了很累。
- 眼睛累的原因：螢幕－重新整理頻率－不足。
- 實例：手機用了兩年後，需要經常充電。
- 需要經常充電的原因：手機電池－待機時間－不足。

6. 不可控

不可控是指有用的功能，但是無法有效的控制其性能水準。

- 規範描述：物體－參數－不可控。
- 實例：夏季南方城市的機場經常因惡劣天氣造成大量航班延誤。
- 航班延誤的原因：機場－天氣－不可控。

7. 不穩定

不穩定是指有用的功能，但是其性能水準不夠穩定，帶來了有害影響。

- 規範描述：物體－參數－不穩定。
- 實例：搭公車上下班需要的時間不確定。
- 乘客所需時間不確定的原因：交通系統－暢通程度－不穩定。

不可控的原因有時是不穩定，後者更多強調自身的屬性，前者更多強調難以避免受外在條件的影響。

對於以上提及的易於混淆的概念，可以進行以下辨析：

- 「存在」與「有害」的區別：「存在的」物體是為了提供有用功能而存在的，而且它確實也提供了有用功能，但是同時有副作用，即有害影響。「有害的」物體是完全不想要的，因為其提供的全是有害影響。

但「存在」與「有害」的描述可以轉化，當「有害的」物體能夠提供一些有用功能時，其描述可轉化為「存在」。當「存在的」物體的有用功能完全

消失，其描述轉化為「有害的」。

- 實例：汽車縮短了距離，改善了人們的生活品質，但是產生的廢氣汙染了環境。
- 汙染環境的原因：有害的－廢氣。產生廢氣的原因：存在－汽車。
- 實例：現在，有的汽車生產廠家開始利用廢氣，如製熱。
- 環境汙染的原因：存在－廢氣。

3.2.3　第三步：選擇問題的薄弱點

因果分析最終的目的是發現問題產生和發展因果鏈中的薄弱點，從而為問題解決找到突破方向。問題薄弱點的選擇原則如下。

(1) 如果能夠從根本原因（即分析停止時得到的原因）上解決問題，優選根本原因。
(2) 如果根本原因不可能改變或控制，那麼沿原因鏈從根本原因向上逐個檢查原因節點，找到第一個可以改變或控制的原因節點作為問題的薄弱點。
(3) 如果消除不良影響的成本比消除原因低，那麼選擇結果節點。

在上述操作後，如果選了多個問題薄弱點，那麼可以優先選擇其中具有容易實現、週期較短、成本較低、技術成熟等特徵的原因節點。

3.3　因果分析案例

某棟興建中的大樓著火，其可能的火災過程為：電線發生了短路，引燃了電線附近大量的可燃裝飾材料，但警報器和滅火系統並未運作，導致火勢蔓延迅猛，最終吞噬了整個大樓。

根據對大樓失火問題的詳細分析，得出大樓失火原因分析的示意圖和因果分析圖，如圖 3.4 和圖 3.5 所示。

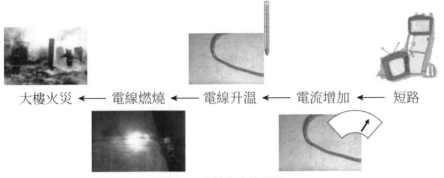

大樓火災 ← 電線燃燒 ← 電線升溫 ← 電流增加 ← 短路

圖 3.4 大樓失火的原因

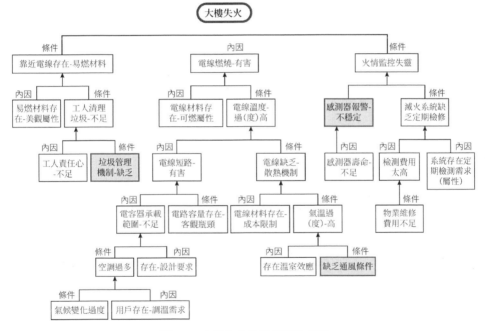

圖 3.5 大樓失火的因果鏈分析圖

在繪製因果分析圖時有以下幾個注意事項。

(1) 繪圖方向和箭頭方向不能搞錯，是從上而下，「問題（結果）」在上方，箭頭從「原因」指向結果。

(2) 在分析過程中，透過區分內因和條件來拓展思路，持續、深入的進行

分析。例如第一層，導致「大樓失火」的原因，「電線燃燒－有害」這個有害因素一定是直接原因，即內因，傳統的因果分析基本到此為止不再橫向拓展了，但事實上如果沒有「靠近電線存在－易燃材料」、「火情監測失靈」這兩個條件，只「電線燃燒－有害」也不一定會釀成災難。其實電線燃燒的風險是永遠客觀存在的，與其分析如何不讓電線燃燒，還不如控制令其燃燒的條件，如使電線與易燃物分離，或加強火情監控等，這樣可能更容易抑制災難的發生。

(3) 對原因的描述盡量使用規範描述。

(4) 一定要分析到得到終止條件才能停止分析。如圖 3.5 所示，最底層的根本原因中，「工人責任心－不足」、「用戶存在－調溫需求」、「缺乏通風條件」、「物業維修費用不足」和「系統存在定期檢測需求」屬於「確實不能繼續找到下一層的原因」的情況；「垃圾管理機制－缺乏」、「電線材料存在－成本限制」、「感測器壽命－不足」屬於達到「制度／法規／權利／成本等極限」的情況；「氣候變化過度」、「存在溫室效應」屬於「達到自然現象」的情況。

(5) 關於問題薄弱點的選擇：從圖 3.5 所示根本原因中選為問題薄弱點的有兩個：「垃圾管理機制－缺乏」和「缺乏通風條件」，之所以選擇這兩個是因為可以對它們進行干預和控制。而其他很多根本原因，例如「電線材料存在－成本限制」等屬於達到「制度／法規／權利／成本等極限」的情況，「氣候變化過度」、「存在溫室效應」等屬於「達到自然現象」的情況，都很難對其進行干預。我們也試圖選擇「感測器壽命－不足」作為問題薄弱點，後來發現因為成本等原因，大規模替換感測器不實際，於是就退而求其次，向上一層，選擇了「感測器報警－不穩定」，而改善感測器的報警機制是一個可行的選擇。問題薄弱點一般選 3 ～ 5 個就夠了，不宜太多，也不能太少。

3.4　本章小結

傳統的因果分析，著力尋找系統中問題產生的根本原因並予以解決，

在實際應用過程中獲得了一定的效果,但是也存在一些先天的缺陷,例如可能會陷入到兩種常見的偏差中,即「已知因果偏差」和「相關關係取代因果偏差」。已知因果偏差指,在因果分析的過程中,分析者只能根據已有的經驗和知識分析出已知因果的關係,但無法分析出超出經驗和知識範圍的未知因果關係,故造成分析偏差;相關關係取代因果偏差指的是,以相關關係取代因果關係,從而導致偏差。

目前我們從以下幾個方面針對傳統的因果分析進行了改進:

一是鼓勵進行「雙因」分析即內因和條件(外因)都要考慮。如果同一個結果有多個原因,那麼建議分析這些原因與所造成的問題現象之間、以及原因之間的關係。我們相信,通常只有一個是內因(存在例外情況),其他是導致結果出現的條件。它們或呈現「與」關係——幾個條件或原因同時存在,才會導致結果;也可能是「或」關係——幾個條件或原因只要有一個存在,就會導致結果。必要時甚至可以補充每個條件發生的機率,以便區別處理。

二是強調「凡有異端,必有妖孽」。只要有任何反直覺的異常現象,就必須重視並挖掘其背後的原因,以消除「已知因果偏差」。如果因果關係不能確定,就需要增加其他方法分析,如魚骨圖、因果矩陣、失效模式及影響分析等定性分析方法,以及假設檢驗、柏拉圖、實驗設計與分析等定量分析方法。

三是強化對因果分析終止條件的判斷,不達到終止條件一定不要終止分析。

不過,如何從根本上消除因果分析的弊端?最新研究成果是姚威、韓旭(2018 年)嘗試以約束分析代替傳統的因果分析。該研究從保證有用功能、消除和減弱系統有害功能的角度出發,去尋找客觀約束,不再依賴對因果關係的主觀判斷,從而在規避了因果分析固有弊端的同時,也對解決實際問題大有幫助。應用約束分析能夠有效的解決多種類型的問題,除了經典的矛盾類型問題(矛盾是負面功能約束的一種表現形式)之外,還可以

應用於概念開發、檢測測量，乃至管理問題。實際上，管理問題的問題系統錯綜複雜，能夠得到的解決方案也許並不唯一。歸根究柢，管理問題的解決，本質就是尋找約束，並運用新資源加以解決。因此具有較大的應用潛力。

第 4 章　系統資源分析

4.1　常見的資源類型

　　資源最初的涵義更多的是指金屬、木材、煤炭、石油等自然資源。在 TRIZ 理論中，資源是一切可被人類開發和利用的物質、能量和資訊的總稱。這個概念強調的是「可開發和利用」。例如大量的檔案資訊，在沒有網際網路的時代無法利用，就不是資源；在網際網路時代可以深度開發和利用，就是資源了。

　　對資源進行合理分類，並以此為基礎加以分析和理解是解決創新問題的必經之路。根據資源來源的不同，可分為來自系統內部的資源和來自外部環境（超系統）的資源。根據資源的不同類型，可分為物質資源、能量資源、資訊資源、時間資源、空間資源和功能資源。

4.1.1　物質資源

　　物質資源指用於實現有用功能的一切物質。例如：高跟鞋是物質資源，它可以用來增加高度；雪是物質資源，北方用雪作為過濾填料淨化空氣。金屬、塑膠、煤炭、石油等是比較常見的物質資源。實際上，系統或環境中任何種類的材料或物質都可看作是可用物質資源。例如：廢棄物、原材料、產品、系統組件、廉價物質、水等。在問題的分析和解決過程中，建議盡量應用系統中已有的物質資源。例如：阿壩縣的藏居位於海拔 3,600 公尺以上，處於高原河谷地區，藏居材料就地取泥。早期，當地政府曾經推行過磚房，但適應不了當地的極大溫差，所以還是保留了現有土夯建築，這種建築內部保溫效果極好，冬暖夏涼，一般一年維護一次即可，主要是修補自然裂縫。

4.1.2　能量資源

　　能量資源指系統中存在或能產生的場或能量流。一般能夠提供某種形式能量的物質或物質的轉換運動過程都可以稱為能源。能源主要分為三類：一是來自太陽的能量，除輻射能外，還有經其轉化的多種形式的能源。二是來自地球本身的能量，例如熱能和原子能。三是來自地球與其他天體相互作用所引起的能量，例如潮汐能。

　　應用建議：考慮使用過剩能量，系統中或系統周圍可用作其他用途的任何可用能量，都可看成是一種資源，如機械資源（旋轉、壓強、氣壓、水壓等）、熱力資源（蒸汽能、加熱、冷卻等）、化學資源（化學反應、化學能）、電力資源、磁力資源、電磁資源。建議在使用過程中減少用能，避免損失，變害為利。例如：利用汽車的廢氣來升高溫度；汽車引擎既驅動後輪或前輪，又驅動液壓泵使液壓系統工作；用發電廠餘熱供工廠生產或居民取暖。

4.1.3　資訊資源

　　資訊資源指系統中存在或能產生的資訊。資訊作為反映客觀世界各種事物的特徵和變化結合的新知識已成為一種重要資源。與其他種類的資源相比，資訊資源更加抽象，但是卻具有非常重要的意義。資訊正逐漸成為決定生產及發展規模、速度和方向的重要力量。在資訊理論、資訊處理、資訊傳遞、資訊儲存、資訊檢索、資訊整理、資訊管理等許多領域中都發揮著越來越大的作用。資訊資源的使用應著重於提高個體資訊感知的能力。例如：透過汽車引擎傳出的聲音或汽車廢氣中的某些物質含量來判斷引擎的運行情況。中醫透過望聞問切來評估患者的病情。人們透過一個人的臉色來判斷其健康狀況。根據鋼水顏色判斷鋼水的溫度等。這其中引擎的聲音、患者的脈搏、人的臉色、鋼水的顏色都是資訊，能夠被人們獲取並加以有效利用。

4.1.4　時間資源

　　時間資源指系統啟動之前、工作中、工作後以及動作週期中的可利用時間。時間資源的應用要考慮充分利用空閒時刻或時間週期，以及部分或全部未使用的各種停頓和空閒，包括運行前、運行中和運行後的時間。也可以透過同時進行兩種或多種操作達到利用時間資源的目的。

　　應用時間資源具體有以下方法：

(1) 利用作用之間的停頓時間，進行清潔、改造、測量、調整、重置等工作。

(2) 利用同時作用，在動作的進行過程中同時完成其他功能，以提高時間資源的利用率。例如：利用運輸過程進行機械加工；利用製造過程進行精加工；利用製造動作防止破壞；同時應用兩種或多種張力；利用預作業時間做下一步工作；同時執行幾種相似的作用；結合兩種方向作用；同時應用不同的操作；利用開發時間進行冷卻；利用開發時間進行維修；同時測量等。

(3) 利用預先作用，事先採取行動可以輕易的解決很多問題。採取預先作用可以達到以下目的：產生預張力，在安全區域中進行緩衝，預加固，引入保護層，引入附加功能單元，引入必要材料，引入一種介質，產生隔離，做出標記，安裝感測器，賦予必要的性質，創造一種材料的特殊結構，創造異質性，創造必要的速度，創造一種作用程序等。

(4) 利用作用之後的時間。在動作結束之後進行相應的補償或者輔助工作，如拆除模具功能單元，排除固定功能單元，移除媒介載體，去除耗盡功用的物質，進行產品精加工，製造產品，損壞後自修，測量等。

4.1.5　空間資源

　　空間資源指系統本身及超系統的可利用空間。在應用空間資源時，要充分考慮節省空間或者當空間有限時，任何系統中或周圍的空閒空間都可用於放置額外的作用對象，特別是某個表面的背面、未占據空間、表面上的未占用部分、其他作用對象之間的空間、作用對象的背面、作用對象外

面的空間、作用對象初始位置附近的空間、活動蓋下面的空間、其他對象各組成部分之間的空間、另一個作用對象上的空間、另一個作用對象內的空間、另一個作用對象占用的空間、環境中的空間等。例如採用嵌套式結構的俄羅斯娃娃、採用層疊式結構的組合衣櫃等，都是充分利用空間資源的典型實例。

4.1.6　功能資源

功能資源指利用系統的已有組件，挖掘系統的隱性功能。功能（效應）資源是一種特殊的資源，其源自於某一物質自身的特性，或者兩個物質之間的相互作用，這種功能（效應）能夠被利用，故稱之為資源。功能資源的分析要著重考慮挖掘系統組件的多用性，例如：飛機艙門也可用作舷梯；劈木材時沿著木材本身的紋路劈最省力，這是木材本身所展現的特性，能夠被人們利用；一個零件內部結構的不同，會表現為對聲波不同的反射性能，這使得超音波探傷成為可能；不同類型的血液相遇會發生凝血效應，將吸有不同血型的醫用棉覆蓋在傷者的出血部位，可以實現快速止血。這些都是應用功能（效應）資源解決問題的實例。

在設計中，認真考慮各種資源有助於開闊設計者的眼界，使他們能夠打破問題的框架，獲得創造性的解決方案。TRIZ 在運用資源的概念時，更多的是與其他的內容相結合，包括資源與理想度的提升，資源與技術系統的進化方向，資源與矛盾分析、功能分析的結合，具體內容本書將後續章節加以介紹。

4.2　派生資源與差動資源的內涵及應用

根據資源可利用的情況，可以分為現成資源、派生資源以及差動資源。在實際解決問題的過程中，還有很多容易被人們忽視，或者沒有意識到的資源，這些資源通常都由系統資源派生而來。

所謂派生資源指透過某種變換，使不能利用的資源成為可利用的資源，如可將原材料、空氣、水、廢棄物經過必要的物理或化學處理或變換，從而產生新的資源。派生資源一般可分為以下幾類。

(1) 派生物質資源：如果系統或附近環境中不存在所需物質，可以透過物理效應、化學反應、物質遷移等方式，由直接應用資源如物質或原材料變換或施加作用來獲得。如毛坯經過鑄造，相對於原材料它就是派生資源。

(2) 派生能量資源：透過直接應用能量資源的變換或改變其作用的強度、方向及其他特性（如能量傳遞、能量結合、物理效應、化學反應等）所得到的新的能量資源，如無影燈的應用。

(3) 派生資訊資源：利用各種物理與化學效應將難以接收或處理的資訊改造為有用的資訊，如磁場探礦。

(4) 派生空間資源：由於幾何形狀（如線或軸旁邊的空間、不同於軌道方向的方向、垂直於線或軸的方向、垂直於表面的方向）或幾何效應（如圓圈代替直線、柱面或球面代替平坦表面、莫比烏斯帶代替平坦表面等）所得到的額外空間，如雙面磁碟。

(5) 派生時間資源：為了獲得所需要的時間可以透過加快動作／操作、放慢動作／操作、中斷動作／操作、改變操作順序來得到，如把資料壓縮再傳送。

(6) 派生功能資源：經過合理變化獲得新的功能。如將功能分成幾部分，將兩個相似功能整合到同一系統中，將兩個功能整合到同一補償系統中，將兩個功能相反的功能整合在一起，將兩個功能整合到共生系統中，將幾個單獨的功能進行整合等。

此外，物質與場的不同特性是一種可形成某種技術的資源（如利用場在系統中的不均勻特性，在設計中實現某些新的功能），這種資源稱為差動資源。如：煙囪利用氣體壓力差排氣；工作點應處於聲場最低的位置是對空間不均勻場的利用；脈搏診斷是場的值與標準值的偏差的利用等。

為幫助使用者對系統現有可用資源進行更好的全面整理，力求做到「隱性資源顯性化、顯性資源系統化」，下面提供了一個表格，稱之為系統資源

列表，如表 4.1 所示。該表要求使用者分別在子系統、系統和超系統三個層面尋找物質資源、能量資源、空間資源、時間資源、資訊資源以及功能資源這六類可用的現有資源，為解決問題提供資源保障。系統資源列表是進行資源分析和後續應用九宮格法的基礎。

表 4.1　系統資源列表

資源類型	子系統	系統	超系統
物質資源			
能量資源			
空間資源			
時間資源			
資訊資源			
功能資源			

4.3　改進型九宮格法和擴展型資源列表

4.3.1　九宮格法簡介

多螢幕法是 TRIZ 中典型的「系統思維」方法，即對情境進行整體考慮，不僅要考慮當前的情境，還要考慮它們在系統層次和時間上的情境和變化。最常見的多螢幕法包含九個螢幕（九宮格），即具有兩條坐標軸線：縱向為系統層次，分為子系統、系統和超系統三個層次；橫向為時間。該方法可將發明者的視野從一個螢幕擴展到九個螢幕（它們給出情境和問題），進而從提供資源以解決問題的角度出發，分別考慮超系統組件、系統及子系統（組件）在三個不同的時間節點上的可利用資源，達到抵消所探討問題的不良作用，或者消除它的不良後果的目的。

但傳統的九宮格法在實際解題過程中往往會出現難以提出解決方案，思維過於發散難以聚焦等問題。其中一個核心原因在於使用者對「過去」、「現在」以及「未來」三個時間點的界限不是很清晰，因此無法考察系統維度

隨時間變化而導致的所利用的資源變化情況。為此我們針對解決問題的需求推出了改進的「九宮格法」。該方法主要對以下幾處進行了改進：一是規範了九宮格法的應用流程；二是明確了「過去」、「現在」以及「未來」三個時間節點的內涵，從而使發掘潛在的系統資源目的性和方向性更強。

4.3.2 擴展型資源列表

在改進型的「九宮格法」中，首先要填寫「擴展型資源列表」，如表 4.2 所示。

表 4.2 擴展型資源列表

資源類型	過去	現在	未來
物質資源			
能量資源			
空間資源			
時間資源			
資訊資源			
功能資源			

讀者可能會問，上一節中的「資源列表」與現在的「擴展型資源列表」兩者有什麼區別？

在上一節的「資源列表」中，我們要求學員分別從子系統、系統和超系統層面全面挖掘「現在」可用的資源，即側重於從系統層面挖掘現有資源。而「擴展型資源列表」強調從時間的層面來探索資源，即分別從過去、現在和未來獲取所需的資源。

為進一步引導學員有目的的發散思考，這裡對「過去」、「現在」和「未來」給予了新的明確的定義。

「過去」指問題發生之前，能否搜尋某些資源預防問題的發生或者提前做好應對措施，目的是預防問題的發生，這類似於「未雨綢繆」所表達的內涵。「現在」指問題發生時，能否搜尋某些資源阻止問題的發展和進一步惡化，目的是救急，這類似於「懸崖勒馬」所表達的內涵。「未來」指問題發生

後，能否搜尋某些資源進行補救，從而盡量減少問題帶來的損失以及問題產生的負面（長期）影響，目的是減少損失，這類似於「亡羊補牢」所表達的內涵。

為幫助學員更仔細全面的尋找資源，我們把資源分為六類，並鼓勵學員把所有表格盡量填滿。

隨後，我們要求學員綜合資源列表和擴展型資源列表，選擇可用資源，將可能產生方案的資源名稱填入表格中，如表 4.3 所示。最後，根據可用資源建構並描述形成的概念方案。

表 4.3　九宮格法資源方案表

系統層次	過去	現在	未來
子系統			
系統			
超系統			

4.3.3　九宮格法實例

本節以解決下雨時某傳統普通房屋屋頂漏雨問題為例，展示改進型九宮格法的使用方法。首先，填寫系統資源列表，重點從系統層面（即子系統、系統和超系統三個層面）考察當前可利用的資源並盡可能填全，如表 4.4 所示。

表 4.4　系統資源列表

資源類型	子系統	系統	超系統
物質資源	石瓦片、泥瓦片、石板、茅草、樹葉、木板……	屋頂、木質屋梁……	人……
能量資源	化學能、位能、機械能……	太陽能、風能、機械能、位能、屋頂斜面的位能、水流的位能……	太陽能、風能、機械能、位能、屋頂斜面的位能、動能、位能……
空間資源	石板縫隙、瓦片縫隙、材料連接處的空間……	屋頂的閒置空間、屋內空間……	房屋內部的空間、外部閒置空間、屋簷下空間、陽臺空間……

時間資源	修繕屋頂時間、更換材料時間、改善房屋結構時間……	雨中應急時間、雨後最佳化和修復時間……	提前預報時間、雨中應急時間、雨後最佳化和修復時間、屋頂損壞後的撤退時間……
資訊資源	瓦片開裂、石板開裂、方梁斷裂、屋頂破洞……	屋頂開裂、材料失效、屋頂漏雨情況、屋頂傾斜程度……	天氣資訊、屋頂材料品質、屋頂材質失效狀況、屋頂漏雨狀況、屋頂損壞告警……
功能資源	防水功能、儲水功能、導流功能、保護功能、自修復功能……	防水功能、排水功能、保護功能、屋頂斜坡的導流作用	提前預報功能、屋頂排水功能、警報功能

　　隨後填寫擴展型資源列表，側重從時間的層面來探索可用資源，如表 4.5 所示。

表 4.5　擴展型資源列表

資源類型	過去	現在	未來
物質資源	預先加固的屋頂、防水導流渠、漏雨修復系統、人、檢修設備、報警系統、供電系統、除水（抽水）系統、天氣預報系統排水子系統、防水塗料	石瓦片、泥瓦片、石板、茅草、樹葉、木板	奈米纖維增強的複合板材、玻璃鋼、軟膜蓬頂中空板、防水塗料、瀝青、油氈布、高分子布加水泥砂漿、防水捲材、鋼板瓦、黏土瓦、琉璃瓦、西洋瓦、石膏天花板、玻璃棉天花板、礦棉天花板、鋁天花板、PVC 塑膠天花板、複合天花板、鋼板拱頂、抽水裝置、排水裝置
能量資源	太陽能、風能、位能、化學能	太陽能、風能、位能、屋頂斜面的位能、水流的位能	太陽能、風能／位能、化學能、塗料的化學能、水泥砂漿的化學能、水流的位能
空間資源	屋頂材質的間隙、房屋內部的空間、外部閒置空間、屋簷下空間、陽臺空間	屋頂外部空間、屋內的空間	塗層間的空間、水泥砂漿的空隙、排水系統的空隙
時間資源	下雨前修復時間、下雨前預報的時間、下雨前預防時間	下雨中的修復時間	下雨後的等待時間、下雨後修復時間、提前預報時間、雨中應急時間、雨後最佳化和修復時間、屋頂損壞後的撤退時間

資源類型	過去	現在	未來
資訊資源	材料失效、斷裂、屋頂漏雨、天氣資訊、屋頂材料品質、屋頂材質失效狀況	屋頂開裂、漏水、屋頂漏雨狀況、屋頂損壞告警、屋頂傾斜程度	天氣資訊、屋頂材料品質、屋頂材質失效狀況、屋頂漏雨狀況、屋頂損壞告警、材料老化、屋頂開裂、塗料解體、材料失效
功能資源	防水、提前預報功能、屋頂排水功能、警報功能	防水功能、排水功能、保護功能、屋頂斜坡的導流作用	提前預報和告警功能、雨天自動加固功能、隔層的防水功能、隔層的保護功能、排水功能

　　最後，將系統資源列表和擴展型資源列表中能夠形成概念方案的資源名稱，匯總至九宮格中，如表 4.6 所示。

表 4.6　房屋漏雨中改進型九宮格法使用示意表

系統層次	過去	現在	未來
子系統	防水屋頂、（屋頂）預製導流渠	瓦片	管道、加熱裝置、蓄水裝置
系統	防水材料、自癒混凝土、記憶合金（形變材料）	變形功能、快速凝固水泥	移動功能
超系統	茅草、天氣預報告警系統	人、膠布、快凝快硬水泥、快乾水泥	水盆、抽水機、矬子、浴缸、熱場

　　最終產生概念方案：

　　方案①：從子系統的過去進行思考（未雨綢繆），加入預製導流渠作為排水系統，防止房頂積水過多導致漏水或者屋頂防水失效。

　　方案②：從子系統的過去進行思考，引入天氣預報系統，根據降雨量大小，提前對屋頂相應位置進行加固處理。

　　方案③：從子系統的過去進行思考，採用自癒混凝土，一旦屋頂出現開裂現象，可以自動癒合。

　　方案④：從系統的現在進行思考，採用新型防水材料，對於降雨量較大的區域使用經過表面改性的光滑塗層提高防水效果並降低黏滯阻力。

　　方案⑤：從系統的現在進行考慮，可以引入快乾水泥等，進行快速

修復。

　　方案⑥：從超系統的未來考慮，可以引入屋頂監測、修復、警報一體化系統，雨天前自動檢查屋頂狀況並自動修復存在的問題，提前對屋頂存在的損壞和失效情況進行判斷並及時給出警報。

　　我們曾在不同的培訓班做過實驗，結果顯示：使用傳統九宮格法流程的班級，22 個技術難題共產生了 330 個有效的概念解，其中九宮格法出解8 個，占比 2.4％；另外的班級使用改進型九宮格法，23 個難題一共得到了480 個有效的概念解，其中改進型九宮格法出解 72 個，占比 15％。透過對比可以看出，改進型九宮格法的出解效率明顯更高。

4.4　系統三大分析方法總結與問題突破點的選擇

　　第 2 ～ 4 章介紹了三大分析方法，分別是系統組件分析、因果分析和資源分析。對於三大分析法有兩個問題是亟待討論的，第一個問題是這三種分析方法間的關係是怎樣的。

　　簡單來說，系統功能分析強調此情此景、特別關心問題發生的瞬間系統組件間的相互作用，旨在蒐集系統的負面功能，建議在進行系統功能分析時不必嘗試去尋找問題發生的原因。作為互補，相對於只關心此情此景的系統功能分析，因果分析則強調時間效應，可能更擅長去發現那些隨著時間變化逐步對系統問題的發生施加不同影響的全部要素，尤其是隨機出現，在問題發生時沒有產生作用的一些因素。資源分析則著重為解決問題探尋未知資源，力爭做到隱性資源顯性化、顯性資源系統化。

　　第二個問題是，如何綜合三種分析方法來確定問題的突破點。所謂問題突破點是指對初始問題進行綜合考慮後需要著手解決的焦點和方向。對於一個工程問題，影響因素和產生的原因很可能錯綜複雜，牽一髮而動全身，而綜合採用三大分析工具正是要在對工程問題進行全面深入的分析之後，確定要集中入手解決的點。相較於問題的初始狀態，問題突破點一般

具有如下特點：

首先是更加明確、具體。因為問題突破點或者是某個負面功能，或是某個根本原因，都一定比初始問題更小，更聚焦。

其次是造成四兩撥千斤的作用。這是因為問題突破點的選擇是基於系統組件及功能關係整理和因果關係分析的，因此相對較小的問題突破點一旦被解決，將會對大的初始問題產生較大的影響。

最後，問題突破點相對比較容易著手解決，因為是在明確了系統可用資源的基礎上進行的選擇。

問題突破點的確定非常重要，在後續的問題解決部分，即第 5 ～ 10 章，所有解題工具的使用都是圍繞著問題突破點展開的，可以說突破點的選擇在很大程度上決定著解決方案的走勢。

在確定問題突破點的過程中，通常首先將系統負面功能（系統功能分析得到的）和根本原因（因果分析得到的）進行相互對照，以檢查對工程問題的分析是否全面、深入；另外看兩個結論是否有矛盾的地方，如有矛盾之處，需要重新進行系統功能分析和因果分析以消除矛盾。隨後按照有害作用優先、根本原因深度優先（越底層的根本原因越優先處理）、不足作用優先的原則，對存在的問題進行排序。最後綜合運用資源分析結果，在充分考慮可用資源的情況下最終確定問題突破點。一般建議選擇 2 ～ 3 個突破點，最多不要超過 5 個。

需要注意的是：問題突破點描述的仍然是問題，不是解決方案，思路不要受侷限。對問題突破點的描述要客觀，盡量寫成主謂短語的形式。尤其要注意，不要把預想的解決方案和解決思路寫進去，盡量保留更多的可能性。例如，問題突破點建議可寫成螺絲存在鬆動，而不要寫成螺絲因裝配不佳而產生鬆動之類。再如應該寫反應釜加熱不充分，不應該寫提高反應釜的溫度，因為後者會暗示問題的解決方案應圍繞提高反應釜的溫度展開，而喪失了其他的可能性，如改變反應釜的運動方式或加熱方式等。建議一定要用盡量客觀的文字進行刻劃和描述問題突破點。

問題突破點選擇的實例詳見第 11 章。

第 2 篇
問題解決篇

第 5 章　矛盾分析與發明原理

　　如前所述，TRIZ 理論認為「矛盾是發明問題的核心」。但在面對一個具體的發明問題時，矛盾不會自己主動出來站在我們面前。矛盾分析——也即如何準確而合理的將問題中蘊藏的矛盾抽取出來，將多樣化的具體問題轉化為規範的典型問題，這將直接影響到後續解決矛盾的效率和效果。在這一過程中最重要的是理解工程參數的概念並掌握其使用方法。

5.1　工程參數和技術矛盾

5.1.1　工程參數的基本概念

　　阿奇舒勒在對大量的發明專利進行分析後，總結出 39 個適用範圍廣泛的通用工程參數，並按其在技術系統中出現機率的大小，以遞減的順序從 1 至 39 替它們編號（1 代表出現頻率最高）。當今的研究者將通用工程參數增加到了 48 個，並將原有的編號做了調整。本書選用最新的 48 個工程參數進行講解，其名稱、內涵及示例如表 5.1 所示。需要說明的是，在經典的 39 個工程參數之後增加的參數後面標注「*」。

表 5.1　48 個通用工程參數的名稱、內涵及示例

編號	工程參數名稱	內涵及示例
1	運動對象的質量	略
2	靜止對象的質量	略
3	運動對象的尺寸	運動對象的長、寬、高，兩點之間的曲線距離，封閉環的周長等
4	靜止對象的尺寸	靜止對象的長、寬、高，兩點之間的曲線距離，封閉環的周長等
5	運動對象的面積	運動對象的內外表面積、平面、凹凸面的面積等

編號	工程參數名稱	內涵及示例
6	靜止對象的面積	靜止對象的內外表面積、平面、凹凸面的面積等
7	運動對象的體積	運動對象所占據的空間
8	靜止對象的體積	靜止對象所占據的空間
9	形狀	對象的外部輪廓以及幾何造型
10	物質的數量	系統中能夠被改變的原材料、物質或子系統的數量
11	資訊的數量 *	資訊的數量,即系統內包含的抽象資訊的總量。不同的系統其單位不盡相同,典型的例子如:電腦的硬碟是實在的物質,硬碟內的資料是抽象的資訊,資訊的數量用位元(bit,更大的單位有 KB / MB / GB / TB 等)表示
12	運動對象的耐久性	運動對象正常發揮功能的作用時間或服務壽命,例如轎車行駛超過 60 萬公里後強制報廢,此即其服務壽命
13	靜止對象的耐久性	靜止對象正常發揮功能的作用時間或服務壽命,例如冰箱的壽命在十年左右
14	速度	對象運動的速率。從廣義上講,可理解為一個作用(過程)與完成所需時間的比值
15	力	對象間相互作用的度量。力能改變對象的狀態
16	運動對象的能量消耗	運動對象執行給定功能所需的能量,包括消耗超系統提供的能量,例如汽車耗油量
17	靜止對象的能量消耗	靜止對向執行給定功能所需的能量,包括消耗超系統提供的能量,例如冰箱耗電量
18	功率	對象在單位時間內完成的工作量或消耗的能量
19	應力	對象在單位面積上產生的作用力,或對象內各部分之間產生相互作用的內力,包括壓強、張力、應力等,例如液體作用於容器壁上的力,或者燒製鋼鐵內部殘留的應力
20	強度	表示工程材料抵抗斷裂和過度變形的力學性能之一。常用的強度性能指標有拉伸強度和屈服強度(或屈服點)。鑄鐵、無機材料沒有屈服現象,故只用拉伸強度來衡量其強度性能。高分子材料也採用拉伸強度。承受彎曲載荷、壓縮載荷或扭轉載荷時則應以材料的彎曲強度、壓縮強度及剪切強度來表示材料的強度性能
21	穩定性	對象的組成、性狀和結構在時間流逝和外力作用下保持不變的性質。對象磨損、分解、拆卸都代表穩定性下降
22	溫度	狹義上的溫度是對象分子運動程度的度量,此外還可以指熱容等廣義的熱狀態
23	照度	對象的亮度、照明品質、反光性等
24	運行效率 *	指資源的有效配置所實現的柏利圖最適狀態,即資源的任何重新配置,都不可能使任何一方收益增加而不使另一方的收益減少

編號	工程參數名稱	內涵及示例
25	物質的無效損耗	強調對所從事工作沒有用處的物質方面的損耗
26	時間的無效損耗	強調對所從事工作沒有用處的時間方面的損耗
27	能量的無效損耗	強調對所從事工作沒有用處的能量方面的損耗
28	資訊的損失	對象資訊的損失，如氣味、聲音等感官資訊
29	噪音 *	略
30	對象產生的外部有害因素 *	對象產生的任何形式的汙染物，對環境或者超系統造成危害。例如引擎燃燒不充分排出的有毒廢氣汙染環境
31	對象產生的內部有害因素	對象產生的任何形式的汙染物或有害作用，導致系統內效率降低或品質受損。例如引擎產生的多餘熱量累積導致內部過熱損毀
32	適應性	對象能夠積極回應外部變化的能力，或其能夠在多種環境下以多種方式發揮作用的可能性。例如摩托羅拉公司曾經推出銥星手機，透過衛星傳輸訊號，因此該手機能夠在高山、峽谷、無人區等多種環境下發揮通訊功能
33	兼容性 *	對象之間相互配合，無衝突工作的程度。該概念在不同的操作系統或平臺上運行軟體時廣泛涉及
34	易操作性	使用者對對象操作的難易程度，如傻瓜相機的易操作性比單眼相機高
35	可靠性	對象無故障工作的機率
36	易維修性	略
37	安全性 *	對象保護自己的能力，免受未獲准的進入、使用、竊取或其他不利影響。例如安全性的概念在網銀等系統中運用廣泛
38	易損壞性 *	對象在外界衝擊或不利作用下損壞的可能性。例如瓷質的盤子比塑膠盤子更易損壞
39	美觀性 *	看上去讓人舒服的程度，但取決於使用者的主觀感受及體驗
40	作用於對象的外部有害因素	環境、超系統或其他子系統對對象的有害作用，可能導致功能退化。例如潮溼多雨的環境可能導致電子設備受潮失效
41	易製造性	略
42	製造精度	對象的實際特性與標準或規範特性之間的一致程度。例如瑞士手錶的製造精度較高
43	自動化程度	略
44	生產率	單位時間內，系統執行功能或操作的數量；完成一個功能或操作所需的時間；單位時間的輸出；單位輸出的成本
45	裝置的複雜性	略

編號	工程參數名稱	內涵及示例
46	控制的複雜性	略
47	檢測的複雜性 *	略
48	測量精度	系統特性的測量結果與實際值之間的偏差程度，減小測量中的誤差可以提高測量精度

下一節將依據工程參數定義對容易混淆的疑難工程參數進行辨析。

5.1.2　疑難工程參數解析

辨析一：「12　運動對象的耐久性」與「35　可靠性」

「12　運動對象的耐久性」強調平均無故障工作時間（產品壽命），如某轎車產品壽命為 60 萬公里，即該轎車行駛超過 60 萬公里後才需要強制報廢。

「35　可靠性」強調（在產品壽命內）無故障工作的機率，如某轎車在 60 萬公里內，無故障行駛的機率極高，即表示可靠性高。

辨析二：「37　安全性 *」與「38　易損壞性 *」

「37　安全性」強調對象保護自己，不受影響的能力。

「38　易損壞性」強調對象受到影響後不損壞的可能性。

辨析三：「30　對象產生的外部有害因素 *」「31　對象產生的內部有害因素」和「40　作用於對象的外部有害因素 *」

「30　對象產生的外部有害因素 *」強調由系統（對象）產生，作用於外部的有害因素。

「31　對象產生的內部有害因素」強調由系統（對象）產生，作用於系統內部的有害因素。

「40　作用於對象的外部有害因素 *」強調由外部（環境）產生，作用於系統的有害因素。

辨析四：「18　功率」「24　運行效率 *」和「44　生產率」

「18　功率」強調單位時間內所做的功，也即系統利用能量的速率。

「24　運行效率 *」強調系統資源的最佳化配置，以盡可能實現有用功能，去除有害功能或無用功能，從而實現效能最大化。

「44　生產率」強調單位時間內完成的功能或操作數，或完成指定動作的次數。

5.1.3　技術矛盾與物理矛盾

透過對大量發明專利的研究，阿奇舒勒發現，真正的發明往往需要解決隱藏在問題當中的矛盾。這意味著，矛盾是發明問題的核心，是否存在矛盾是區分發明問題與普通問題的象徵，解決矛盾就成為 TRIZ 最根本的任務。

在熟悉了工程參數概念的基礎上，TRIZ 理論將矛盾分為兩類，第一類稱為技術矛盾（technical contradiction），也就是當技術系統的某個工程參數得到改善時，可能會引起另外一個工程參數的惡化（不一定必然會惡化，而在於這種惡化是你想極力避免的），這種情況下存在的矛盾被稱為「技術矛盾」。例如：增加戰車裝甲的厚度，使得其抗擊打能力得到提升，然而卻引發了速度、機動性、耗油量等一系列指標的惡化；增大智慧型手機的觸控螢幕面積以利於用戶操作，卻導致了手機螢幕更加易碎，耗電量更大等副作用。整體來說，所謂「此消彼長」就是技術矛盾。

技術矛盾出現的三種常見情況如下：

(1) 在一個子系統中引入一種有用功能，導致另一個子系統產生一種有害功能。
(2) 消除一種有害功能，導致另一個子系統有用功能的減退。
(3) 有用功能的加強或者有害功能的減少，使另外一個子系統變得太複雜。

與技術矛盾相對應的另一類矛盾是物理矛盾（physical contradiction）。物理矛盾的定義是為了實現某種功能，對同一個對象（或者同一個子系統）的同一個工程參數提出了互斥的要求。例如：為了增加飛機的巡航距離，需

要攜帶更多的燃油以提供能源。但同樣是為了增加飛機的巡航距離，需要減輕飛機的重量，在飛機整體材料重量不變的情況下就要求攜帶更少的燃油——為了實現增加巡航距離的目標，既需要飛機多帶燃油以提供能源，又需要飛機少帶燃油以減輕重量，這種對同一個參數提出截然相反的要求就是物理矛盾，即「左右為難」或「進退維谷」。

物理矛盾出現的兩種常見情況如下：

(1) 一個子系統中有用功能加強的同時導致該子系統有害功能的加強。
(2) 一個子系統中有害功能降低的同時導致該子系統有用功能的減退。

5.1.4　提取矛盾練習

對矛盾進行分析，並從中提取工程參數，關鍵是要明確研究的系統（對象），並嘗試將其中改善和惡化的方面用合適的工程參數進行描述。需要加以說明的是，用工程參數描述技術矛盾，這個過程沒有標準答案，也不必拘泥於唯一的答案。可將你認為的矛盾通通列出，不確定性將可能因為在矩陣中所建議的發明原理重複出現而得以釐清，即對於同一問題，不同的矛盾可能會用到相同的發明原理，頗有所謂「殊途同歸」之妙。

- **訓練題一**：每分鐘都有大量隕石落在地球表面，對其成分和結構進行分析，能提供更多關於宇宙空間的資訊，所以科學家需要在隕石墜落區域大範圍的收集岩石並做出篩選。收集和篩選隕石越仔細越好，但是耗費時間也更多。
- **訓練題二**：在餐廳中，服務生為了提高為顧客上菜的速度，每次手中托著的菜盤越多越好，但是這樣更加難以掌握平衡，容易失手。
- **訓練題三**：在輪船設計的過程中，為了使其能夠承載更多的貨物，船身（船艙）的尺寸越來越大，但是在行駛過程中，水對船的阻力也隨之變大。
- **訓練題四**：曳引機的牽引能力指的是其引擎做有用功的功率。曳引機的重量如果較輕，負載較重時履帶可能會打滑，降低牽引能力。反之，如果增大曳引機的重量，地面牽引性能得以加強，但卻要耗費許多燃

料在曳引機自身的移動上。

- **訓練題五**：從衛星上發射訊號時，希望頻寬較寬，訊號也會較好，想要實現這兩個目標就需要攜帶更多大功率的設備，導致衛星重量增加，提高火箭運載成本。

- **訓練題六**：開口扳手可以在力的作用下旋緊或鬆開一個六角螺栓，但是螺栓的受力集中在兩條稜邊，容易讓稜邊產生變形，想要改善這種情況，但市面上沒有找到更合適的扳手。

- **訓練題七**：為了高效利用有限的市區土地，一座座摩天大樓拔地而起。但是過高的樓房會帶來一系列的問題，比如地基不穩，抗震性能下降，影響周邊建築的採光等。

- **訓練題八**：很多鑄件或管狀結構是透過法蘭（Flange）連接的（如圖 5.1 所示）。連接處常常要承受高溫、高壓，同時要求密封良好，因此在設計過程中採用了較多的螺栓來提升強度，以滿足密封性要求。但是這樣會導致部件重量增加，安裝和維修時較為麻煩。

圖 5.1　法蘭連接示意圖

（答案詳見附錄 B.1）

5.2　發明原理

提取工程參數是為了將具體問題轉化為典型問題，進而找出典型問題所對應的典型解決方案。阿奇舒勒的研究顯示，絕大多數專利都是在解決

矛盾，而且相似的矛盾之間，其解決方案在本質上也具有一致性。TRIZ 理論從大量發明方案中總結、提煉出解決矛盾的 40 個發明原理。這也是在 TRIZ 理論發展過程中，阿奇舒勒最先得到的「解決問題的規律」。他發現，雖然不同的專利解決的是不同領域內的問題，但是它們使用的方法是具有相似性的，即一種方法可以解決來自不同工程技術領域的類似問題。將最常用的解決問題的普適方法總結出來，即成為 TRIZ 理論中的 40 個發明原理，其匯總表如表 5.2 所示。這 40 個發明創新原理具有良好的普適性，能夠指導人們解決大部分的發明問題。

表 5.2　40 個發明原理彙總表

編號	名稱	編號	名稱	編號	名稱
1	分割原理	15	動態化原理	29	氣動或液壓原理
2	分離原理	16	部分或過度的動作原理	30	彈性膜與薄膜原理
3	改進局部性質原理	17	轉換到另一個維度原理	31	孔隙物質原理
4	非對稱性原理	18	震動原理	32	改變顏色原理
5	合併原理	19	週期性作用原理	33	均質原理
6	萬用性原理	20	連續有用的作用原理	34	拋棄與再生元件原理
7	套疊結構原理	21	快速原理	35	性質轉變原理
8	平衡力原理	22	改變有害成為有用原理	36	相變化原理
9	事先的反向作用原理	23	回饋原理	37	熱膨脹原理
10	預先行動原理	24	中介物質原理	38	加速氧化原理
11	預先防範原理	25	自助原理	39	惰性環境原理
12	等位能原理	26	複製原理	40	複合材料原理
13	反向操作原理	27	可拋棄原理		
14	球面化原理	28	取代機械系統原理		

5.2.1　40 個發明原理及其子原理詳解

本節將對各發明原理（Inventive Principle, IP）的含義及應用實例進行詳細介紹。

IP1　分割原理（segmentation）

說明：在下面的子原理中出現的「對象」概念是指 object，不僅可以表示具體的、有形的「物」（物體或產品），而且可以表示抽象的、無形的「事」（組織方式、行為方式、流程）等。

IP1-1　將一個對象分解成多個相互獨立的部分

- 將學生分成不同的班級和年級，以便實施教學。

IP1-2　將對象分成容易組裝（或組合）和拆卸的部分

- 現代化的組合家具，可以有書櫃、辦公桌、座椅、床鋪等功能，能合能分，既能滿足各種使用需求，又能產生不同的陳設效果，如圖 5.2 所示。

圖 5.2　現代化的組合家具

IP1-3　增加對象的分解程度

- 一整塊布做的窗簾→左右兩塊布做的窗簾→百葉窗，隨著窗簾的分解程度不斷增加，使用也更加便利，如百葉窗可以自由的調節採光區域。

- 微奈米化工是一門研究微小尺度下化學反應的學科。它將傳統的大規模操作分割成一個個微小的單元，著重對這些微小單元進行研究，使得反應速率、安全性、生產靈活性等方面都得到了很好的改善。同時，在微奈米化工中，事故的發生一般只是在一個小小的試管中出現，規模不大，因此降低了危險性，方便處理，如圖 5.3 所示。

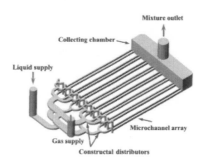

圖 5.3　微奈米化工反應容器

IP2　分離原理（separation）

IP2-1　從對象中分離出產生負面影響的部分或屬性

- 在機場或車站的等候區域設立專門的吸菸室。
- 最初的空調是一體機，工作時壓縮機會產生噪音。分離式空調將空調中會產生噪音和熱量的空氣壓縮機部分放置在室外，將製造冷氣的部分放置於室內，如圖 5.4 所示。

圖 5.4　分離式空調

IP2-2　從對象中分離出有用的（主要的、重要的、必要的）部分

或屬性

- 稻田裡的稻草人，是將人的外形抽取出來，產生嚇走鳥類的作用。

IP3　改進局部性質原理（local quality）

IP3-1　將對象、環境或外部作用的均勻結構變為不均勻結構

- 在礦井中為了減少粉塵，常常利用噴水裝置向採掘機和運煤機噴出圓錐狀的水霧。水霧中的水滴越小，消除粉塵的效果就越好。但是如果水滴太小的話，就很難迅速沉降下來，含有粉塵的小液滴就會被工人吸入到肺裡造成危害。解決方案是用一層圓錐狀的，顆粒較大的水霧包圍在霧化較好的霧錐外圍。這樣一來，內層的小液滴負責吸附粉塵，外層的大液滴負責吸附內層的小液滴，而大液滴可以迅速的沉降下來，從而達到既能消除粉塵，又能迅速沉降的目的，如圖 5.5 所示。

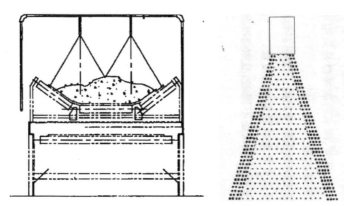

圖 5.5　輸煤系統水霧除塵及錐狀水霧結構

IP3-2　使對象的不同部分具有不同的功能和特性

- 圖釘一頭尖（便於刺入物體內），一頭圓（便於人手施加壓力）。
- 羊角鎚的一端用來釘釘子，另一端用來拔釘子，如圖 5.6 所示。

圖 5.6　羊角鎚

IP3-3　讓對象的不同部分處於完成各自功能的最佳狀態

- 可以在分層便當盒不同的間隔內放置不同的食物，盛粥和湯的區域注意密封性和保溫性，盛菜的區域注意獨立性，以使菜品味道不相互影響。

IP4　非對稱性原理（asymmetry）

IP4-1　將對象（的形狀或組織形式）由對稱的變為不對稱的

- USB 的接口採用不對稱設計，只有當公口的方向正確時，才能順利插入到母口中，否則母口將阻止公口的插入。這樣的設計有效避免了在接頭連接過程中連錯錯誤的發生，如圖 5.7 所示。

IP4-2　如果對象已經是不對稱狀態，那麼增加其不對稱程度

- 最方便使用的零件是從各個角度都對稱的零件，如人們在日常生活中使用的音訊接口和音訊插頭在軸線上是 360°對稱的，無論插頭怎麼旋轉都不會插錯。但是如果零件因為其他限制無法做到對稱性，那麼需要誇大零件的不對稱性，且不對稱性越明顯越好，如設計非對稱的空、槽和凸臺等，如圖 5.8 所示。

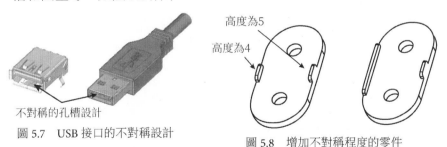

不對稱的孔槽設計

圖 5.7　USB 接口的不對稱設計

高度為5

高度為4

圖 5.8　增加不對稱程度的零件

IP5　合併原理（merging）

IP5-1　在空間上將同類的（相關的、相鄰的、輔助的）操作對象合併在一起

- 加工薄玻璃時，其四個邊角很容易發生碎裂，故將多塊玻璃用水作為

　　黏合劑結合在一起，這樣整體就變厚了，更易於磨削加工。在水乾了之後玻璃可以自動分離。

- 水龍頭原先有熱水出口和冷水出口兩個，為了方便洗澡時調節水溫，將二者合併成一個有可旋閥的水管，可以自由的根據需求調節水溫。

　　IP5-2　在時間上將同類的（相關的、相鄰的、輔助的）操作對象合併在一起

- 割草機後面放置一個收集袋，旋轉刀刃割下草之後，草就被放入袋子中，收割和收集過程同步進行。

IP6　萬用性原理（multi-functionality）

　　說明：如果一個對象同時有好幾個功能，那麼就不需要其他同功能的對象了，以減少冗餘和浪費。

- 多功能瑞士刀、沙發床。
- 樓梯下的空間用於放書，樓梯和書櫃合用，如圖 5.9 所示。

圖 5.9　樓梯書櫃

IP7　套疊結構原理（nested doll）

　　說明：套疊結構原理最初被稱為「俄羅斯娃娃原理」，俄羅斯娃娃（參見圖 5.10 所示）是這個原理最生動形象的例子。

圖 5.10　俄羅斯娃娃

IP7-1　把一個對象套入第二個對象，然後將這兩個對象再套入第三個對象，以此類推

- 傳統容器型家具（如衣櫃、書櫃、杯子等）容腔無法改變，當閒置時占用空間大，外出攜帶、搬家時也會帶來不便。套疊結構原理的使用使得容腔內的空間能夠得到靈活應用。以組合櫃為例，當放置的物品少時，櫃子能夠層層套疊，節省空間。當需要放置大量物品時，櫃子可以層層展開，如圖 5.11 所示。

圖 5.11　套疊式家具

IP7-2　使一對象穿過另一對象的空腔

- 飛機起飛後將起落架收進機身內部。

IP8　平衡力原理 (weight compensation)

IP8-1　將目標對象與另一個有提升力的對象組合，以補償目標對象的重量

- 魚可以利用其身體中的魚鰾來實現上浮和下潛。

IP8-2　透過跟外部環境的相互作用（空氣動力、流體動力或其他力）來補償對象的重量

- 飛機機翼的上表面是流暢的曲面，下表面則是平面。這樣，機翼上表面的氣流速度就大於下表面的氣流速度，根據白努利定律（Bernoulli's principle），機翼下方氣流產生的壓力就大於上方氣流的壓力，飛機就被這極大的壓力差「托住」了，從而補償了自身的重量。

IP8-3　利用環境中相反的力（或作用）來補償系統消極的（負面的）屬性

- 利用船體周圍的海水來冷卻油輪中所裝載的易揮發液體。

IP9　事先的反向作用原理 (preliminary counteraction)

說明：預先了解可能出現的問題，並採取行動來消除出現的問題、降低問題的危害或防止問題的出現。

- 火場逃生時，要將蓋在自己身上的棉被淋溼，可在短時間內防止被火燒傷。
- 鋼筋混凝土澆注之後會受到持續的重力作用，有可能導致鋼筋向下彎曲。所以在澆注混凝土之前要對鋼筋進行預壓處理。由於鋼筋將要承受向下的重力 F1，我們預先施加一個適當的向上的力 F2 使鋼筋向上彎曲，這樣就增加了鋼筋混凝土結構的機械強度和耐用性，如圖 5.12 所示。

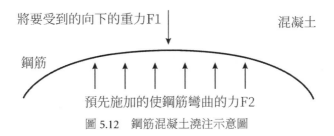

圖 5.12　鋼筋混凝土澆注示意圖

IP10　預先行動原理（Preliminary action）

說明：在真正需要某種作用之前，預先執行該作用的全部或一部分。

IP10-1　預先（部分或全部）完成所需的作用

- 今天已經很少有人知道最早的郵票是以沒有打孔的一整版的形式銷售的，那時的用戶不得不將郵票一張一張剪下來，再用膠水黏到信封上。現今的郵票都採用了預先作用，在販賣的時候就已經打好了孔。

- 「人」型鎖能夠在黑暗、視野不好的環境中，透過預先刻出的凹槽引導鑰匙，使其最終能順利插入鎖孔，這種設計特別適合盲人，如圖 5.13 所示。

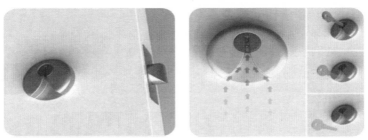

圖 5.13　「人」型鎖示意圖

IP10-2　預先準備對象，以便能及時的在最佳的位置發揮作用

- 在購物中心每個樓層合適的位置安置消防栓和滅火器，必要的時候能夠在最佳的位置方便人們救火。

- 戰鬥中，戰士們會預先將手榴彈的後蓋打開（IP10-1），放在觸手可及的地方（IP10-2），以便迅速投彈。

IP11　預先防範原理（beforehand compensation）

說明：透過預先準備好的應急措施（例如備用系統、矯正措施等）來補償對象較低的可靠性。

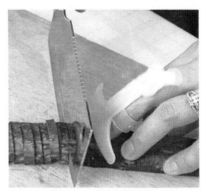

- 在珍貴林區周圍預先設置沒有任何植物的防火隔離帶，防止火災的侵擾和蔓延。
- 切菜時容易切傷手指，而防止菜刀切手的手指護具的使用透過預先防範避免了這一問題。將護具套在手指上，使手指處在護板後面，既保護了手指，又不影響手指在切菜時的靈活與協調，如圖 5.14 所示。

圖 5.14　防切手護具

IP12　等位能原理（equipotentiality）

說明：改變了工作條件，就沒必要提高或降低對象（不易或不能升降的對象可透過外部環境的改變達到相對升降的目的）。

- 在修理大卡車時，將其用千斤頂抬高非常困難，而採取等位能原理，在地板上設置一道溝渠，即可在不抬升汽車的情況下進入車底進行修理，如圖 5.15 所示。

圖 5.15　汽車修理廠的地下修理通道

- 在兩個不同高度的水域之間設置水閘，以便船隻順利通過，如圖 5.16 所示。

圖 5.16　中國三峽工程五級船閘

IP13　反向操作原理 (the other way around)

IP13-1　不以常規行為完成動作，而是用一個反向動作的方式來替代

- 跑步機利用人與路關係的反向作用，使得一個不大的裝置成為一條永遠走不完的路，它可以讓我們在斗室之內跑馬拉松。

IP13-2　使得一個對象或環境通常可移動的部分固定，或者通常固定的部分變為活動

- 車削工藝中將刀具固定。在車床加工時，使工件旋轉，而刀具固定。

IP13-3　把一個物體的空間位置 (或過程)「倒置」或翻轉

- 將路燈的燈泡向上，再用反射板把燈泡的光反射向下，而燈泡的餘光可以用來裝飾燈桿。此外，這種翻轉式路燈還能有效的防止燈罩或燈泡被飛石擊碎，如圖 5.17 所示。
- 酒心巧克力。其常見的製作工藝是將液態巧克力澆鑄成中空的瓶型，冷卻後，灌上酒，接著繼續加熱其上部，擠壓，使其光滑的

圖 5.17　翻轉式路燈

衛接，封住瓶口。然而有沒有可能消除昂貴的巧克力模具，消除封瓶的繁瑣工藝？答案是將酒冰凍，然後用融化的巧克力鑄模，酒在熱巧克力內融化，同時融化的巧克力沿著冰酒模的表面冷卻。可謂一舉兩得，大大省卻了工藝，提高了效率。

IP14　球面化原理（curvature increase）

IP14-1　把對象的線性部件改成曲線形，把平坦的表面改成球面；把形如立方體或平行六面體的部件變成球形結構

- 流線型在汽車、潛艇、飛行器上的應用。

　　高速運動的物體受到環境的阻力很大，採用流線型外形可減小空氣阻力，並給人舒服的視覺和觸覺感受。這在汽車、潛艇、飛行器上都有應用。

IP14-2　運用柱狀、球狀和螺旋狀的結構

- 螺旋形的樓梯可以大幅提高空間的利用率。
- 螺旋齒輪可以提供均勻的承載能力，如圖 5.18 所示。

圖 5.18　螺旋齒輪

IP14-3　將線性運動變成圓周運動，以便利用其產生的離心力

- 滾筒甩乾，利用溼衣服在滾筒內高速轉動時，水的離心力大於與衣服間的附著力，實現甩乾。

IP15　動態化原理（dynamic parts）

IP15-1　改變對象或者環境的特徵，使作用在任何階段均能達到最佳性能

- 奧德修斯（Odysseus）太陽能無人機外形看上去像來自外星球的不明飛行物，它的機翼呈 Z 形，翼展長達 150m，而且機翼可以隨著日光的消

減而變形。這種設計獨特的變形機翼使飛機可以在空中持續飛行 5 年。當有陽光時，飛機就會根據陽光的情況來調整機翼，以盡可能多的吸收太陽能。當處於黑暗中時，飛機就會將機翼變成水平直線保持平飛來保存能量，這時飛機的電動引擎將由儲存在電池板中的能量來驅動，如圖 5.19 所示。

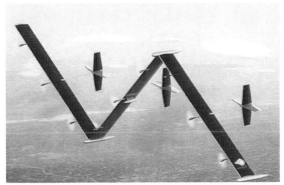

圖 5.19　奧德修斯太陽能機翼可折疊飛機

IP15-2　把對象分解成可以在內部互相移動的部件

* 變焦鏡頭是在一定範圍內可以透過變換焦距來得到不同寬窄的視場角、不同大小的影像和不同景物範圍的照相機鏡頭。與固定焦距鏡頭不同，變焦鏡頭並不是依靠快速更換鏡頭來實現鏡頭焦距變換的，而是透過推拉或旋轉鏡頭或旋轉鏡頭的變焦環來實現鏡頭焦距變換的，在鏡頭變焦範圍內，焦距可無級變換。它省卻了外出拍攝時須攜帶和更換多顆不同焦距鏡頭的麻煩，如圖 5.20 所示。

圖 5.20　變焦鏡頭

IP15-3　使一個本來固定的對象可移動或可調適性

* 活字印刷術。雕版印刷術是透過在版料上雕刻圖文，然後用油墨轉印到紙上，滿足大量印書的技術。但雕成的版很難進行修改，若雕錯字或者需要修改，都不得不重新雕製一塊新版，而且當書本頁數很多

時，需要雕刻的版的數目也很驚人。

北宋平民發明家畢昇發明了活字印刷術，用於印書的雕版由一個個單字組成，把每個字看成一個字格，這些字格是可以拆分的，拆分之後這些字就可以隨意移動了。這樣對雕版的修改就變得有針對性，只需要更換需要修改的字就行了。

IP16　部分或過度的動作原理（partial or excessive actions）

說明：如果完全達到想要的效果很困難，那麼應當試著讓要達到的效果略差或略超出預期效果，以使問題簡化。

- **藝術雕刻**：一尊雕塑的創作，藝術家不是讓原料直接成形（從一個部位開始精雕細刻），而是先用比較粗糙的手法雕刻出大致的外形輪廓，再逐步細化刀法。每次雕刻完成一個層次，而在最後一次雕刻之前的每一次都沒有達到藝術家的創作要求。

- **衛星回收**：廢棄衛星回收有一種銷毀方法是將導彈置於衛星軌道上撞擊衛星。採用過量原則，讓導彈從一開始就在比衛星靠外一點的軌道上運行，等到要撞擊衛星時，使導彈減速，落回到衛星的軌道上，實現撞擊。雖然剛開始導彈的運行速度快，且比目標軌道靠外，但採用過量原則設計的這種撞擊方式顯然提高了命中率。

IP17　轉換到另一個維度原理（dimensionality change）

IP17-1　將物體由一維運動變為二維運動，或由二維運動變為三維空間的運動

- **折疊式貨櫃**：普通貨櫃提供了足夠的空間，為運輸的標準化做出了重要的貢獻，但其體積龐大，在不用時非常浪費空間，是其最大的弊端之一。

折疊式貨櫃被設計成可從二維展開到三維的模型。透過合理的機械機構設計，實現用節點可靠控制整個箱體形狀的目標。不用時，採用二

維放置以減少空間消耗，需要使用時，則打開成三維形狀以提供符合標準的內部空間，如圖 5.21 所示。

圖 5.21　折疊貨櫃

IP17-2　利用多層結構替代單層結構

- 立體交叉橋。
- 「寬體高架電車」沿軌道行駛，上方可載客 1,400 人，懸空的下方可讓高度在 2 公尺以下的汽車正常通過，令塞車情況減少 20% 至 30%，而其造價僅是地鐵的 10%，如圖 5.22 所示。

圖 5.22　寬體高架電車

IP17-3　將對象傾斜或側向放置

- 翻斗車運輸貨物時，車體後部的翻斗是水平狀態的；而在卸貨時，將翻斗用液壓裝置支撐到傾斜狀態，貨物即順利卸車。

- 往汽車上裝卸汽油桶的時候,在地面與車廂之間利用木板形成斜坡,使裝卸變得容易,如圖 5.23 所示。

圖 5.23　往汽車上裝卸汽油桶

IP17-4　利用給定物體表面的反面

- 雙頭手電筒。普通手電筒只在其前端裝有燈泡,如果在黑暗中跟在別人後面走,則當用燈光照亮前方時,腳下的燈光並不充足。雙頭手電筒利用了手電筒的尾部,傾斜 45° 後又安裝了一個燈泡,這樣手電筒照亮前方時也可照顧到腳下,方便跟在後面的人走路,如圖 5.24 所示。

圖 5.24　雙頭手電筒及照射效果

IP17-5　利用照射到相鄰區域或目前區域背面的光線

- 傳說阿基米德用士兵們盾牌的背面匯聚陽光,將羅馬艦隊的帆點燃,從而挫敗了羅馬艦隊的進攻。

IP18 震動原理（mechanical vibration）

IP18-1 使對象發生震動

- 在澆注混凝土的時候，利用震動式勵磁機（激勵器）去除混凝土中的孔隙。

- 震動盤是一種自動組裝機械的輔助設備，能把各種產品有序排出來，它可以配合自動組裝設備將產品各個部位組裝起來，成為一個完整的產品。震動盤料斗下面有脈衝電磁鐵，可以使料斗做垂直方向震動，由傾斜的彈簧片帶動料斗繞其垂直軸作扭擺震動。料斗內的零件由於受到這種震動，會沿螺旋軌道上升，直至送到出料口。其工作目的是透過震動將無序的工件自動有序定向排列整齊，準確的輸送到下道工序，如圖 5.25 所示。

圖 5.25　震動盤

IP18-2 如果對象已經處於震動狀態，則提高震動的頻率（直至超高頻）

- 超音波清洗機在將高頻電能轉換成機械能之後，會產生振幅極小的高頻震動並傳播到清洗槽內的溶液中，清洗液的內部將不斷的產生大量微小的氣泡並瞬間破裂，從而將工件沖刷乾淨。

IP18-3 運用共振現象

- 18 世紀中葉，法國昂熱市一座 102 公尺長的大橋上有一隊士兵經過。

當他們在指揮官的口令下邁著整齊的步伐過橋時，橋梁突然斷裂，造成大量官兵和行人喪生。究其原因是共振造成的。因為大隊士兵邁正步走的頻率正好與大橋的固有頻率一致，使橋的震動加強，當它的振幅達到最大以致超過橋梁的抗壓力時，橋就斷了。而現今，則可運用共振現象，定點拆除廢棄的建築物或橋梁，避免了爆破拆除帶來的危險和汙染。

IP18-4　綜合運用超音波震動與電磁場

- 利用超音波震動、電磁場耦合超音波震動和電磁場，在電熔爐中混合金屬，使之均勻混合。

IP18-5　利用壓電震動代替機械震動

- 電子手錶（壓電共振）。

將石英晶片的極板上接上交流電場，當外加交變電壓的頻率與石英晶片的固有頻率相等時，就會產生共振。這種現象稱為「壓電共振」。利用這種穩定的振盪特性，人們創造出了精度極高的電子錶和石英鐘。

IP19　週期性作用原理（periodic action）

IP19-1　將非週期性作用轉變為週期性作用（或脈動）

- 在建築工地上，利用打樁機週期性的作用於樁子，可以快速的將樁子打入地面。
- 當汽車在結冰的路面上制動時，利用「多次輕踩剎車的方式」可以避免打滑。

IP19-2　如果功能已經是週期性運作，改變其週期（作用頻率）

- 在不同的工作狀態下，洗衣機（或洗碗機）會採用不同的水流噴射方式。

IP19-3　利用脈動的間隙，來完成其他的有用作用

- 當過濾器暫停使用時，透過倒流將其沖洗乾淨。

IP20　連續有用的作用原理 (continuity of useful action)

IP20-1　讓工作不間斷的進行 (對象的所有部分都應一直滿負荷工作)

- 光刻機是一種用於積體電路製造設備的器械，可在小晶片上製作成千上萬的極微小的電子線路元件。最新款的光刻機24小時不停歇的工作。4個工作臺輪換工作，在一個進行刻蝕時，另外幾個進行 x、y 方向的校準以及後續操作，精密的構件使工作臺可以驟停，無延時現象。一系列動作只須在幾十微秒內即可完成。

- 寒玉床。「初時你睡在上面，覺得奇寒難熬，只得運全身功力與之相抗，久而久之，習慣成自然，縱在睡夢之中也是練功不輟。常人練功，就算是最勤奮之人，每日總須有幾個時辰睡覺。要知道練功是逆天而行之事，氣血運轉，均與常時不同，但每晚睡將下來，睡夢中非但不耗白日之功，反而更增功力。」——金庸《神鵰俠侶》

IP20-2　排除無用的運作和中斷 (消除空閒和間歇性動作)

- 老式影印機的列印頭只能沿一個方向進行影印，列印頭從初始位置開始影印，直到極限位置，然後需要快速回到初始位置 (稱為回程)，以進行下一次影印。而新式影印機在回程的時候也能執行影印工作。

IP20-3　用旋轉運動代替往復運動

- 用電腦硬碟 (旋轉運動) 代替磁帶 (往復運動，需要倒帶) 進行資料儲存。

- 用絞肉機代替菜刀來剁肉餡。

IP21　快速原理 (hurrying or skipping)

　　說明：用盡可能短的時間，快速通過某個過程中困難的或有害的部分。也就是說，若某事物在給定的速度下會出問題 (發生故障，或造成破壞的、有害的、危險的後果)，則可以透過加快其速度來避免出現問題或降低危害的程度。

- 快速冷凍食物，避免細胞損壞，保持食物營養和口感。

- 透過超高溫瞬時滅菌技術，使溫度急速通過可能影響口感的溫度區域，從而實現殺死病菌而不影響果汁或者牛奶的口感。

IP22 改變有害成為有用原理（use harmful factors）

IP22-1 利用有破壞性的因素，尤其是對環境的破壞性影響，以獲得有用的效果（變廢為寶）

- 燃燒垃圾進行發電，燃燒後的灰分還可以作為化肥或製成建築材料。
- 利用水蛭來吸取腫脹部位的淤血。

IP22-2 透過跟其他負面的因素相結合，排除某個負面因素（負負得正）

- 潛水中使用氦氧混合氣體。單獨使用氧會造成中毒，但是，混合使用則可以使人能夠在水下呼吸。

IP22-3 維持或加大破壞性的因素直到它不再產生破壞性（以毒攻毒）

- 利用爆炸來撲滅油井大火。
- 利用極端的低溫來冷凍已經被凍成塊的材料，可以加速其恢復流動能力的過程。例如在寒冷的天氣裡運輸砂礫時，沙礫很容易凍結成塊，這時可以透過過度冷凍（使用液氮）使成塊的砂礫變脆，易於碎裂。

IP23 回饋原理（feedback）

IP23-1 向系統中引入回饋，以改善性能

- 調節溫度的鍋能夠根據鍋內的溫度來對比預定溫度和調節火的大小。
- 調節放水的水龍頭能夠透過壓力感測器在水放到一定量時切斷供水。

IP23-2 改變已存在的回饋方式、控制回饋訊號的大小或靈敏度

- 嘯叫現象的消除。我們使用麥克風的時候，音訊訊號由麥克風進入擴大機（功率放大器），再由擴大機推動喇叭（揚聲器）向外播放，如果將麥克風對準喇叭，則喇叭的輸出訊號會再度進入麥克風而被擴大機反

覆放大。因此，當麥克風對準喇叭時，喇叭將會發出尖銳嘯聲，令人難以忍受，這就是所謂的嘯叫現象。

擴聲系統之所以產生過度的聲反饋，是因為系統中某些頻率訊號過強，而反饋抑制器則可自動發現過於突出的聲反饋頻率並將其衰減下來，並且幾乎不會對正常範圍內的聲音造成任何影響。其作用是改變已存在的回饋方式，透過檢測並減小過度的回饋訊號，達到消除嘯叫現象的目的。

IP24 中介物質原理 (intermediary)

IP24-1 利用中介物質來轉移或傳遞某種作用

- 用於演奏絃樂器的撥子（琴撥、撥弦片）。
- 在雕刻或開採石頭的時候，利用鑿子來控制力的方向。

IP24-2 暫時把一個對象與另一個（很容易分離的）對象結合起來

- 飯店上菜的托盤。
- 藥片上的糖衣，或者內部承載藥物的膠囊。

IP25 自助原理 (self-service)

IP25-1 讓對象進行自我服務，具有自補充、自修復功能

- 記憶材料在一定條件下，可以恢復其原來的形狀等特性。
- 北京奧運會祥雲火炬具有大小兩個火苗，在大火苗熄滅後，小火苗會點燃大火苗。此外還具有收集餘熱的功能，保持火炬長時間穩定燃燒，如圖 5.26 所示。

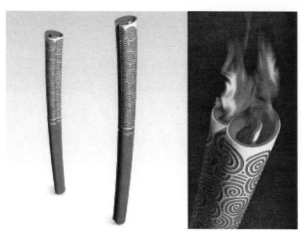

圖 5.26　北京奧運會祥雲火炬

IP25-2　利用廢棄的物質資源及能源

- 利用健身運動時產生的能量來發電，保證一個小範圍空間內的部分用電。

- 在收割的過程中，將作物的秸稈粉碎後直接填埋作為下一季莊稼的肥料。

IP26　複製原理（copying）

說明：透過使用較便宜的複製品或模型來代替成本過高而不能使用的對象（此處成本是一個寬泛的概念，不僅指金錢，還包括了時間和便利性等因素）。

IP26-1　利用簡易的廉價複製品，代替難以獲得的、複雜的、昂貴的、不便於操作的或者易損易碎的物體

- 服裝店裡的塑膠模特兒（代替真人模特兒），或者大廳擺放的塑膠花、塑膠水果。

- 售屋接待中心所擺放的建築物模型。

IP26-2　用按比例放大或者縮小的光學複製品替代實物

- **在黑夜測量電線桿的長度，可以採用如下辦法**：利用比例法透過測量影子長度，計算得出電線桿的實際長度。只要分別測量出身高為 a 的人的影子長 l_1 和電線桿的影子長 l_2，設電線桿長度為 x，$x/a = l_2/l_1$，即可求出 x，如圖 5.27 所示。

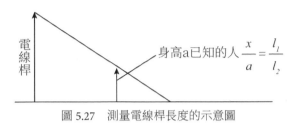

電線桿

身高a已知的人 $\dfrac{x}{a} = \dfrac{l_1}{l_2}$

圖 5.27　測量電線桿長度的示意圖

IP26-3　如果可見光複製品已被採用，可轉向用紅外線或紫外線光的複製品

- 在黑夜中，夜視鏡利用紅外線（檢測熱源）來觀察物體。

IP26-4　用數位模擬來代替實物

- 在化學工程領域，常常採用電腦軟體模擬實際的化工反應流程，為學生提供了成本較低，同時也非常安全的實習操作機會。
- 軟體中的影印預覽功能。

IP27　可拋棄原理（cheap disposables）

說明：用一組廉價的對象替代昂貴的對象，在某些性能上稍作讓步。

- 拋棄式的餐具、水杯、醫療耗材、紙尿布、紙內褲、打火機、照相機等。
- 在切割工具中（例如工業鑽頭、玻璃刀），常利用工業鑽石代替天然鑽石。

IP28　取代機械系統原理（mechanical interaction substitution）

IP28-1　用光學、聲學或嗅覺方法替代機械系統

- 用「聲學柵欄」（動物可聽見的聲學訊號）代替真正現實中的柵欄，來圈住牛羊。

- 利用觸控螢幕技術（觸覺設計原理）代替了原有的按鍵式機械結構。使手機變得更加易於操作、更加智慧化，同時觸控螢幕的推廣與使用也使手機增加了許多擴展功能，類似於手機閱讀、網頁瀏覽等功能也日趨完善。

IP28-2　運用電場、磁場或電磁場與物體進行交換作用

- 磁場感應渦流加熱。利用電流通過線圈產生磁場，當磁場內的磁力透過含鐵質鍋底部時，即會產生無數之小渦流，使鍋體本身自行高速發熱，然後再加熱鍋內的食物。電磁爐工作時產生的電磁波，完全被線圈底部的封鎖層和頂板上的含鐵質鍋所吸收。

IP28-3　用移動場代替固定場，用動態場代替靜態場，用結構化場代替非結構化場，用確定場代替隨機場

- 核磁共振成像。又稱磁共振成像（NMRI），是利用核磁共振原理，透過外加梯度磁場檢測所發射出的電磁波，繪製物體內部的結構圖像，在物理、化學、醫療、石油化工、考古等方面獲得了廣泛應用。將這種技術應用於人體內部結構的成像，就產生出一種革命性的醫學診斷工具。快速變化的梯度磁場的應用，大大加快了核磁共振成像的速度，這是用動態場代替靜態場，用結構化場代替非結構化場的典型案例。

- 在通訊系統中，利用定點雷達預測代替早期的全方位檢測，可以獲得更加詳細的資訊。這是用確定場代替隨機場的典型案例。

IP28-4　把場和能夠與場發生相互作用的粒子（例如磁場和鐵磁粒子）組合起來使用。

- 用變化的磁場加熱含鐵磁粒子的物質，當溫度達到居禮點時，物質變成順磁，不再吸收熱量，從而實現恆溫。

IP29　氣動或液壓原理（pneumatics and hydraulics）

說明：利用氣體或液體部件代替對象中的固體部件，例如充氣結構、充液結構、氣墊、液體靜力結構和流體動力結構等。

- 機械千斤頂可以認為是固定傳動結構，部件間存在一定的摩擦作用，在較大壓力作用環境下，更容易磨損。液壓千斤頂利用液體，雖然原理與機械千斤頂不同，但成功避免了固件部分的直接接觸，因而更加靈活、耐用和有效。

IP30　彈性膜與薄膜原理（flexible shells and thin films）

IP30-1　用彈性膜、活動的蓋子或薄膜替代通常的結構

- 自行車的車座軟墊可以使車墊變得柔軟，坐上去更舒適。

IP30-2　用彈性膜、活動的蓋子或薄膜把對象和外部世界隔離開來

- 膠囊、蚊帳、塑膠大棚。

IP31　孔隙物質原理（porous materials）

IP31-1　替物體加孔或者運用補充的多孔物質（插入物，覆蓋物等）

- 活性炭的微觀結構充滿孔洞，其堆積密度低，比表面積大。活性炭主要用於脫色和過濾，吸收各種氣體與蒸氣等。
- 蜂窩煤是橫斷面中部有多個垂直通風圓孔，狀似蜂窩的圓柱形煤球，主要用於家庭生火、取暖。在圓柱形煤球內打上一些孔，可以增大煤的表面積，使煤能夠充分燃燒。

IP31-2　如果對象已經由孔隙物質組成，那麼小孔可以事先用某種物質填充

- 多孔催化劑。催化劑一般可作為載體，令反應物在催化劑表面附著。化學反應速率有時候取決於反應物在催化劑表面的附著速率。將催化劑裝在多孔載體裡，可增加催化劑的表面積，從而使反應物更容易在

催化劑表面附著，在一定程度上加快了化學反應速率。

IP32　改變顏色原理 (optical property changes)

IP32-1　改變對象或者其環境的顏色

- 迷彩服或者變色龍身上的顏色變化。

IP32-2　改變對象或其環境的透明程度

- 將繃帶做成透明的，這樣就可以在不揭開繃帶的條件下觀察傷情。

IP32-3　採用有顏色的添加物，使不易被觀察到的對象或過程被觀察到

- 水溫感應噴頭，在水溫不同時噴頭的顏色也不同。溫度低的時候偏白色、藍色，溫度高的時候偏橙色、紅色。這樣使用者不必用身體觸碰就可根據噴頭顏色來辨別水溫。

IP32-4　如果某種補充物已經得到運用，那麼可增加其發光特性以提高視覺性（考慮使用螢光物質）

- 在紙幣中加入螢光物質，以提高紙幣的防偽能力。
- 在無損檢測中，利用螢光探傷法可以檢測工件的表面缺陷。

IP33　均質原理 (homogeneity)

說明：與指定對象發生相互作用的對象，應該採用與指定對象相同的材料（或性質接近的材料）製成。

- 鑽石的切割溫度比較高，如果使用由其他材料製成的工具來切割金鋼石，切割時的高溫容易使金鋼石和其他材料發生化學反應，而採用金剛石作為切割材料則可以避免。
- 用糯米製成的糖紙來包裝軟糖（糖紙和軟糖都是可食用的）。與此類似，利用雞蛋和澱粉來製造裝冰淇淋的容器（冰淇淋和容器具有相同的特性——可以食用）。

IP34　拋棄與再生元件原理（discarding and recovering）

IP34-1　已經完成任務的部件和無用的部件自動消失，或在工作過程中自動改變（溶解、蒸發等）

- 多節火箭除第一節以外，其他節只是為了增加推進速度，當完成任務之後就會被捨棄，基本上是墜入大氣層燒毀。
- 可吸收外科手術縫合線具有生物可降解性。傷口縫合後，隨著傷口的癒合，縫線自動在體內降解，這樣就避免了拆線的痛苦。

IP34-2　在工作時消耗或減少的部件應當被立即替換或自動再生

- 自動鉛筆的鉛芯頭寫完了，輕輕一按，就會得到補充，不需要削鉛筆了。
- 自動步槍可以在發射出一發子彈後自動裝填下一發子彈。

IP35　性質轉變原理（parameter change）

IP35-1　改變對象的物理聚集狀態（例如在氣態、液態、固態之間轉化）

- 用液態形式運輸氧、氮、天然氣，從而取代氣體形式的運輸，可以減少貨物的體積，提高運輸效率。
- 向磁流變液施加磁場，可以在 1ms 內使其從自由狀態變為固態；當磁場移去之後，又立即恢復液態，從而實現對流體傳動介質的控制。
- 用液態的洗手液代替固態的肥皂，在公共場所使用更加方便衛生。

IP35-2　改變對象的濃度、密度和黏度

- **改變硫酸的濃度，不同濃度的硫酸有不同的性質**。例如：稀硫酸具有強酸性，屬於強電解質，可與比氫活潑的金屬反應生成硫酸鹽和氫氣；而濃硫酸具有吸水性、強酸性（但它不能與比氫活潑的金屬反應生成硫酸鹽和氫氣）、強脫水性、強氧化性以及難揮發性。

IP35-3　改變物體的彈性（或靈活性）程度

- 透過硫化過程來提高天然橡膠的強度和耐久性。
- 改變自行車輪胎的充氣程度（彈性），來控制其與地面的接觸面積。

IP35-4　改變物體的溫度或體積

- 低溫麻醉是在全麻基礎上用物理降溫法使人體溫度降至預定範圍，旨在降低組織代謝及耗氧，提高器官對缺氧的耐受性。降溫方法有體表、體腔及血流降溫等法。低溫麻醉主要用於須短暫阻斷循環的心血管手術，應預防心律不整、呼吸功能不全、冷反射等併發症。
- 陶瓷燒製時顏色釉對溫度的變化十分敏感（「窯變」），在不同的燒製溫度下能呈現出不同的色彩，於是才有了色彩繁複、千變萬化的瓷器。

IP35-5　改變對象的壓力

- 在烹飪牛肉的過程中，普通的製作方式難以使其熟透，透過高壓鍋，增加鍋內部的壓力以提高水的沸點，可以使牛肉得到充分的烹製，色香味俱全。

IP36　相變化原理（phase transitions）

　　說明：相是物理化學上的一個概念，它指的是物體的化學性質完全相同，但是物理性質發生變化的不同狀態。在發生相變時，有體積的變化也有熱量的吸收或釋放，這類相變即稱為「一級相變」（例如：在 1 個大氣壓 0°C 的情況下，1 公斤的冰轉變成同溫度的水，要吸收 79.6Cal 的熱量，與此同時體積亦收縮。所以，冰與水之間的轉換屬於一級相變）。

　　在發生相變時，體積不變且沒有熱量的吸收和釋放，只是熱容量、熱膨脹係數和等溫壓縮係數等物理量發生變化，這類變化稱為二級相變（例如：正常液態氦與超流氦之間的轉變、正常導體與超導體之間的轉變、順磁體與鐵磁體之間的轉變、合金的有序態與無序態之間的轉變等都是典型的二級相變的例子）。相變化原理利用的就是相變過程中產生的各種效應，比如體積、輻射或熱量吸收的改變等。

- 氟利昂在冰箱製冷中的應用。低壓氣態氟里昂進入壓縮機，被壓縮成

高溫高壓的氣體氟里昂；氣態氟里昂流入室外冷凝器，放出熱量，冷凝成高壓液體氟里昂；高壓液體氟里昂透過節流裝置降壓變成低溫低壓氣液氟里昂混合物；氣液混合氟里昂進入室內蒸發器，吸收熱量，變成低壓氣體，重新進入了壓縮機；如此循環往復即可製冷。

IP37　熱膨脹原理（thermal expansion）

IP37-1　加熱時充分運用材料的膨脹（或縮小）特性

- 在過盈裝配時，先冷卻對象內部件使之收縮，加熱外部件使之膨脹，裝配完成後再恢復到常溫，這樣內、外部件就實現了緊密裝配。軸承、聯軸器等與軸的連接常採用這種裝配方式。

IP37-2　將幾種熱膨脹係數不同的對象組合起來使用

- 雙金屬片感測器的工作原理是，將兩種不同膨脹係數的金屬材料貼合在一起，這樣當溫度變化時雙金屬片會因發生不同程度的膨脹而彎曲，由此做出溫控裝置，如火災報警器等，如圖 5.28 所示。

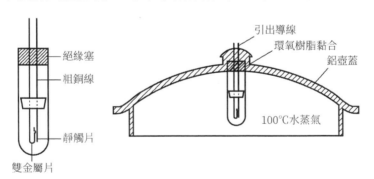

圖 5.28　感測器及裝配圖

IP38　加速氧化原理（strong oxidants）

IP38-1　用富氧空氣取代普通的空氣

- 用雙氧水消毒，利用其加速氧化作用殺死細菌。

IP38-2　用純氧取代富氧空氣

- 乙炔切割中用純氧代替空氣，純氧可以使乙炔燃燒更完全，能夠提高乙炔燃燒的熱效率。

IP38-3　用離子化氧代替純氧

- 傳統空氣過濾（淨化）器為吸附型，是採用活性炭或其他多孔介質對氣體中的有害物質進行吸附，實現空氣淨化。過一段時間以後介質的吸附能力就會達到飽和，需要對它加熱處理（專業上稱為再生），把吸附材料中的汙染物趕出來，使材料重新具有吸附功能。負離子型空氣過濾器是利用高電壓的電離作用使空氣產生負離子，負離子和空氣中的汙染物相互作用，從而達到淨化空氣的目的。

IP38-4　用臭氧（臭氧化氧）代替離子化氧

- 在水處理過程中，利用臭氧殺菌系統殺滅水中的細菌。
- 臭氧是一種強氧化劑，同時具有抗炎和鎮痛的作用。將臭氧氣體透過細針穿刺注射入椎間盤髓核內，可以使髓核組織細胞逐漸脫水、萎縮，從而使椎間盤突出物縮小，減輕對神經根的壓迫而達到治癒的目的，是目前公認治療椎間盤突出症既免開刀又具有良好療效的最佳方式。

IP39　惰性環境原理（inert atmosphere）

IP39-1　用惰性介質替代普通的介質

- 在食物的加工、儲存和運輸過程中，利用惰性氣體進行保鮮。
- 引入惰性氣體作為保護氣體，利用其化學惰性，將高溫熔化的金屬與空氣隔離開來，這樣就可以避免金屬被氧化，得到優質的鋁鎂合金。

IP39-2　向對象中添加中性或惰性成分

- 用惰性氣體充入燈泡內，可以延長燈絲的使用壽命。
- 將難以燃燒的材料添加到泡沫材料構成的牆體中，以形成防火牆。

IP39-3　使用真空環境

- 食品採用真空包裝袋，有利於保鮮。
- 水沸騰產生水蒸氣並不一定要加熱到 100℃，因為根據物理常識，在真空條件下，水的沸點會降低，因而只須消耗較少的能源即可產生水蒸氣。據此原理製造出了真空鍋爐。

IP40　複合材料原理（composite materials）

說明：使用複合物質替代單種材料。

- 鋼筋混凝土是由鋼筋、水泥、小石頭等物質組成的複合材料。
- 汽車輪胎是由橡膠、鋼絲等組成的多層複合結構體。

5.2.2　疑難發明原理辨析

本節將對 5 對容易混淆的發明原理進行辨析。

辨析一：IP5（合併原理）與 IP6（萬用性原理）的區別

IP5 是將時間或空間上相關的操作對象合併，要求對象間相關、相鄰、相連；而 IP6 是將要實現的功能合併，這些功能間不一定要相互有關。

辨析二：IP9（事先的反向作用原理）、IP10（預先行動原理）、IP11（預先防範原理）的區別

IP9（事先的反向作用原理）：對象肯定要發生會產生有害作用的動作，因此預先施加反作用以抵消動作所產生的危害。

IP10（預先行動原理）：對象肯定要發生會產生有益作用的動作，因此預先施加作用以更有利於動作的發生。

IP11（預先防範原理）：強調針對系統中可靠性較差的部件或對象，做出預防或提供備用零件，以避免可能會發生的有害作用。也就是說，IP9 是一定會發生有害作用，因此採用事先的反向作用來減小或消除危害；IP11 是有害作用不一定會發生，但因為系統中部分部件或對象可靠性相對較差，易出現問題從而引發有害作用。因此 IP11 是針對上述部件與對象進行

的防範，以此避免發生有害作用。

辨析三：IP25（自助原理）的 2 號子原理與 IP22（改變有害成為有用原理）的區別

IP25（自助原理）的 2 號子原理：強調對廢棄資源的直接利用，並具有時間上的同時性。

IP22（改變有害成為有用原理）：強調對有害效應和物質的利用及轉化，中間存在轉化過程，不需要時間上具有同步性。例如太陽風飛船，太陽能資源本身不是廢棄的，但太陽風暴是有害的，不過利用太陽風暴的能量可以驅動飛船飛行，故該原理源於 IP22 而不是 IP25。

辨析四：IP26（複製原理）、IP27（可拋棄原理）與 IP34（拋棄與再生元件原理）的區別

IP26 強調對複製品進行操作，複製對象的性能與原始對象要盡可能一致，原始對象不用承受作用，也不會遭到破壞；IP27 則將原始對象改換為拋棄式的，其承受相應的作用，也會遭到破壞，同時拋棄式的對象性能有所下降也是可以接受的。

與 IP26 和 IP27 相比，IP34 關心的是部件（而非整體）的拋棄和再生。

辨析五：IP35（性質轉變原理）、IP36（相變化原理）與 IP37（熱膨脹原理）的區別

IP35 是利用對象狀態變化後的最終狀態；IP36 則利用對象在相變過程中所產生的效應；而 IP37 是利用對象在加熱過程中的體積變化（最簡單的如熱脹冷縮）。

5.3　2003 矛盾矩陣及應用

5.3.1　經典矛盾矩陣簡介

1970 年，阿奇舒勒將 40 個發明原理與 39 個通用工程參數相結合，開發出了經典矛盾矩陣。建立矛盾矩陣的初衷是，針對某一對由兩個此消彼長的工程參數確定的技術矛盾，解決時用到某些特定的發明原理的次數明顯比其他原理多。換言之，就是不同的發明原理對不同的技術矛盾解決的有效性是不同的。如果能夠將這種對應關係表現出來的話，技術人員就可以直接選用對解決自己遇到的技術矛盾最有效的幾個發明原理，而不用將 40 個發明原理逐個思考並嘗試。

正是基於這樣的考慮，經典矛盾矩陣是一個二維表格，使用者從縱向排列的 39 個工程參數中選出得到改進的一個，再從橫向排布的 39 個工程參數中找到惡化的一個，在行列相交的一欄中找到對應的發明原理，經過幾次嘗試就可以找到典型解決方案。

經典矛盾矩陣有以下 3 個特點：

(1) 整個矩陣表中存在少量的空白，意味著有少許矛盾沒有相應的發明原理予以解決。

(2) 矛盾矩陣中對角線元素是非對稱結構，例如「功率」參數改善而「穩定性」參數惡化，與「穩定性」改善而「功率」惡化所對應的發明原理是不同的。

(3) 矛盾矩陣對角線處的元素，實際上指同一個工程參數既要改善又要惡化 (意味著物理矛盾的存在)，沒有提供相應的發明原理。在經典 TRIZ 理論中，物理矛盾的解決須使用分離原理 (5.5 節將予以介紹)。

5.3.2　2003 矛盾矩陣簡介

經典矛盾矩陣問世後，迅速吸引了創新技法研究者以及實際應用者的關注，並在實踐過程中不斷改進，於 2003 年公布了新版矛盾矩陣。相比於

經典的矛盾矩陣，兩者存在以下 3 點區別：

(1) 增加了 9 個通用工程參數，矩陣的規模也隨之擴展為 48×48。結果是，矩陣中能容納的矛盾關係增加了 1,000 個左右，擴大了能夠解決問題的範圍。

(2) 各欄所提供的發明原理數量有所增加，更重要的是不再留有空格，也即所有的矛盾（48×48）都能找到對應的發明原理予以解決。

(3) 對角線處是物理矛盾的解決方案，也加入了相應的發明原理作為建議。如果將解決物理矛盾的發明原理單獨列舉出來，可以製作出一張「發明問題解決引導表」，能夠更高效、有序的解決系統對同一個參數存在相反的要求而產生的物理矛盾，其完整版如表 5.3 所示。

表 5.3　發明問題解決引導表

通用工程 參數名稱	發明原理編號	通用工程 參數名稱	發明原理編號
運動物體的質量	35、28、31、8、2、3、10	物質（材料）的損失	35、10、3、28、24、2、13
靜止物體的質量	35、31、3、13、17、2、40、28	時間的損失	10、35、28、3、5、24、2、18
運動物體的尺寸	17、1、3、35、14、4、15	能量的損失	35、19、2、28、15、4、13
靜止物體的尺寸	17、35、3、28、14、4、1	資訊的遺漏（損失）	24、10、7、25、3、28、2、32
運動物體的面積	5、3、15、14、1、4、35、13	噪音 *	3、9、35、14、2、31、1、28
靜止物體的面積	17、35、3、14、4、1、28、13	有害的擴散（散發）*	35、1、2、10、3、19、24、18
運動物體的體積	35、3、28、1、7、15、10	（物體產生的）有害副作用	35、3、25、1、2、4、17
靜止物體的體積	35、3、2、28、31、1、14、4	適應性（通用性）	15、35、28、1、3、13、29、24
形狀	3、35、28、14、17、4、7、2	兼容性（可連通性）*	2、24、28、13、10、17、3、25
物質（材料）的數量	35、3、31、1、10、17、28、30	可操作性（易使用性）	25、1、28、3、2、10、24、13
資訊的數量 *	2、7、3、10、24、17、25、32	可靠性	25、1、28、3、2、10、24、13

通用工程 參數名稱	發明原理編號	通用工程 參數名稱	發明原理編號
運動物體的耐久性 （實用時間）	3、10、35、19、 28、2、13、24	易維修性	1、13、10、17、2、 3、35、28
靜止物體的耐久性 （實用時間）	35、3、10、2、40、 24、1、4	安全性 *	28、2、10、13、 24、17、3、1
速度	28、35、13、3、 10、2、19、24	易損壞性（易受傷 性）*	31、35、13、3、 10、24、2、28
力	35、3、13、10、 17、19、28	美觀 *	3、7、28、32、17、 2、4、14
運動物體消耗能量	35、19、28、3、2、 10、24、13	（物體對外部）有害 作用敏感性	35、24、3、2、1、 40、31
靜止物體消耗能量	35、3、19、2、13、 1、10、28	可製造性（易加工 性）	1、35、10、13、 28、3、24、2
功率	35、19、2、10、 28、1、3、15	製造（加工）的精度	3、10、2、25、28、 35、13、32
應力／壓強	35、3、40、17、 10、2、19、4	自動化程度	10、13、2、28、 35、1、3、24
強度	35、40、3、17、9、 2、28、14	生產率	10、35、2、1、3、 28、24、13
結構的穩定性	35、24、3、40、 10、2、5	裝置（構造）的複雜 性	28、2、13、35、 10、5、24
溫度	35、3、19、2、31、 24、36、28	控制（檢測與測量） 的複雜性	10、25、37、3、1、 2、28、7
物體明亮度（光照 度）	35、19、32、24、 13、28、1、2	測量難度 *	28、32、26、3、 24、37、10、1
運行效率 *	3、2、19、28、35、 4、15、13	測量精度	28、24、10、37、 26、3、32

5.3.3 2003 矛盾矩陣應用流程及示例

本書以 2003 矛盾矩陣為基礎進行介紹。具體來講，運用 2003 矛盾矩陣的核心流程如下：

(1) 確定問題：透過對初始情境的剖析，明確的找出系統中存在的發明問題。

(2) 建構矛盾：運用通用工程參數重新描述發明問題，確定改善的工程參

數和隨之惡化的工程參數（如果該矛盾是由同一參數構成的則為物理矛盾）。

(3) 查詢矩陣：查詢 2003 矛盾矩陣，將改善和惡化的工程參數代入，得到相交方格處推薦的若干發明原理編號（物理矛盾則可直接將工程參數代入 2003 矛盾矩陣的對角線處尋求推薦的發明原理編號）。

(4) 應用所推薦的發明原理尋求解決方案，此步驟的核心是某個發明原理在具體問題中的應用和實現。

(5) 如果有多對矛盾，則重複第 2 ～ 4 步，直至完成。

在現實問題的分析過程中，有可能存在一個工程參數改善了，隨之卻有多個工程參數惡化的情況發生。此時，需要逐個嘗試每一對參數可能的組合，直至找出合適的解決方案。下面以飛機機翼的進化問題為例 [5]，具體說明運用 2003 矛盾矩陣的基本流程。

初始情境：隨著飛機進入噴氣式時代，其飛行速度迅速提高。然而飛機在接近音速飛行時，飛機所遭受的空氣阻力驟然增大，這就是所謂的「音障（Sound barrier）」。與此同時，機翼上會出現「震波（Shock Wave）」，使機翼表面的空氣壓力發生劇烈變化而造成氣流的不穩定，如圖 5.29 所示。

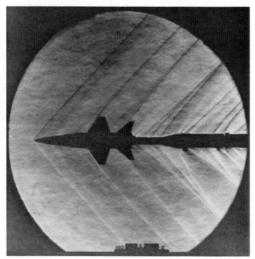

圖 5.29　飛機在風洞試驗中產生「震波」的示意圖

5　「形形色色的機翼」，http://www.afwing.com/intro/wings/wings-3.htm。

　　為了突破「音障」，消除不穩定性，許多國家都在研製新型機翼。德國人阿道夫·布斯曼（Adolf Busemann）發現，把機翼做成向後掠的形式，像燕子的翅膀一樣，可以延遲「震波」的產生，減小飛機接近音速時的空氣阻力。但是，向後掠的機翼比平直機翼，在同樣的條件下產生的升力小，這使得飛機在起飛、著陸和低速巡航時燃料消耗大大增加。

　　步驟一：明確的找出系統中存在的發明問題。根據初始情境的描述可以提煉出發明問題，即將戰鬥機平直機翼改進為後掠式機翼之後，能夠減小高速飛行過程中的空氣阻力，突破音速，但是起飛、巡航過程中的升力減小，耗油量增加。

　　步驟二：運用通用工程參數重新描述發明問題。上述矛盾中，改善的工程參數是「40 作用於對象的外部有害因素」（即空氣阻力），惡化的工程參數是「16 運動對象的能量消耗」（即耗油量）；另一組描述本發明問題的參數可以提取為，改善的工程參數是「14 速度」，惡化的工程參數是「16 運動對象的能量消耗」。

　　步驟三：查詢 2003 矛盾矩陣。可以得到改善的 40 號工程參數與隨之惡化的 16 號工程參數，二者交叉的方格內推薦的發明原理編號為 6、24、1、26、15、14、17、3。

　　步驟四：應用所推薦的發明原理尋求解決方案。上述推薦的發明原理具體如下，據此思考合適的實現路徑以及解決方案。

- IP6（萬用性原理）──對解決本問題幫助有限。
- IP24（中介物質原理）──對解決本問題幫助有限。
- IP1（分割原理）──對解決本問題幫助有限。
- IP26（複製原理）──對解決本問題幫助有限。
- IP15（動態化原理）──透過對機翼的改造，使其成為活動部件，形成了可變式後掠翼，即在飛行的時候透過有效的控制機翼的形態，使之能夠在比較大的範圍內改變後掠角。後掠翼兼具平直翼和三角翼的優點，表現出很強的適應性。蘇聯圖 -160 式戰鬥機就採用了這種機翼，

如圖 5.30 所示。

圖 5.30　蘇聯圖 -160 式戰鬥機

- IP14（球面化原理）──空氣在翼尖繞流以及隨之產生的渦流是飛機飛行過程中一個很重要的阻力因素，平直機翼或後掠式機翼都存在這個問題。運用球面化原理，對機翼形狀進行改進，形成橢圓形機翼，使得靠近翼尖的地方空氣繞流產生的阻力隨之減小，如此便較好的降低了翼尖渦流的阻力問題，如圖 5.31 所示。

圖 5.31　英國「噴火式」戰鬥機

- IP17（轉換到另一個維度原理）──不論是平直機翼還是後掠式三角翼，都可以看成是二維的機翼設計，根據轉換到另一個維度原理，為

了徹底解決二維機翼所存在的矛盾，可以採用多種形式的三維機翼。例如為了減少翼尖繞流，除了橢圓式機翼之外，還可以把機翼的頂端折起來，形成 C 形翼；進一步，把 C 形翼的頂端連接起來，就成為矩形翼。這些方法都可以有效的解決原有矛盾，如圖 5.32 和圖 5.33 所示。

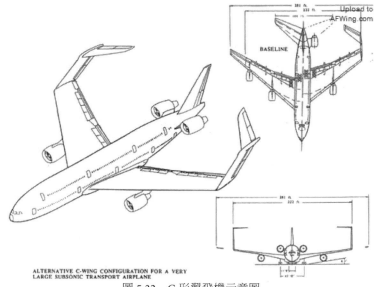

ALTERNATIVE C-WING CONFIGURATION FOR A VERY
LARGE SUBSONIC TRANSPORT AIRPLANE

圖 5.32　C 形翼飛機示意圖

圖 5.33　矩形翼飛機示意圖

- IP3（改進局部性質原理）——使得機翼的不同部分具有不同的特性。將平直機翼與後掠式機翼結合起來，使得新型機翼的某一部分具有平

直機翼升力大的優點,而另一部分具有後掠式機翼阻力小的優點,如此梯形機翼的設計便隨之產生,如圖 5.34 所示。

圖 5.34 梯形翼飛機示意圖

需要指出,另一組描述本發明問題的參數可以提取為,改善的工程參數是「14 速度」,惡化的工程參數是「16 運動對象的能量消耗」,查詢 2003 矛盾矩陣後也可得到一系列的發明原理,其中 IP15(動態化原理)與上述分析內容類似,不再重複;而其他發明原理對解決本例用處較小,在此從略。

以上示例,展示了透過運用 2003 矛盾矩陣解決發明問題的基本流程。整個流程較為清晰有效,也充分展現了矛盾矩陣和發明原理在解決創新問題時的威力,希望本書讀者能夠理解並熟練掌握該流程。

5.4 發明原理及矛盾矩陣實戰演練

5.4.1 戰車裝甲改進問題

在第二次世界大戰的戰場上,戰車作為陸戰之王,受到了各個參戰國

家的極大注意。在不斷改進的過程中，為了增加戰車的抗擊打能力，最直接的方法就是增加戰車的裝甲厚度，但這會導致戰車重量大幅增加，進而產生戰車機動性降低和耗油量增加等一系列問題。

本例中存在的發明問題已經明確，現運用通用工程參數重新描述。增加戰車的抗擊打能力，可以提煉為「20　強度」的改善。與此同時，抗擊打能力提升需要增加裝甲厚度，從而引起了戰車全重的增加。所以，惡化的參數就是「1　運動對象的質量」。

查詢 2003 矛盾矩陣，將「20　強度」代入縱向維度（改善參數），將「1　運動對象的質量」代入橫向維度（惡化參數），得到相交方格內推薦的發明原理包括 40、31、17、8、1、35、3、4。應用所推薦的發明原理尋求解決方案：

IP40（複合材料原理）——應用該原理意味著用複合材料代替原來的均質材料，採用複合材料，裝甲不但能減輕重量、降低成本，而且可增加戰鬥負荷，提高戰場生存能力。普通戰車常因中彈著火而嚴重毀損，而複合材料車體著火的裝甲內壁溫度不會明顯升高，可防止乘員燒傷或引燃彈藥。由於上述優點，近年來複合材料已成功用於現代戰車製造上，如 M1A1、T-80、豹 2 型等戰車均不同程度的使用了複合材料，並且已由非承力部件逐步發展到用於主承力部件。

除此以外，複合材料還具有下述優點：對光波和雷達波反射比金屬弱，並可吸收部分雷達波；具有材料性能和結構外形的可設計性，可製成具有最佳隱形結構的外形；可減少各發熱部位的紅外線輻射和抑制車輛的推進噪音，使戰車的各種主、被動訊號減少到最低限度。一些國家已經成功研製出可以吸收、封鎖雷達的 Kevlar 纖維複合材料。美國研製的高強度 S-2 型玻璃纖維增強模壓熱固性複合材料、荷蘭研發的超高強度聚乙烯纖維複合材料，都具有上述特點，是一種可供裝甲車輛外壁使用的很有前途的隱形材料。

IP31（孔隙物質原理）[6]——在戰車裝甲改進方面，運用多孔材料和運

6 http://blog.cdstm.cn/373411-viewspace-165562。

117

用複合材料的本質思路是相似的。由於粉末冶金多孔材料中存在大量的孔隙，所以其比強度（強度與密度之比）大，廣泛應用於機械工具和交通運輸工具等領域。例如多孔鋼的密度與緻密材料相比能夠減輕 34.2%。鋁合金多孔材料或鎂合金的（質量）密度可以小於 lg/cm^3，當材料的外表為緻密時，則可以浮出水面。

IP17（轉換到另一個維度原理）──對解決本問題幫助有限。

IP8（平衡力原理）──在水陸兩用戰車上，本原理得到了廣泛應用。例如在第二次世界大戰中，盟軍為實施諾曼第登陸，對原有的 M4 雪曼戰車進行改進，設計出了 DD（Duplex Drive）戰車。該戰車也被戲稱為「唐老鴨戰車（Donald Duck）」，其原理就是在戰車上加裝了一個 9 英呎（約 2.7 公尺）高的可折疊帆布框架，使其成為像船一樣能漂浮在水面上的戰車。帆布框架的作用是，透過排開海水產生浮力，以補償戰車的重量。

這套 DD 設備是匈牙利籍的英國工程師尼可拉斯.史陶賽勒的發明專利。DD 戰車的浮渡圍帳的奧妙在於它是可以伸縮的。圍帳的主體用經過防水處理的粗帆布製成，結合部位用橡膠密封條來密封。圍帳的四周有 36 根橡膠管，利用壓縮空氣，可以使這 36 根橡膠管充氣，使圍帳升起來為戰車提供浮力，戰車在水中利用螺旋槳提供動力（參見圖 5.35）；把充氣放掉後，圍帳便收攏在車體的四周，可上陸繼續前進，如圖 5.36 所示。

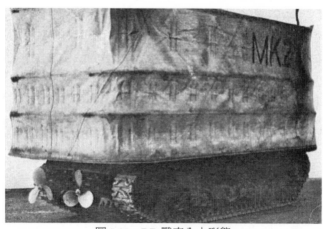

圖 5.35　DD 戰車入水形態

圖 5.36　DD 戰車陸地形態

IP3（改進局部性質原理）──對解決本問題幫助有限。

IP1（分割原理）、IP35（性質轉變原理）、IP4（非對稱性原理）──將以上推薦的三項原理綜合考慮，其可以提供的啟示在於，能否設計一種這樣的戰車裝甲，使得其在平時行進時保持低重量、低強度的狀態，而在投入戰鬥、遭受打擊的時候轉換成高強度的狀態（性質轉變原理）；為了達到這樣的目標，應該將戰車的裝甲分割為容易組裝和拆卸的部分（分割原理），同時在重點部位多加防護（非對稱性原理）。圖 5.37 所示的新型戰車正是這種想法的實現。

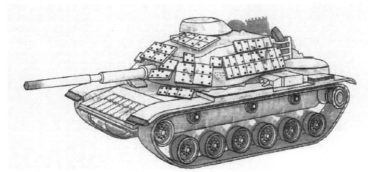

圖 5.37　新型戰車示意圖

除此之外，還可能存在的改進方案包括：

靈敏裝甲與傳統的被動式裝甲不同，它可主動改變彈丸或射流的動量方向，若這種靈敏裝甲的某部位受到破壞，還可自行修復。在靈敏裝甲層下面有多個裝有引發劑的小型球體，球體周圍為單體材料。當彈丸撞擊使球體破裂時，引發劑從球體中釋放出來，與周圍的反應物聚合，得到的高分子材料即可用以填補受攻擊後裝甲的缺陷。

5.4.2　開口扳手損壞問題

在使用開口扳手轉六角螺栓時，兩者之間的作用力集中在螺栓稜邊的頂點處，如圖 5.38 中 A 所指示。這樣的受力點可能造成扳手打滑，也會加快螺栓稜邊頂點處的磨損，減少其使用壽命。

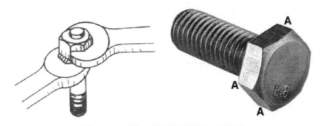

圖 5.38　開口扳手及螺栓示意圖

首先明確本例中存在的發明問題，矛盾集中於扳手與螺栓的作用點上。為了使扳手能夠轉動螺栓，則兩者必須接觸；而為了使扳手不損傷螺栓，兩者又不能接觸，這樣相互矛盾的要求，構成的一對物理矛盾。

其次，運用通用工程參數重新描述發明問題。發明問題中所包含的物理矛盾，可以提取出的通用工程參數是「9　形狀」。

查詢 2003 矛盾矩陣，將工程參數「9　形狀」代入對角線處，得到建議的解決物理矛盾的發明原理有 3、35、28、14、17、4、7、2。

應用所推薦的發明原理尋求解決方案。在綜合考慮了各個發明原理之後，比較適合解決本例的是 IP14（球面化原理）。為了使扳手和螺栓既接觸又不接觸，可以改變兩者的接觸面，使其球面化，美國授權的 5406868 號發明專利就是該解法的具體實現，其具體發明如圖 5.39 所示。

United States Patent [19]

Foster

[11] **Patent Number:** **5,406,868**

[45] **Date of Patent:** **Apr. 18, 1995**

US005406868A

[54] **OPEN END WRENCH**

[75] Inventor: **Kenneth L. Foster**, Garland, Tex.

[73] Assignee: **Stanley-Proto Industrial Tools, Div. of Mechanics Tools**, New Britain, Conn.

[21] Appl. No.: **52,243**

[22] Filed: **Apr. 22, 1993**

Related U.S. Application Data

[63] Continuation-in-part of Ser. No. 797,393, Nov. 25, 1991, abandoned.

[51] Int. Cl.⁶ B25B 13/08
[52] U.S. Cl. **81/119; 81/186**
[58] Field of Search 81/119, 121.1, 186

[56] **References Cited**

U.S. PATENT DOCUMENTS

2,685,219 8/1954 Diebold .
3,242,775 3/1966 Hinkle .
3,908,488 9/1975 Andersen .
3,908,489 9/1975 Yamamoto et al. .
4,512,220 4/1985 Barnhill, III et al. .
4,581,957 4/1986 Dossier .
4,765,211 8/1988 Colvin .
4,930,378 6/1990 Colvin .
5,239,899 8/1993 Baker 81/186

Primary Examiner—D. S. Meislin
Attorney, Agent, or Firm—Jones & Askew

[57] **ABSTRACT**

An open-end wrench is disclosed which can be used with a variety of fastener head shapes and which reduces marring or rounding-off of the corners of the fastener head. The wrench has a wrench cavity for receiving the fastener. The wrench cavity includes offset convex drive surfaces which have a radius of curvature equal to half of the fastener head width. Clearance surfaces are provided adjacent to and in continuously curving contact with the drive surfaces to accept the corners of the fastener head when force is applied to turn the fastener.

12 Claims, 2 Drawing Sheets

圖 5.39　美國授權 5406868 號專利

　　如圖 5.40 和圖 5.41 所示，根據球面化原理改進後的扳手，其與螺栓作用時的著力點是 21A 及 21B，在保證與螺栓充分作用的同時又不會磨損螺栓稜邊的頂點，較為完美的解決了該問題中存在的物理矛盾。

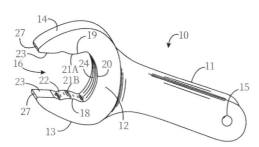

圖 5.40　改進後的開口扳手示意圖一

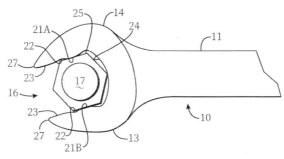

圖 5.41　改進後的開口扳手示意圖二

5.5　物理矛盾和分離原理

5.5.1　技術矛盾向物理矛盾轉化

　　如 5.1.3 節所述，與技術矛盾相對應的另一種矛盾類型是物理矛盾（physical contradiction）。其定義為，為了實現某種功能，對同一個對象（或者同一個子系統）的同一個工程參數提出了互斥的要求。

　　中世紀時槍枝的出現，極大的增強了各國軍隊的作戰能力，成為戰爭史上最重要的發明。然而在實際應用過程中，出現了這樣一對矛盾：最初的槍都是透過槍管從前面裝填火藥和子彈，為了減少士兵裝彈的時間間隔，就要縮短槍管的長度，槍管越短就越容易裝填；但是，減少槍管的長度，會導致步槍的射擊精準度下降。在本例中，可以容易的得到這樣一對技術矛盾：子彈發射時間間隔的改進，導致了子彈射擊精度的惡化。然而，進一步的分析顯示，技術矛盾的背後是更為尖銳的物理矛盾——步槍的槍管應該既長又短。這個矛盾在後來出現的「後膛填充式」槍枝中被消除了，這種類型的槍既方便填充，又不影響步槍的射擊精準度。

　　由以上案例可以知道，技術矛盾的背後往往隱含著物理矛盾，技術矛盾一般都可以轉化為物理矛盾加以解決。以上面有關技術矛盾的例子來說，戰車耐擊打性的提升與機動性減退構成一對技術矛盾，但是其背後隱藏著的物理矛盾是「既要求戰車重量提升（裝甲厚），同時又要求戰車重量減小（裝甲薄）」；類似的，手機螢幕的易操作性與耗電量形成一對技術矛盾，然而其背後則隱藏著「手機螢幕既要大又要小」這樣截然相反的要求。透過此種方式，技術矛盾能夠轉化為物理矛盾，因而物理矛盾是最尖銳、最核心的矛盾類型。TRIZ 提供了針對技術矛盾和物理矛盾的分析原則和解決辦法，兩種矛盾之間可以相互轉化，其解決方案之間也存在著相關關係。

　　因此，物理矛盾通常成為解決問題的核心所在，克服更加核心的物理矛盾也預示著更高水準解決方案的出現。在絕大多數情況下，技術矛盾都可以轉化為物理矛盾，因為透過分析可知，構成技術矛盾的兩個參數 A 和

B 可能都與另外一個參數 X 有關。也就是說，改善的參數 A 可能與 X 有關，惡化的參數 B 可能與 -X 有關，從而使發明問題中的技術矛盾轉化為物理矛盾。

　　例如：某種金屬零件在化學熱處理過程中，需要被放入到含有鎳、鈷、鉻等金屬離子的鹽溶液中，以便在零件表面形成化學保護層。化學反應的速度會隨溫度的升高而迅速增大，溫度越高，處理速度越快，生產效率越高；但是，在高溫條件下，金屬鹽溶液會發生分解，將近 75％的化學物質會沉澱在容器壁和容器底部，造成損失和浪費。加入穩定劑也沒有明顯效果。如果降低溫度的話，會使化學熱處理過程的生產效率急遽降低。

　　在本例中，可以分析存在的技術矛盾並提取出相應的通用工程參數，其中改善的參數是「44　生產率」，惡化的參數是「25　物質的無效損耗」。與此同時，可以構造出如圖 5.42 所示的邏輯鏈。

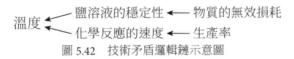

圖 5.42　技術矛盾邏輯鏈示意圖

　　為了將該問題轉化為物理矛盾，我們可以選擇溫度作為中間參數。物理矛盾的描述為：提高鹽溶液的溫度，生產率提高，物質的無效損耗增加；反之，降低鹽溶液的溫度，生產率降低，物質的無效損耗減少。因此，鹽溶液的溫度既應該高，又應該低──成功將技術矛盾轉化為物理矛盾。

　　將技術矛盾向物理矛盾轉化，有助於我們了解矛盾問題的本質。與此同時，研究者也建立了四個分離原理與 40 個發明原理之間的對應關係，這對迅速分析矛盾並加以解決大有幫助，如表 5.4 所示。

表 5.4　分離原理與發明原理之間的對應關係

分離原理	對應的發明原理
空間分離	1、2、3、17、13、14、7、30、4、24、26
時間分離	15、10、19、11、16、21、26、18、37、34、9、20

系統級別分離	轉換到子系統	1、25、40、33、12
	轉換到超系統	5、6、23、22
	轉換到競爭性系統	27
	轉換到相反系統	13、8
條件分離		35、32、36、31、38、39、28、29

除了應用發明原理，解決物理矛盾，一般更多的情況都會運用四大分離原理。

5.5.2　空間分離原理

如果在物理矛盾中，對某一參數的互斥要求存在於不同的空間中，也即在某空間中要求該參數為 A，在另外一個空間中要求該參數為 -A，則可以使用空間分離原理解決物理矛盾。例如在吃火鍋的過程中，有人喜歡吃辣有人不喜歡。對待火鍋口味是否辛辣的互斥要求存在於不同的空間中，因此引入鴛鴦鍋，從空間上將兩種口味分開，解決了以上矛盾。

再如，在利用輪船進行海底測量時，早期是將聲納探測器安裝在船體某一部位，但在實際測量中，輪船上的各種干擾會影響到測量的精度和準確性。解決問題的方法之一就是將聲納探測器單獨置於船後一公里之外，用電纜連接，使聲納探測器和輪船內的各種干擾在空間上得以分離，互不影響，來大大提高測試精度。

5.5.3　時間分離原理

如果在物理矛盾中，對某一參數的互斥要求存在於不同的時間內，也即在某時間段內要求該參數為 A，在另外的時間段內要求該參數為 -A，則可以使用時間分離原理解決物理矛盾。例如：飛機的機翼面積要加大，以加強升力；同時機翼的面積也要減小，以減小阻力。仔細分析機翼面積這一參數中包含的物理矛盾，在起飛的時候面積要大，在高空巡航的時候面積要小，這是不同時間段內的要求，所以採用時間分離原理，設計了可調節面積的活動機翼。再比如日常生活中常用的傘，既要面積大以遮風擋雨，

又要面積小方便攜帶，這二者是不同時間內的要求，所以運用時間分離原理，設計了折疊傘。下雨時撐起面積大，不用時收起面積小，完美的解決了物理矛盾，如圖 5.43 所示。

圖 5.43　可調節面積的活動機翼

5.5.4　系統分離原理

　　如果在物理矛盾中，對某一參數的互斥要求存在於系統不同的層次下（包括超系統、系統、子系統等不同級別），也即在某一層次下要求該參數為 A，在上一層次或者下一層次則要求該參數為 -A，則可以使用系統級別的分離原理解決物理矛盾。例如：自行車鏈條在整體上（系統級別）要求彈性，在牙盤和飛輪間發揮良好的連結和傳動作用；但在局部（子系統級別）上又要求剛性，提升其強度和耐用性。這是系統不同層次對同一參數提出的要求。可以使用系統分離原理，設計出分段連結的鏈條，有效解決物理矛盾，如圖 5.44 所示。手錶鏈條、九節鞭、雙節棍等結構都是類似思路的應用。

圖 5.44　自行車鏈條

　　另一個系統級別分離的例子是光的波粒二象性，如圖 5.45 所示。在宏觀層次下，光表現出「波」的性質，能夠產生干涉、衍射等效應；而在微觀層次下，光表現出「粒子」的性質，擁有動量，能夠產生光電效應等。

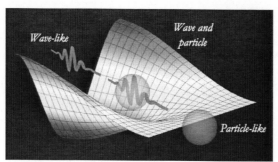

圖 5.45　光的波粒二象性

萬向管是一種常用於低壓力的流體輸送，向數值控制機床、工件刀具、機械等設備噴射油、水、氣、沖劑等液體，具有長度、角度、口徑可調整等優點的導向管，如圖 5.46 所示。萬向管可以實現 360°全方位自有固定，冷卻管彎曲的同時不會縮減內徑，也不會打結或出現疲勞現象。通常用塑膠原料製作，具有抗化學性、油性、藥品等優良特性，抗疲勞性、耐摩擦性和耐腐蝕性遠勝於金屬管線，因此可以長期固定而不易晃動和反彈。

圖 5.46　伸直狀態和彎曲狀態下的萬向管

圖 5.47　不同狀態下的萬向管

實際上，萬向管就是典型的系統級別分離原理應用案例。從萬向管的單個「節」來看，呈現的是剛性狀態，具有單一的自由度，而從萬向管整體來看，則呈現一種彈性狀態，自由度大大增加，如圖 5.47 所示。

5.5.5　條件分離原理

夜間是交通事故發生的高峰期，而夜間的交通事故大多是由於不按照

駕駛規範合理使用遠光燈造成的。亂開遠光燈會造成對向車輛的駕駛員眩暈，降低其反應的敏捷性，還可能短暫的失去行動能力。那麼應該如何懲罰不合理使用遠光燈的駕駛行為呢？

　　根據相關報導，中國的交通警察採用了「角色互換」的辦法來懲罰亂開遠光燈的行為，讓抓獲到的亂開遠光燈的駕駛員坐上「遠光燈自願體驗椅」，進行「體驗式處罰」，如圖 5.48 所示[7]。

圖 5.48　遠光燈處罰體驗執行現場

　　如果在物理矛盾中，對某一參數的互斥要求存在於不同的條件下，也即在某條件存在時要求該參數為 A，在另外的條件存在時要求該參數為 -A，則可以使用條件分離原理解決物理矛盾。需要指明的是，條件分離原理是對以上三個分離原理的總結和提煉，是解決物理矛盾的最根本思維，不同的時間、空間、整體和部分都可以看成是條件，將其單獨列為分離原理是因為其使用頻率相對較高。

　　實例 1：水射流可以當作軟質物質，用於洗澡時按摩；也可以當作硬質物質，以高壓、高射速流用於加工或作為武器使用。這取決於射流的速度條件或射流中有無其他物質。

　　實例 2：在廚房中使用的水池箅子，對於水而言是多孔的，允許水流過；而對於食物殘渣而言則是剛性的，不允許通過。

7　http://news.163.com/17/0216/12/CDD6JRG0000187R2.html，http://news.163.com/17/0918/16/CUKMDFAU000187VE.html。

實例 3：汽車的安全帶，在緩慢拉拽的條件下是可移動的，在突然猛烈拉拽的條件下是固定不動的。這樣的條件分離就能保證駕駛員或乘客在平時可以方便的繫好安全帶，而在遭受衝擊時，安全帶也能提供充分的保護和固定作用。

實例 4：液體防彈衣的發明是運用條件分離原理解決物理矛盾的典型。眾所周知，防彈衣需要由比較堅韌的材料製作，以便在受到打擊時提供足夠的保護，但同時也會導致穿戴不方便、敏捷行動受阻等問題。因此，對防彈衣材料的要求是既要堅韌又要靈活，這裡存在物理矛盾。運用條件分離原理可知，互斥要求是在平時沒有受到衝擊的條件下，防彈衣呈彈性，便於穿戴和行動；在受到子彈尖銳打擊的條件下，防彈衣呈韌性，能有效吸收衝擊能量。因此發明出採用特殊聚合物填充的液體防彈衣，有效的解決了這一對物理矛盾。（高分子聚合物非牛頓流體在液體狀態時具有一種特殊性質，即在緩慢柔和的外力作用下呈流動態，在急促強力的作用下呈凝固態，稱為聚合物的黏彈性。）

5.5.6　分離原理解決物理矛盾練習

請嘗試綜合運用四大分離原理解決交通堵塞問題。

交通的本質是路權的分配。一方面希望車輛足夠多，以充分利用道路運載能力；另一方面希望車輛足夠少，以保持交通通暢。路權分配過程中對汽車數量的相反要求，成為其中的物理矛盾。請運用物理矛盾分離原理，盡可能多的提出不同類型的解決方案。

（答案詳見附錄 B.2）

5.6　本章小結

圍繞矛盾矩陣和發明原理，在實際學習過程中存在一個認知難點，即在解題過程中如何將問題突破點轉化為技術矛盾。

(1) 對於這個難點有兩個建構思路，一是圍繞需求試圖建構新的解決方案建構矛盾。首先明確系統目標及其相關的性能指標，這個系統目標（性能指標）就是系統需要提高（改善、增強等）的參數，假設確定為參數 A；對於另一個可能會「惡化」的參數 B，要認知到，因為是建構新的解決方案，因此改善 A 只是可能會帶來 B 參數的惡化，但關鍵是，B 參數的惡化是你想盡力避免的，顯示了你的風險偏好。所以建構矛盾就可以簡化為，明確你想要什麼，確定要改善的參數 A；確定你害怕什麼，不要什麼，確定「惡化」的參數 B。這樣在矛盾矩陣中查到的對應原理一定是改善了 A，又滿足你的偏好（不讓 B 參數惡化）的發明原理。例如：解決機身發熱問題，沒有現成的解決方案，可根據上述思路建構矛盾：首先明確系統的目標是機身的溫度要改善，所以改善的參數確定為「溫度」；其次，系統已經很龐雜，需要一個簡單的方案，不想或不能忍受新的方案讓系統更複雜，於是「惡化」的參數選擇「系統的複雜性」。這樣在矛盾矩陣中查到的一定都是既改善溫度，又不會使系統更複雜的發明原理。

第二個思路是對已有的解決方案進行改進。假設已經有了解決方案，那麼改善的參數 A 就很容易確定了，而「惡化」的參數 B 可以根據實際中現有解決方案的缺陷來確定。例如：想一次多承載些貨物，那麼船的體積就要增大，但實際情況是船大了能源耗損也提高了，所以要改善的參數即為「運動物體的體積」，惡化的參數，按照實際情況可以表述為「運動物體消耗的能量」。

(2) 建構完技術矛盾後，可對技術矛盾進行轉化，看改善和惡化的參數又都分別和哪些參數有關。當找到了呈現相反變化的統一參數後，就可以建構物理矛盾了。物理矛盾一般都和系統動力（例如動力軸的轉速）或者系統的限制性因素（如溫度或系統的規模如尺寸、面積和體積等）等有關。

(3) 透過所建構的矛盾查找發明原理，根據發明原理的提示建構解決方案。在建構解決方案的過程中要注意深入研習所選原理的內涵，正確運用原理建構解決方案，而不要僅憑原有經驗對原理望文生義、斷章取義。

第6章　質－場模型及標準解

6.1　質－場模型簡介

　　阿奇舒勒認為，兩個物體間的作用都可用兩個物質（對象物質 S_1 和工具物質 S_2）和一個場的基本模式來描述。其中場（Field，簡寫為 F）是兩個物質間相互作用、連結和影響的力與能量，常用的場包括引力場（重力場）、熱力場（溫度場）、電磁場、光場、原子場（核能場）等（簡稱力熱電光原），其名稱、符號以及示例如表 6.1 所示。

表 6.1　各種類型場的示例

名稱	符號	示例
重力場	G	重力
機械場	ME	壓力、慣性、離心力
流體場	P	流體靜力、流體動力
聲場	A	聲波、超音波
熱場	T	熱儲存、熱傳導、熱絕緣、熱膨脹、雙金屬效應
化學場	C	燃燒、氧化、腐蝕
電場	E	靜電、電感應、電容
磁場	ME	靜磁、鐵磁
光場	O	光波反射、折射、衍射、干涉
輻射	R	X 光、不可見電磁波
生物 - 場	B	腐爛、發酵
核能場	N	α、β、γ 射線束，中子束，電子束

　　兩個物質，第一種物質（S_1）是作用的承受者，或可稱之為產品／目標物質／對象物質；第二種物質（S_2）是作用的施加者，或可稱之為工具／工具物質。需要說明的是，這裡物質的概念是廣義上具體或抽象的對象；而

人們所期望的功能是對象物質與工具物質在場的作用下實現的。TRIZ 利用物質和場來描述系統問題的方法叫做質－場分析方法（Substance-Field Analysis），也稱作質－場理論。在分析某個具體的技術系統時，建立的模型就叫做質－場模型。

基本的質－場模型如圖 6.1 所示。舉例來說，人們要用錘子在牆面上實現釘釘子的功能，這裡釘子是對象物質 S_1，錘子是工具物質 S_2，人手的作用力就是 F（機械場），該作用力施加於錘子 S_2 上，就實現了釘釘子的功能。

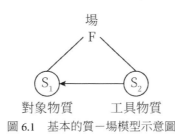

圖 6.1　基本的質－場模型示意圖

較為複雜的質－場模型，則可以用多個基本的質－場模型連接起來。其基本形式有串聯式連接（參見圖 6.2(a) ）和並聯式連接（參見圖 6.2(b) ）兩種。

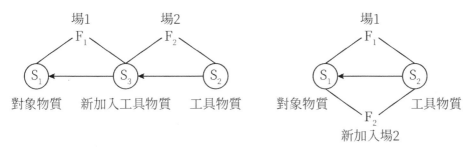

圖 6.2　較為複雜的質－場模型示意圖

在質－場模型示意圖中，除了若干物質 S 和不同類型的場 F 作為基本元素，各元素之間不同的連線也代表了不同的含義。具體來看，如圖 6.3 所示，細實線代表存在有益作用／連結；虛線代表存在有益作用／連結，但效應不足；雙實線代表存在有益作用／連結，但效應過度；加粗實線代表存在有害作用／連結。連線的箭頭指示作用／連結的方向。

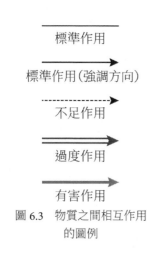

標準作用

標準作用(強調方向)

不足作用

過度作用

有害作用

圖 6.3　物質之間相互作用的圖例

根據質－場模型可以對系統功能進行詳細分析，如果建構的質－場模型表示出系統缺乏基本要素，或有益作用不足，或存在有害作用，TRIZ 給出了相應的 76 個標準解來解決問題。

標準解系統是阿奇舒勒於 1985 年創立的，是其後期進行 TRIZ 理論研究最重要的課題。標準解系統的本質思想，也是透過質－場模型的建立，將具體問題轉化為典型問題，繼而透過 76 個標準解（也即典型問題的典型解法）所給出的建議，找到具體問題的解決方案。這與矛盾矩陣和發明原理的本質相同，而質－場模型與標準解系統特別適用於難以明確描述系統中存在的矛盾、想要消除某種有害功能或實現有益功能，以及在系統內實現測量和檢測功能的情況。

6.2　四種基本的質－場模型

6.2.1　有效的完整質－場模型

此種模型中三個要素完備，能夠順利完成所期望的功能。如游泳者 S_1 在水 S_2 中游泳，受到一個足夠大的浮力 F_1 和手腳划水的作用力 F_2，其中 F_2 的承受對象和 F_1 的施加主體都是游泳者，F_2 的施加主體和 F_1 的承受對象是水本身，兩種物質和兩種場的共同作用完成了游泳的整體功能，如圖 6.4 所示。

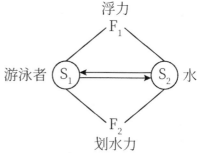

圖 6.4　實現游泳功能的質－場模型

6.2.2 不完整的質－場模型

此種模型中三個要素不完備，在解決問題的過程中，建構的質－場模型不完善就直接說明了原技術系統存在缺失。基於此，質－場模型會引導創新思維的方向，指出該在哪裡需要給予完善，使其向完備的質－場模型轉換。質－場模型不完備是最基本、最常見的一種問題類型，在後續的標準解中會有詳細論述。

6.2.3 有害的完整質－場模型

有害的完整質－場模型是指組成質－場模型的三個元素完備，但彼此間產生的是有害作用，或是在產生了有用作用的同時也產生了有害作用。這種有害作用可能是由 S_2 引起的，也可能是由 S_1 引起的，如圖 6.5 所示。

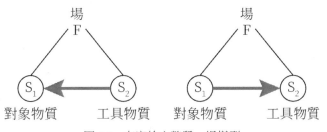

圖 6.5　有害的完整質－場模型

對於此種類型的系統，必須保留或進一步擴大有益作用；對有害作用也必須設法予以消除。在此介紹兩種最基本的解決方案，方案一：如果 S_1 和 S_2 兩個物質間不要求緊密相鄰，可以引入第三個物質 S_3 作為中介物來阻斷有害作用。如在餐館中，剛起鍋的菜餚盛裝在碗中（S_1），溫度很高，有可能會燙傷服務生的手（S_2），S_2 對 S_1 的作用是我們需要的，而 S_1 對 S_2 的作用是有害作用，解決方案是引入托盤作為中介物（S_3），它阻斷了有害作用，而有益作用也完全沒有受到影響，如圖 6.6 所示。

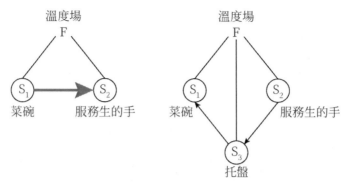

圖 6.6　有害的完整質－場模型解決方案一的實例

　　方案二：如果兩個物質間要求緊密相鄰,則引入第二個場來抵抗有害作用。例如:在利用刀具來完成切削功能的過程中,為了防止車床加工過程中,切削工具的作用力導致細長軸件的變形,引入了與長軸平行的支架,其產生的反作用力能夠防止(抵消)細長軸的變形,如圖 6.7 所示。

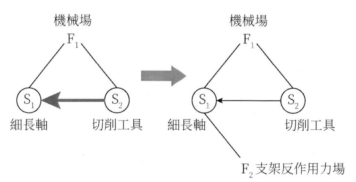

圖 6.7　有害的完整質－場模型解決方案二的實例

6.2.4　效應不足的質－場模型

　　效應不足的質－場模型是指模型的基本元素完備,但是需要實現的功能不足,此時該問題可以透過改變原有的場和物質,或者引入新的場和物質加以解決。例如:在礦石開採的過程中,經常需要將大塊的岩石碎裂成小塊以便進一步加工,這一過程通常是由人力完成的,效率非常低,此時建立起的就是效應不足的質－場模型。我們可以透過以下兩種方案進行改進。

方案一：改變原有的場或物質。可以有三種不同的思路，均展示在圖 6.8 中。第一種情況，改變工具物質，即 F_1 仍然使用人力，但把工具物質由 S_2 錘子換成大石頭 S_3，用大石頭來砸碎石頭，以提高工作效率。第二種情況，改變場，即將機械場 F_1 改變為電動場 F_2，也就是採用電力驅動錘子來碎石。第三種情況同時改變場和工具物質，如引入風鑽，利用壓縮空氣驅動活塞做高頻往復運動的原理，衝擊岩石至其破碎。

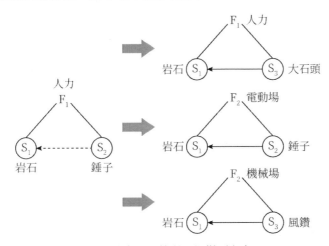

圖 6.8 效應不足的質－場模型方案一

方案二：引入新的場或物質，可以有兩種不同的思路。第一種思路，引入新的化學場使岩石脆化，或引入新的溫度場（冷凍場）使岩石凍裂，這些新引入的場在模型中均以 F_2 來表示，如圖 6.9 所示。

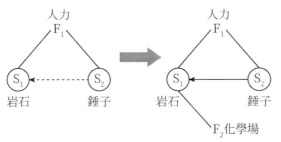

圖 6.9 效應不足的質－場模型方案二（a）

第二種思路，引入新的物質 S_3，在本例中為鑿子，輔助人力敲擊石頭，

以提高工作效率，其完善後的模型如圖 6.10 所示。

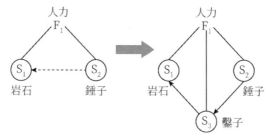

圖 6.10　效應不足的質－場模型方案二（b）

6.3　標準解的定義和使用流程

有關質－場模型和標準解的應用，應遵循以下流程：

(1) 將當前問題用 TRIZ 的語言給予準確描述，特別要注意系統、子系統、超系統等多個層面以及系統基本運作流程。

(2) 用符號形式表達組成問題的核心元素以及它們間的相互作用關係，從而建立質－場模型。在此步驟中，要特別注意分析層次的選擇，使得建立起來的質－場模型足夠大，能夠包含所有的核心元素以及關鍵作用關係。與此同時又要足夠小，簡化質－場模型，排除不必要元素的摻雜與干擾。

(3) 對問題所屬類型進行判斷，根據圖 6.11 所示的流程選擇對應的標準解。在此步驟中，要根據系統的自身條件以及客觀限制，在建議的標準解範圍內精細篩選。如未找到合適解，也可適度擴大搜尋範圍，查詢其他標準解。

(4) 選擇合適的標準解法，並透過類比設計，將 TRIZ 理論提供的普適解轉化為現實問題的解決方案。

(5) 如果因引入了新的物質或場使系統更複雜，可以運用第五級標準解——簡化和改善系統，使系統更加理想化。（本步驟不是必須步驟）

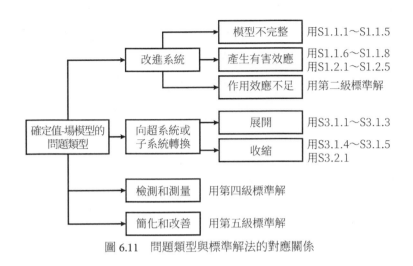

圖 6.11　問題類型與標準解法的對應關係

6.4　76 個標準解詳解

　　前文集中闡述了質－場模型的概念，建構質－場模型的基本元素和相應規則，並且進一步介紹了能夠解決實際問題的 4 種基本質－場模型及其解決方案。本節所介紹的標準解系統（共 76 個標準解），正是對這些基本模型和解決方案的極大擴充。

　　具體來講，標準解系統是對標準發明問題進行求解的工具。阿奇舒勒分析了大量的發明專利，發現在去除不同工程領域待解決問題的具體技術背景之後，許多問題的本質可以用某一種相似的質－場模型來表示，與此同時，在問題的質－場模型和工程約束條件相同的情況下，可以採用相同的解決方案（即相同的解模型）來解決該技術問題。

　　阿奇舒勒總結了 76 個標準解，這 76 個標準解，根據其針對的問題類型的不同，可以分成五級：第一級包含 13 個標準解，是在不改變系統，或只對系統做微小改變的條件下改善系統。第二級包含 23 個標準解，是透過改變系統來改善系統，與第一級是遞進關係。第三級包含 6 個標準解，是向雙、多級系統和微觀級系統轉換的標準解法。第四級包含 17 個標準解，是

關於檢驗和測量的問題；第五級包含 17 個標準解，專注於簡化與改善系統。

接下來將對 76 個標準解進行詳細說明，並配以相關實例。在此基礎上明晰標準解系統的應用流程，並輔之來自實踐的題目，訓練讀者解決問題的能力。需要說明的是，按照約定俗成的做法，76 個標準解都有自己對應的編號，類似於 S1.2.1（代表第一級，第二子級下面的第一條標準解），本書也遵照此體例編排。

6.4.1　第一級：基本質－場模型的標準解

第一級的標準解，針對的是基本的質－場模型，是在不改變系統，或只對系統做微小改變的條件下改善系統。它有兩個子級，分別是「S1.1　建構完整的質－場模型」以及「S1.2　消除或中和有害作用，建構完善的質－場模型」，具體如表 6.2 和表 6.3 所示。其中，子類別 S1.1 的內涵是，完整的質－場模型至少有兩個物質和一個場組成，物質與場之間能夠進行正常有效的作用，共有 8 個標準解。子類別 S1.2 的內涵是，在完善的質－場模型中，當物質和場之間產生有害作用時，可以按其提供的方法予以消除，以提高系統的使用效率，共有 5 個標準解。

表 6.2　建構完整的質－場模型標準解

S1.1　建構完整的質－場模型	
S1.1.1	由不完整的向完整的質－場模型轉換
S1.1.2	在物質內部引入附加物，建立內部合成的質－場模型
S1.1.3	在物質外部引入附加物，建立外部合成的質－場模型
S1.1.4	利用環境資源作為物質內、外部附加物，建立與環境一起的質－場模型
S1.1.5	引入由改變環境而產生的附加物，建立與環境和附加物一起的質－場模型
S1.1.6	對物質作用的最小模式
S1.1.7	對物質作用的最大模式
S1.1.8	對物質作用的選擇性最大模式：分別向最大和最小作用場區域選擇性的引入附加物

表 6.3　消除或中和有害作用，建構完善的質－場模型標準解

S1.2 消除或中和有害作用，建構完善的質－場模型	
S1.2.1	在系統的兩個物質間引入外部現成的物質
S1.2.2	引入系統中現有物質的變異物
S1.2.3	引入第二物質
S1.2.4	引入場
S1.2.5	切斷磁影響

S1.1　建構完整的質－場模型

S1.1.1　由不完整的向完整的質－場模型轉換

完整的質－場模型是由三個因素組成的，如果有缺失的因素就要補齊它。S1.1.1 標準解的內涵是，透過引入缺失的場或物質來建立完整的質－場模型。

一個最簡單的實例是人們用錘子打釘子，只有釘子（目標物質 S_1）不行；只有錘子（工具物質 S_2）也不行；有了釘子和錘子，沒有人的手臂用力（機械場 F）同樣不行；只有當三個因素同時具備時，才能完成釘入釘子的任務，如圖 6.12 所示。

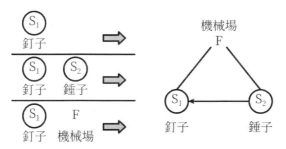

圖 6.12　由不完整的向完整的質－場模型轉換

S1.1.2　在物質內部引入附加物，建立內部合成的質－場模型

從形式上看，系統的三個元素都齊全，是一個完整的質－場模型，但其表現為不能夠正常工作，因此是不完善的質－場模型。倘若系統內部對引入物質沒有限制，引入的附加物質對現有的系統也不會產生大的變化

時，可在系統物質中透過引入附加物 S_i，建構完整的、完善的、物質內部合成的質－場模型。該附加物也可以是系統物質的變異，如圖 6.13 所示。

　　實例：人工降雨。天空中的烏雲（水蒸氣）在沒有足夠的重力下，就不會形成雨滴降落。人工降雨就是向烏雲中引入水的變異物——人造冰粒（乾冰），使水蒸氣迅速冷凝成水滴，由於重力的加大，使其從天上掉下來形成雨滴，如圖 6.14、圖 6.15 所示。

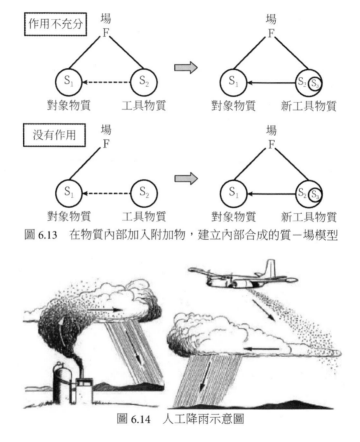

圖 6.13　在物質內部加入附加物，建立內部合成的質－場模型

圖 6.14　人工降雨示意圖

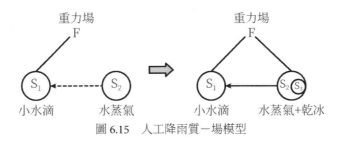

圖 6.15　人工降雨質－場模型

S1.1.3　在物質外部引入附加物，建立外部合成的質－場模型

從形式上看，系統的三個元素已經齊全，是一個完整的質－場模型，但其表現為不能夠正常工作，因此是不完善的質－場模型。然而系統內部對引入物質有限制，系統不能改變，實施內部合成受阻，因此可在兩個物質 S_1 或 S_2 的外部引入附加物 S_3 來達到增強效應的目的，如圖 6.16 所示。

實例：查找出壓縮機氟利昂滲漏部位。在壓縮機製冷系統中，普通光照下，一旦發生氟利昂洩漏，人們很難覺察，因為氟利昂製冷劑是無色無味又不能發光的液體。氟利昂製冷劑中是禁止加入發光體的，於是只能在壓縮機的外部引入附加物 S_3（鹵素燈）建立外部合成的質－場模型，這樣滲漏出的氟利昂在鹵素燈的照射下會發出螢光，由此可以準確的確定氟利昂的滲漏部位，如圖 6.17 所示。

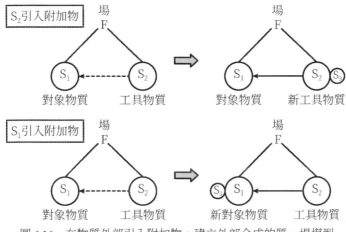

圖 6.16　在物質外部引入附加物，建立外部合成的質－場模型

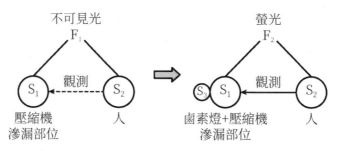

圖 6.17　查找出壓縮機氟利昂滲漏部位的質－場模型

S1.1.4　利用環境資源作為物質內、外部附加物，建立與環境一起的質－場模型

在基本質－場模型已經形成的基礎上，如果系統難以滿足要求的變化，且限制將物質引入系統內部或外部時，可以將環境中的物質 S_E 作為附加物引入，形成與環境一起的質－場模型，如圖 6.18 所示。

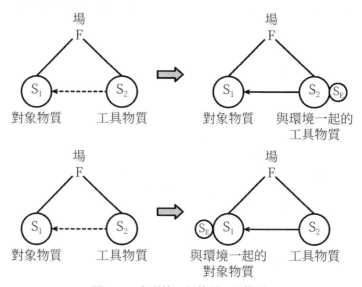

圖 6.18　與環境一起的質－場模型

實例：潛水艇下水深度的調整。當潛水艇浮在水面上時，同時承受著來自地球自上而下的重力和與之相反方向的水的浮力，倘若將環境中的水大量的注入潛水艇中，一旦潛水艇的重力克服了水的浮力時，潛水艇就會開

始下沉，如圖 6.19 所示。

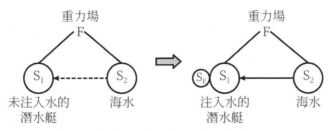

圖 6.19　潛水艇下水深度的調整質－場模型

S1.1.5　引入由改變環境而產生的附加物，建立與環境和附加物一起的質－場模型

在基本質－場模型已經形成的基礎上，如果系統難以滿足要求的變化，且限制附加物引入系統內部或外部，對引入環境雖然沒有限制，但原有環境或原環境中的物質不能滿足需求時，可透過改變或分解環境來獲得所需的附加物 S_{ed} 引入系統，建立與環境和附加物一起的質－場模型，如圖 6.20 所示。

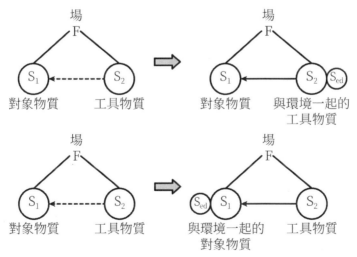

圖 6.20　引入由改變環境而產生的附加物，建立與環境和附加物一起的質－場模型

實例：拍攝太空物體圖像。利用望遠鏡在通常的環境下拍攝太空物體得

到的圖像很不清晰，倘若在太空中設置望遠鏡，由於環境完全改變，使得望遠鏡的功能和清晰度得到大大提高，如圖 6.21 所示。

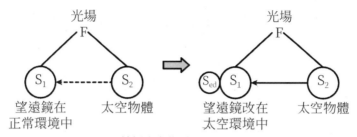

圖 6.21　拍攝太空物體圖像的質－場模型

S1.1.6　對物質作用的最小模式

如果希望獲得最小作用，但現有條件很難或無法保障做到，就先應用最大模式（最大作用場 F_{max} 或最大物質 S_{2max}）作為過渡形式，隨後再設法將過量部分消除，以最終得到對物質的最小作用。其中過量的場用物質來去除；過量的物質用場（透過引入能生成場的物質）來去除。

實例：磁發電機導體陶瓷板上塗強磁性塗料。為了要在陶瓷板的凹槽上塗一層薄薄的磁性塗料，首先要向整個陶瓷板滿噴一層磁性材料，隨後將凸面上的過量部分透過機械作用場將它們去除掉，最終只在板槽中留下適量需要的強磁性導電塗料，如圖 6.22 所示。

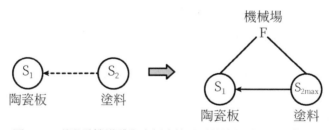

圖 6.22　磁發電機導體陶瓷板上塗強磁性塗料的質－場模型

實例：洗完衣服後的甩乾。要把衣服洗乾淨必須將衣服弄溼（過量的水），衣服洗完後想依靠重力或手臂的能力擰乾衣服上的水是不太容易的事，而借助於洗衣機，讓衣服隨洗衣機滾筒轉起來，即可利用產生的離心

力把衣服上多餘的水分去除，如圖 6.23 所示。

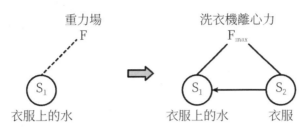

圖 6.23　洗衣後的甩乾的質－場模型

S1.1.7　對物質作用的最大模式

如果系統要求獲得最大的作用，但這對系統物質 S_1 會產生傷害時，引入保護性附加物 S_2 讓最大作用首先直接作用在與原物質相連接的附加物 S_2 上，然後再到達須免受傷害的物質 S_1 上。

實例：拳擊用手套。在進行拳擊時，拳擊手總是要以盡可能大的攻擊力出手，因此對拳擊手的攻擊力是不可限制的。但為了避免對攻擊對象造成致命的傷害，引入了起保護性作用的拳擊手套，拳擊手套可以造成極好的緩衝作用，如圖 6.24 所示。

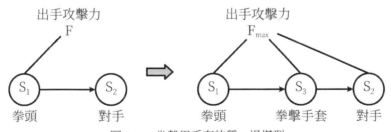

圖 6.24　拳擊用手套的質－場模型

S1.1.8　對物質作用的選擇性最大模式：分別向最大和最小作用區域選擇性的引入附加物

當在系統中某些區域需要使用最大作用場，並在該系統的另外某些區域同時需要使用最小作用場時，可以根據使用的作用場區域究竟是最大還是最小，參照標準解 S1.1.6 和 S1.1.7 分別引入附加物：當最大作用情況下，

將一種保護性物質引入到要求最小作用的所在區域，以避免最大作用場可能引起的傷害；當最小作用情況下，將一種可以產生局部場的物質引入到要求最大作用的所在區域，以獲得增強輸出場。

　　實例：注射液玻璃瓶的封口工藝。當為注射液玻璃瓶進行封口時，必須將火焰調整到最大功率，以使火焰在瓶口處達到最大效應，快速熔化玻璃並完成封口；但是，灼熱的火焰對瓶內的藥液品質會產生傷害，為使瓶內的藥劑免遭受熱，影響藥液的品質，在完成封口操作時，必須將瓶身浸在水中，以使瓶身受火焰的影響達到最小，如圖 6.25 所示。

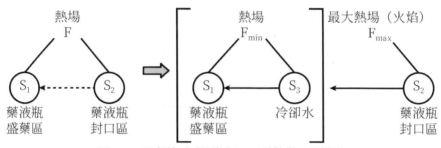

圖 6.25　注射液玻璃瓶的封口工藝的質－場模型

S1.2　消除或中和有害作用，建構完善的質－場模型

S1.2.1　在系統的兩個物質間引入外部現成的物質

　　當質－場模型中同時存在有用作用和有害作用，且它們的兩個物質之間可以不緊密相鄰時，可將外部現成的附加物，引入系統的兩個物質之間，以避免兩個物質直接接觸，從而消除它們之間的有害作用。該附加物可以是臨時的，也可以是永久的。

　　實例：微晶片的銅導線。在微電路中，用直徑 0.2μm 的銅導線來替換 0.35μm 寬的鋁導線，騰出的空間可以增加矽基半導體元件，以提高運行速度，節約用電。銅導線對系統產生有效作用；但由於銅原子會向矽中擴散，因此銅導線對矽基產生有害作用，繼而會惡化整個系統。在矽和銅導線之間增加隔離層，即可消除銅導線對於矽基的有害作用，如圖 6.26 所示。

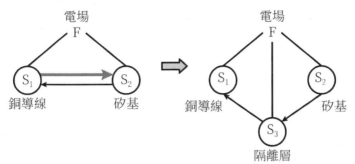

圖 6.26　微晶片的銅導線的質－場模型

S1.2.2　引入系統中現有物質的變異物

當質－場模型中同時存在有用作用和有害作用，且在它們的兩個物質之間不要求緊密相鄰，但限制從外部引入新物質時，引入透過修正系統形成的系統物質變異物 $S_{1modified}$ 或 $S_{2modified}$ 來消除兩個物質間的有害作用。

實例：高溫焦炭的輸送。炙熱的焦炭在運輸過程中，為了避免高溫對傳送帶的傷害，在傳送帶上鋪設了一層碎的焦炭，以造成隔熱的作用。碎的焦炭就是來自灼熱焦炭的變異物，如圖 6.27 所示。

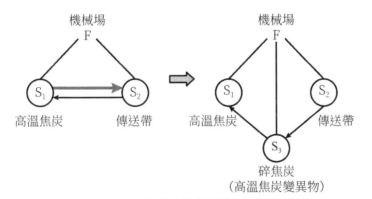

圖 6.27　高溫焦炭的輸送質－場模型

S1.2.3　引入第二物質

為了消除一個場對物質的有害作用，引入了第二種物質來排除有害作用。

實例：電器接地保護。為了防止電器設備漏電造成對人的傷害，採取了接地保護措施，如圖 6.28 所示。

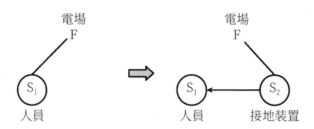

圖 6.28　電器接地保護的質－場模型

S1.2.4　引入場

若在系統中同時存在有用作用和有害作用，且兩個物質之間要求必須直接緊密相鄰，可透過直接引入另一個場 F_2 來消除有害作用，或將有害作用轉化為另一個有用功能。系統則向並聯式雙質－場模型轉換。

實例：骨折病人術後的理療。醫生對腿骨折病人進行外科手術後，用支撐架透過機械場作用在腿上將骨折部分固定。僅僅依靠支撐架，久而久之會導致病人肌肉萎縮，而透過施加脈衝電場對肌肉進行理療，可以刺激肌肉並防止肌肉萎縮，如圖 6.29 所示。

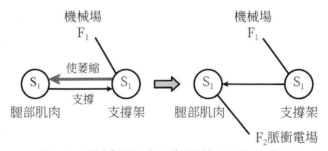

圖 6.29　醫生對骨折病人手術後的理療質－場模型

S1.2.5　切斷磁影響

如果系統中存在著起有害作用的磁性，可採用消磁（Degaussing）的方法（加熱磁性物質到居禮溫度以上，或引入另一相反的磁場）來給予消除。

實例：起重機的應用。用電磁吸盤的起重機在運輸鐵質材料時，所需的能量直接與運輸的距離和時間有關。為了減少所需的能量，可以透過使用永磁體來抓舉貨物，而在釋放貨物時，只要透過激發一個相反電場，產生所需要的負相位磁場，抵消永磁體產生的磁場，即可使貨物被釋放。用該方法即使在突然停電的情況下，貨物也不會掉下，非常安全，如圖 6.30 所示。

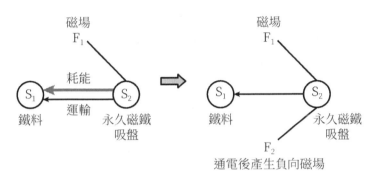

圖 6.30　電磁起重機的應用質－場模型

6.4.2　第二級：增強質－場模型的標準解

第二級的標準解，是透過改變系統來增強功能。它有 4 個子級別，分別是「S2.1　向複合質－場模型轉換」、「S2.2　增強質－場模型」、「S2.3　利用頻率協調增強質－場模型」以及「S2.4　引入磁性附加物增強質－場模型」，如表 6.4 所示。其中，子類別 S2.1 的內涵是，複合質－場模型分為串聯和並聯兩種形式：在基本質－場模型的基礎上，當引入的添加物為物質時，就構成了串聯式複合質－場模型；當直接引入場時，則構成了並聯式複合質－場模型，以此來提高系統的效率。該子類別共有 2 個標準解。

子類別 S2.2 的內涵是，透過改變場的結構和物質的結構來提高系統的彈性和可動性，獲得增強系統可控性的有效功能，共有 6 個標準解。其增加質－場模型的思路與方法符合前文所講的進化法則。

子類別 S2.3 的內涵是，對於組件之間具有週期性相互作用特點的系統，當需要增強該系統的有用功能效應，但是系統本身卻又限制引入附加

物時，可以透過對構成系統的各元件之間固有頻率的協調搭配（或故意不搭配），包括場與場之間、場與物質之間的協調搭配，來達到增強所需的功能或要求的特性。該子類別共有 3 個標準解。

　　子類別 S2.4 的內涵是，為了提高系統的功能效應和可控性，在已有的基本質－場模型或複合質－場模型中，透過在組成系統的物質或環境中引入鐵磁物質或磁場，以獲得所需的性能。該子類別共有 12 個標準解。

表 6.4　增強質－場模型的標準解

S2.1　向複合質－場模型轉換	
S2.1.1	引入物質向串聯式複合質－場模型轉換
S2.1.2	引入場向並聯式複合質－場模型轉換
S2.2　增強質－場模型	
S2.2.3	利用更易控制的場替代
S2.2.2	加大對工具物質的分割程度向微觀控制轉換
S2.2.3	利用毛細管和多孔結構的物質
S2.2.4	提高物質的動態性
S2.2.5	構造場
S2.2.6	構造物質
S2.3　利用頻率協調增強質－場模型	
S2.3.1	搭配組成質－場模型中的場與物質元素的節奏（或故意不搭配）
S2.3.2	搭配組成複合質－場模型中的場與場元素的節奏（或故意不搭配）
S2.3.3	利用週期性作用
S2.4　引入磁性附加物增強質－場模型	
S2.4.1	引入固體鐵磁物質，建立原鐵磁場模型
S2.4.2	引入鐵磁顆粒，建立鐵磁場模型
S2.4.3	引入磁性液體
S2.4.4	在鐵磁場模型中應用毛細管（或多孔）結構物質
S2.4.5	建立合成的鐵磁場模型
S2.4.6	建立與環境一起的鐵磁場模型
S2.4.7	利用自然現象或知識效應
S2.4.8	提高鐵磁場模型的動態性
S2.4.9	構造場
S2.4.10	在鐵磁場模型中搭配節奏

S2.4.11	引入電流，建立電磁場模型
S2.4.12	利用電流變流體

S2.1 向複合質－場模型轉換

S2.1.1 引入物質向串聯式複合質－場模型轉換

在基本質－場模型已經形成的基礎上，為了強化系統，提高系統的有效性，可將質－場模型中的一個物質元素轉換為一個獨立控制的完整質－場模型，即向串聯式複合質－場模型轉換。

實例：讓帶有襯墊緊固件中的楔子輕而易舉的拔出。楔形系統由楔子和間隔的襯墊組成。為了容易拔出楔子，襯墊由兩部分組成，其中的一部分為低熔點合金，襯墊經加熱後，易熔合金襯墊熔化，楔子就會輕而易舉的被拔出，如圖 6.31 所示。

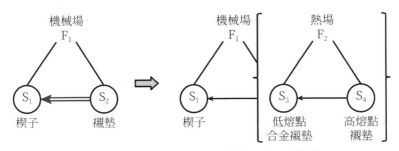

圖 6.31　帶有襯墊緊固件中的楔子質－場模型

S2.1.2 引入場向並聯式複合質－場模型轉換

在基本質－場模型已經形成的基礎上，為了提高系統的控制性，但系統對引入物質有限制，又不能改變現有系統的物質時，可在系統中直接引入另一個場，形成並聯式複合質－場模型。

實例：零部件電解液的清洗工藝。電解裝置的兩級是薄銅片，在電解過程中往往會有少量的電解液的沉積物沉積在銅片表面。為了清除這些沉積物，如果僅僅依靠洗滌劑的化學作用往往會感到效力不足，但如果在洗滌劑化學場的作用下，再引入第二個超音波場，則沉積物就能迅速、完全的

被清除掉，如圖 6.32 所示。

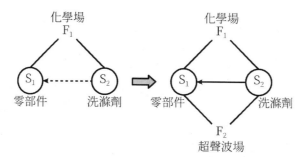

圖 6.32 零部件電解液的清洗工藝質－場模型

S2.2 增強質－場模型

S2.2.1 利用更易控制的場替代

如果質－場系統的效率不足，其工作場無法控制或者難以控制，那麼就要用可充分控制的場來替代不可控制或難以控制的場，以獲得增強功能效應。選擇易控制場的進化路徑，可以循著進化路徑方向的逐級被替代，獲得逐級增強系統功能的效應，如圖 6.33 所示。

圖 6.33 向更易控制的方向進化的「場」

實例：破碎大型混凝土塊。破碎大型混凝土塊通常採用的機械衝擊裝置會產生很大的噪音，改用液壓衝擊裝置後，由於液壓衝擊波比機械衝擊波平穩，產生的噪音便大大降低了，如圖 6.34 所示。

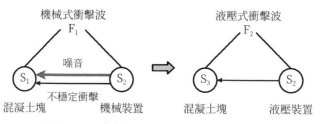

圖 6.34 破碎大型混凝土塊的質－場模型

S2.2.2　加大對工具物質的分割程度向微觀控制轉換

該標準解是透過加大對工具物質 S_2 的分割程度來達到微觀控制，以獲得增強系統功能效應，如圖 6.35 所示。

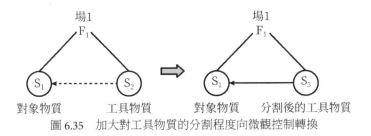

圖 6.35　加大對工具物質的分割程度向微觀控制轉換

在此過程中，固體物質結構進化的路徑如圖 6.36 和圖 6.37 所示，分別為結構上的進化路徑和材料上的進化路徑。隨著進化路徑方向逐級遞增，可以達到逐步增強系統功能的目的。

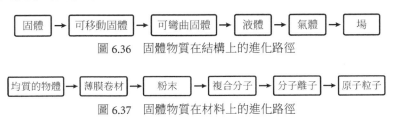

圖 6.36　固體物質在結構上的進化路徑

圖 6.37　固體物質在材料上的進化路徑

實例：「針式」混凝土。用一系列鋼絲代替標準鋼筋混凝土中常用的較粗鋼筋，可以製造出「針式」混凝土。相比於粗鋼筋來講，一束鋼絲不易折斷，能夠提供更強的韌性，其結構能力大大增強，如圖 6.38 所示。

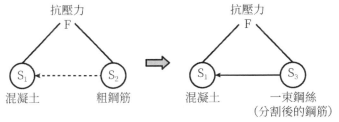

圖 6.38　「針式」混凝土質－場模型

S2.2.3　利用毛細管和多孔結構的物質

　　該標準解是透過改變物質結構，使之成為具有毛細管或多孔的物質，並讓氣體或液體通過這些毛細管或多孔的物質，來獲得系統功能的加強。例如膠水瓶頭一旦改用多孔的海綿狀瓶頭後，就可以明顯的提高膠水塗抹的品質和效率，如圖 6.39 所示。

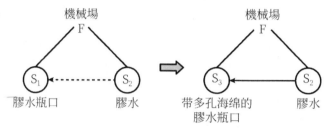

圖 6.39　多孔的海綿狀膠水瓶口的質－場模型

在此過程中，從固體物轉化到毛細管和多孔物質的路徑如圖 6.40 所示。

圖 6.40　從固體物轉化到毛細管和多孔物質的路徑

S2.2.4　提高物質的動態性

　　對於效率低下的系統，其物質是具有剛性的、永久和非彈性的，可透過提高動態化的程度（向更加靈活和更加快速可變的系統結構進化）來改善其效率，如圖 6.41 所示。

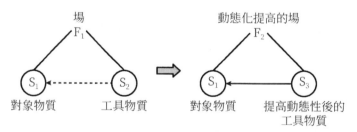

圖 6.41　提高物質的動態性

在此過程中，物體動態性進化的路徑如圖 6.42 所示。

剛體 → 單鉸鍊 → 雙鉸鍊 → 多鉸鍊 → 彈性體 → 液體 → 氣體 → 場

圖 6.42　物體動態性進化路徑

實例：切割技術的動態性進化。切割技術的發展遵循著物體動態性進化的法則。最初的刀具是剛體，到剪刀是單鉸鏈系統，多功能鉗是多鉸鏈系統。進而，向彈性體的進化是一個跨越，產生了線切割機床；後續的切割技術則更加彈性化，包括水切割、雷射切割等。

S2.2.5 構造場

該標準解是利用異質的或可調的、有組織結構的場，來代替同質的或無序結構的場來增強質－場模型，如圖 6.43 所示。

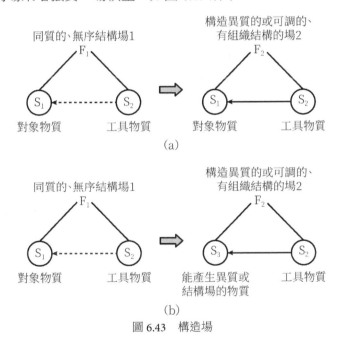

圖 6.43 構造場

實例：有噪音的漁網。海豚看不到漁網，為防止海豚誤入捕魚網，在漁網上添加活性聲波輻射器，並製成塑膠球面或拋物面狀的反射器，用異質場替代同質場，用結構化的場替代非結構化的場，提高聲波定位訊號對海豚的反射，可非常有效的防止海豚觸及漁網，如圖 6.44 所示。

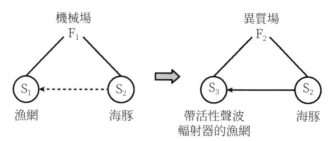

圖 6.44　有噪音的漁網質－場模型

S2.2.6　構造物質

　　該標準解是，利用異質的或有組織結構的物質替代同質的或無序結構的物質，以提高系統的功能效應。

　　實例：橡膠球的製造工藝。確保有一定的圓度是橡膠球製造工藝的重要指標。直接用單一橡膠硫化很難達到要求，因此製造時採用多種材料。即首先要做好一個球芯，它是用粉狀的白堊粉和水經混合乾燥後製成的，然後在其外部敷以橡膠，經硫化後，用一根針頭刺入球體並注射進去一種液體，促使球芯溶解，隨之，液體透過針頭被取走，如圖 6.45 所示。

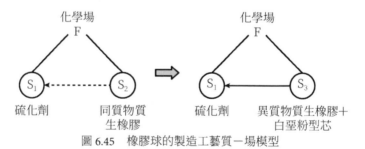

圖 6.45　橡膠球的製造工藝質－場模型

S2.3　利用頻率協調增強質－場模型

S2.3.1　搭配組成質－場模型中的場與物質元素的節奏（或故意不搭配）

　　圖 6.46(a) 為利用原基本質－場模型中的場與物質固有頻率的協調來達到增強的質－場模型。倘若固有頻率協調產生了有害作用，則設置一個與

有害振動源方向相反的振動源物質（引入物質 S_4，其振動頻率與物質 S_1 的振動頻率互為反向），即 F_3 與 F_1 反向，用以消除有害作用，如圖 6.46(b) 所示。

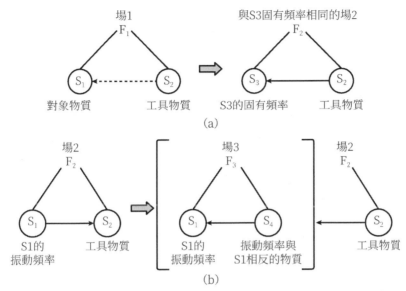

(a)

(b)

圖 6.46　搭配組成質－場模型中的場與物質元素的節奏（或故意不搭配）

實例：用超音波破碎人體內結石。將超音波的頻率調整到結石的固有頻率，使得結石在超音波作用下產生共振，結石就能被震碎，如圖 6.47 所示。

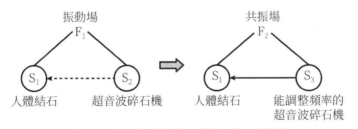

圖 6.47　用超音波破碎人體結石質－場模型

S2.3.2　搭配組成複合質－場模型中的場與場元素的節奏（或故意不搭配）

在使用了兩個場的複合質－場模型中，可利用協調場與場的固有頻率來完成所需的功能或要求的特性，以增強系統的功能效率或可控性。

　　實例：分選磁礦石。在進行分選強磁成分的廢礦石時，為了有效提高分離效果，必須讓堅硬的磁礦石同時置於連續磁場和振動場兩個場的作用下，且磁場的強度與振動頻率必須在搭配的情況下進行分離，如圖 6.48 所示。

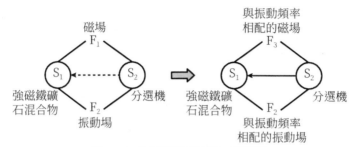

圖 6.48　分選磁礦石的質－場模型

S2.3.3　利用週期性作用

　　如果在系統中，需要完成兩個互不相容或兩個獨立的功能，為了使兩者達到協調，可利用週期性作用，周而復始的在完成其中一個功能的間隙實施並完成另一個功能。

　　實例：接觸式電焊機的銲接與控制。利用高頻脈衝進行銲接的接觸式電焊機，是透過測量熱電動勢的反饋資訊來對銲接工藝進行精確控制的。也就是說，要實現在一個週期內，完成兩個完全不同的功能，例如其中的熱電動勢的測量，是在銲接電流的兩個脈衝的間歇來完成的，如圖 6.49 所示。

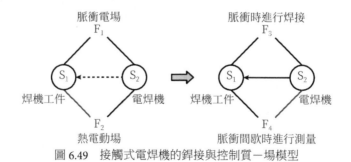

圖 6.49　接觸式電焊機的銲接與控制質－場模型

S2.4　引入磁性附加物增強質－場模型

S2.4.1　引入固體鐵磁物質，建立原鐵磁場模型

原鐵磁場模型為質－場模型和鐵磁場模型的中間步驟，它是透過在質－場模型中引入固體鐵磁物質（磁鐵），建構原鐵磁場模型來增強兩個物質間的有效作用和可控性。注意：這裡的 S_i 必須是鐵磁性物質，否則磁鐵將不會產生作用。

實例：磁懸浮列車。為了提高火車的行駛速度，在軌道與火車之間增加了一個移動磁場。在該磁場的作用下，火車被懸浮在鐵軌上，減少了火車與鐵軌之間的摩擦，提高了運行速度，如圖 6.50 所示。

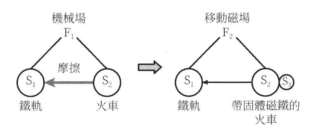

圖 6.50　磁懸浮列車的質－場模型

S2.4.2　引入鐵磁顆粒，建立鐵磁場模型

該標準解是，應用鐵磁顆粒建構鐵磁場模型來替代原質－場模型（或原鐵場模型），或用一個易控場（或增加易控場）來代替可控性差的場，從而提高系統的可控性。鐵磁性碎片、顆粒、細顆粒等統稱為鐵磁顆粒，鐵磁顆粒越細小，其可控性就越強。

實例：提高晶體吸油效果。油輪一旦出現事故，大量的原油就會流入海中，為了及時將原油去除，通常是將疏鬆的晶體拋灑在受汙染的油面上，以此來有效的吸除油汙。但這些晶體顆粒彼此不能相互吸附，因此很容易被風或波浪吹散，極大的影響了晶體的吸附效果。而在晶體中添加磁化顆粒，使晶體之間由無效作用轉換為相互吸附的有效作用，即可抑制油汙面積向外擴散，如圖 6.51 所示。

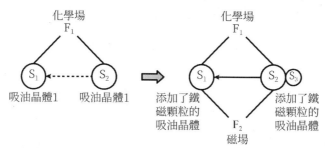

圖 6.51　提高晶體吸油效果的質－場模型

S2.4.3　引入磁性液體

物質包含鐵磁材料的進化路線是：固體物質→顆粒→粉末→液體。系統的控制效率將隨著鐵磁材料的進化路徑而增加。磁性液體是一種含有鐵磁顆粒的膠狀溶液，是鐵磁粒子在汽油、聚矽氧或者水中的膠狀懸浮液，或者是鐵磁粒子以化學方式與聚合物成分結合的膠狀懸浮液。使用磁性液體建構強化的鐵磁場模型是「S2.4.2　引入鐵磁顆粒，建立鐵磁場模型」標準解進化的高階狀態。

實例：廢金屬的分類。廢金屬的分類是個非常複雜的工作，因為金屬的種類繁多，尤其是廢金屬的形狀、尺寸各異，通常很難做到對廢金屬分類既準確又高效。

而使用帶有磁流變或電流變液體的電鍍槽，在大功率的電磁作用下，磁流體的密度會出現可控制的變化，透過變化的磁流體的密度，即可使廢金屬按照自己的質量密度逐個浮出液面，這時人們就可以很容易的在磁流變液體的液面上把它們分門別類的收集起來，如圖 6.52 所示。

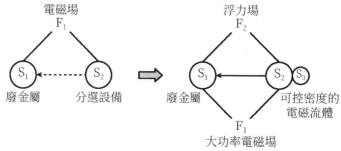

圖 6.52　廢金屬分類的質－場模型

S2.4.4　在鐵磁場模型中應用毛細管（或多孔）結構物質

如果已經存在鐵磁場，但其效率不足，可將固體結構的物質改為毛細管，或多孔結構，或毛細管與多孔一體結構的物質，從而使磁場得到增強。

實例：毛細管多孔一體結構過濾器。普通的過濾器中僅僅包含多孔結構以及磁性粒子，現引入毛細管，打造毛細管多孔一體結構過濾器，可獲得更好的滲透能力以及可控性，如圖 6.53 所示。

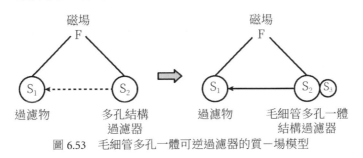

圖 6.53　毛細管多孔一體可逆過濾器的質－場模型

S2.4.5　建立合成的鐵磁場模型

當非磁性物質內部禁止引入鐵磁顆粒時，可以利用非磁性物質的空腔或外部（如塗層）引入具有臨時性的或永久性的磁性附加物，建構內部的或外部合成的鐵磁場模型，以此來提高系統的功能性和可控性。

實例：鋼珠的運輸（珠粒噴擊清理機器）。珠粒噴擊清理機器在運輸鋼珠的過程中，由於鋼珠對其管道的衝擊力較大，特別是在管道的拐彎處造成的磨損很嚴重。替珠粒噴擊清理機器彎管強烈磨損區添加保護層電磁鐵 F_2 後，在磁場的作用下，一部分鋼珠會被吸附在該處管道的內壁，避免了鋼珠與鋼管的直接碰撞，使得珠粒噴擊清理機器的使用壽命延長，如圖 6.54 和圖 6.55 所示。

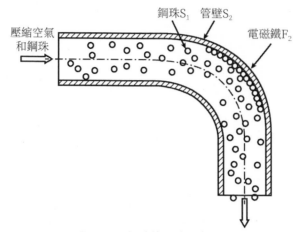

圖 6.54　鋼珠的運輸示意圖

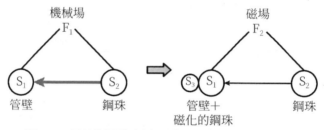

圖 6.55　鋼珠的運輸（珠粒噴擊清理機器）質－場模型

S2.4.6　建立與環境一起的鐵磁場模型

當禁止引入鐵磁顆粒物質，又禁止在物質內部或外部引入磁性附加物時，可將鐵磁粒子（或磁性液體）引入環境，透過改變環境的磁場，來實現系統的有效作用及可控性。

實例：在磁極間移動一個金屬的、無鐵磁性的元件。機械振盪可透過在磁極間移動一個金屬的、無鐵磁性的元件來進行衰減。為減少衰減時間，在磁極和金屬元件的間隙中引入了磁流體。磁場的作用力與振盪振幅成正比，可根據振幅大小進行調整，如圖 6.56 所示。

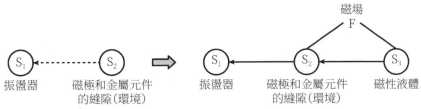

圖 6.56　在磁極間移動一個金屬的、無鐵磁性的元件質－場模型

S2.4.7　利用自然現象或知識效應

該標準解是利用自然現象或知識效應來獲得增強鐵磁場模型的功能及可控性。

可以利用的效應包括物理效應、化學效應和幾何效應三大類。物理效應和化學效應是透過改變作用區域的元素，使系統出現新的功能和特徵；幾何效應是只改變系統的形狀或相對位置，其物理或化學的屬性沒有改變，是解決最簡單的矛盾的方法。

實例：磁共振成像。運用可調諧的振動磁場，探測特定核子的共振頻率，然後將那些核子的中心區域著色成像。由於腫瘤與正常組織的密度不同，在磁共振成像時，透過探測到這部分組織結構的變化，就能得出腫瘤的具體位置。

實例：利用電量電極自動採摘棉花和葡萄。葡萄自動採摘機是配備有一臺能產生 4 ～ 6kV 電壓的小型引擎的曳引機，用一個片狀電極接觸葡萄，另一個電極搭在束縛葡萄的藤上。當電極通電時，由於成熟果柄的電阻比果枝的電阻要小得多，所以果柄易瞬間燒斷，就像短路一樣。讓自動採摘機在成行葡萄架間行駛，成熟、完整的符合商品外觀的葡萄串就會自動落在傳送帶上，傳送到筐或包裝箱中。

S2.4.8　提高鐵磁場模型的動態性

對於由剛性的、永久的和非彈性的穩定結構物質組成的、效率很低的鐵磁場系統，可以透過提高動態化的程度，將物質結構轉化為動態的、可變的或能自我調節的磁場，以此來提高系統的適應性和可控性。

實例：測量無磁性不規則物體的壁厚。物體的壁厚可以用外部的感應換能器與內部的鐵磁物質來測量。但是對於不規則物體的壁厚的測量，放入內部的鐵磁物質必須有所講究：需要用一個表面塗上鐵磁粒子的氣球，放入不規則物體的空腔內，彈性的氣球能充分表現物體空腔的內部形狀。氣球放入物體內部後，能和被測物體的內壁緊密貼合，然後，利用感應式感測器就能準確的測量出該物體的壁厚，如圖 6.57 所示。

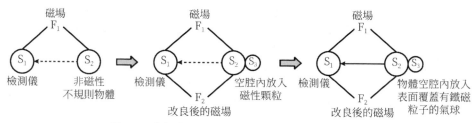

圖 6.57　測量無磁性不規則物體壁厚的質－場模型

S2.4.9　構造場

該標準解是，使用異質的或結構化的鐵磁場替代同質的無組織結構的鐵磁場，來獲得增強鐵磁場模型。

實例：在塑膠表面繪製凸起的圖案。為了讓塑膠墊子的表面形成複雜的圖案，在未凝固的塑膠墊子中混合一些鐵磁微粒，而後用結構性的磁場（借助於雷射光束產生有規律的磁場）拖動鐵磁微粒形成所需要的形狀。這樣當塑膠凝固後，就能在塑膠表層獲得凸起的複雜圖案，如圖 6.58 所示。

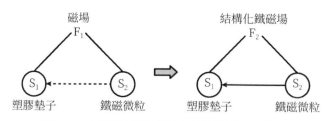

圖 6.58　在塑膠表面繪製凸起圖案的質－場模型

S2.4.10　在鐵磁場模型中搭配節奏

該標準解是，透過搭配組成鐵磁場模型中的場與物質元素的頻率，來

獲得增強原鐵磁場模型或鐵磁場模型。

　　振動原理在實踐中應用很廣。例如：磁場中的振動常被用來分離混合物，以降低粒子間的黏附和改善分離效率；每類原子都有一個共振頻率，可以透過外加磁場強度和共振頻率的改變與原子共振頻率的搭配程度來判斷材料的成分。

　　實例：微波爐的工作原理。通電後微波管與食品中的水分子會產生共振，運用振動產生的熱量來迅速加熱食品，如圖 6.59 所示。

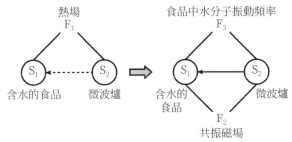

圖 6.59　微波爐的工作原理質－場模型

S2.4.11　引入電流，建立電磁場模型

　　在已存在的基本質－場模型或複合質－場模型中，透過對組成系統的物質或環境引入鐵磁物質或磁場，顯然可以大大提高系統的功能效應和可控性；但是，當禁止引入鐵磁粒子或不易將一個物體進行磁化時，可透過引入電流來產生電磁場，如圖 6.60 所示。

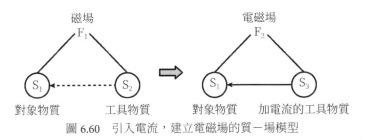

圖 6.60　引入電流，建立電磁場的質－場模型

　　利用電磁場還有一個更重要的優勢是：在沒有電場作用時，不會產生磁場，而且磁場的強度可以透過電流的大小來控制，這樣就可以透過改變電

流來精確的控制磁場的強度。

增強電磁場的進化路徑與鐵磁場相同，為基本電磁場→複雜電磁場→環境電磁場→動態化電磁場→結構化電磁場→節律搭配／失配電磁場。

S2.4.12　利用電流變流體

在汽油、聚矽氧或者水等流體中，需要引入磁性物質，但禁止引入鐵磁粒子的場合，可以引入電流來替代。透過引入電流的大小來改變電場，可以獲得所需要的電磁場，或者控制電流變流體的速度和液體黏度，如圖 6.61 所示。

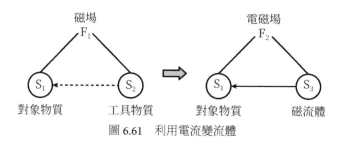

圖 6.61　利用電流變流體

實例：在車輛的減震器中用電流變流體替代標準潤滑油。通常在車輛減震器中用的潤滑油由於車輛機械衝擊力的作用，溫度會升高，潤滑油的黏度也會隨著溫度的上升而提高，導致潤滑效果降低；而改用電流變流體，利用改變電場來控制潤滑油的黏度不發生變化，則可以提高車輛的使用效率和可控性。

6.4.3　第三級：向雙、多級系統或微觀級系統進化的標準解

第三級的標準解是，基於技術系統的進化法則，解決由於結構變化和系統進化產生的技術矛盾和物理矛盾，增加有效功能，增強系統的功能效率、可操作性和可控性。它有兩個子類別，分別是「S3.1 向雙系統或多系統轉換」和「S3.2 向微觀級系統轉換」，如表 6.5 所示。其中，子類別 S3.1 的內涵是，將兩個或多個相同的或不同的系統組合為一個系統，以便在原有基礎上，增加系統的功能和提高系統的功能效率，共有 5 個標準解；子類別

S3.2 的內涵是，將系統中的物質用能在原子、分子、粒子等各種場的作用下實現其功能的物質來替代，以實現系統從宏觀向微觀系統的進化，共有 1 個標準解。

表 6.5　向雙、多級系統或微觀級系統進化的標準解

S3.1　向雙系統或多系統轉換	
S3.1.1	系統轉換 1a：利用組合，創建雙、多級系統
S3.1.2	改進雙、多級系統間的連結
S3.1.3	系統轉換 1b：加大系統元素間的特性差異
S3.1.4	簡化雙、多級系統
S3.1.5	系統轉換 1c：使系統的部分與整體具有相反的特性
S3.2　向微觀級系統轉換	
S3.2.2	利用更易控制的場替代

S3.1　向雙系統或多系統轉換

S3.1.1　系統轉換 1a：利用組合，創建雙、多級系統

該標準解是，將兩個或多個系統組合起來，保持各自的功能，使整體系統的功能獲得增強。

實例：薄片玻璃的加工。當單獨為一片很薄的玻璃進行打磨時很容易使玻璃破裂，如果將薄玻璃堆疊起來（用水做臨時的黏合劑）變成一塊「厚玻璃」後再加工，玻璃的破損率可以明顯降低，如圖 6.62 所示。

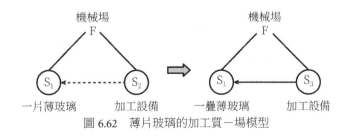
圖 6.62　薄片玻璃的加工質－場模型

S3.1.2　改進雙、多級系統間的連結

經組合（或整合）後形成的雙級系統或多級系統，如果出現缺失或者不

足（難以控制或無法控制），可根據「協調法則」，增加彈性、移動性和可控性，透過改進雙、多系統間的連結來獲得增強系統的可控性。

雙、多系統間的連結方法有剛性連結和彈性連結兩種。舉例來說：當多人移動和安裝沉重的物體時，為了使他們能夠做到同步，將多位安裝工人的手設法用剛性裝置連接起來，是為剛性連結；兩個剛性的船體，透過彈性方式形成雙船體，以使其可調整兩個船體間的距離（提高系統的靈活性），是為彈性連結。

實例：多路電路板的安裝。其設計思路是用多系統替代單一系統，將單一系統的一組導線改編成線束，使得導線的線束占據的空間最小，大大提高了系統的可操作性，同時還為各個電路的維修提供了方便，如圖 6.63 所示。

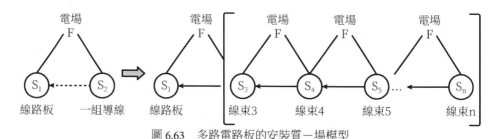

圖 6.63　多路電路板的安裝質－場模型

S3.1.3　系統轉換 1b：加大系統元素間的特性差異

該標準解是透過加大元素間功能特性的差異，然後再進行組合，以獲得雙級系統和多級系統效率的增強。具體來講，系統轉換 1b 的路徑為：相同元素的組合→改變了特性的不同元素的組合→相反元素的組合。其中相反元素的組合是系統轉換的終極狀態，它意味著系統的變化由技術矛盾向物理矛盾的轉換。因此，一旦能完成相反元素的組合，就預示著新一輪的創新產品的誕生。

實例：擴大熱處理爐的使用功能。工廠內設置了數臺形式完全相同的熱處理爐，給各臺爐子以相同方法預設加熱，可獲得經熱處理後的同一種產品。如果替每臺爐子預設不同的加熱方法 S_6、S_7 等，組合後可以獲得多種不

同的產品；如果將其中的一些爐子改為冷卻爐 S_9，則組合後可以實現完全不同的新處理工藝，如圖 6.64 所示。

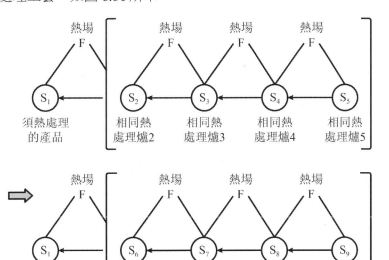

圖 6.64 擴大熱處理爐使用功能的質－場模型

S3.1.4 簡化雙、多級系統

該標準解是對雙、多系統進行的收縮簡化，反映了系統向「提高理想度法則」方向進化。雙、多級系統進行收縮簡化的路徑是，首先減少輔助的子系統和系統元件，進而尋求最終完全的簡化，形成在新的水準上的單一系統。透過對雙、多系統的收縮，可將許多系統的功能集為一體，既簡化了系統又使系統功能獲得增強。

實例：多功能瑞士刀。在一個共用的外殼內裝上數種工具，組成多用工具。功能增加了，體積縮小了，如圖 6.65 所示。

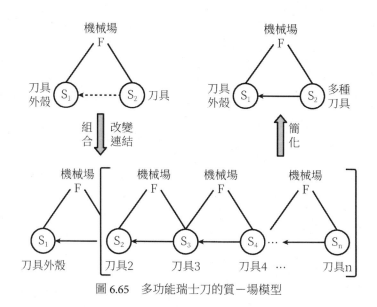

圖 6.65　多功能瑞士刀的質－場模型

S3.1.5　系統轉換 1c：使系統的部分與整體具有相反的特性

該標準解是，分解系統整體與部分間的矛盾特性，使整體系統具有特性 A 的同時，各部分系統具有相反的特性 -A，以增強雙、多系統的功能性，如圖 6.66 所示。

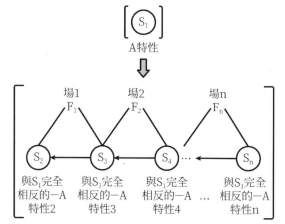

圖 6.66　使系統的部分與整體具有相反的特性

實例：水刀切割。水刀切割是將普通的水經過多級增壓後所產生的高能

量（380MPa）水流，透過一個極細的紅寶石噴嘴（φ0.1 ～ 0.35mm），以近每秒 1 公里的速度噴射，產生切割的作用。在這個系統中，水本身是流動的，柔軟的，而水刀卻是鋒利堅硬，削鐵如泥的。

S3.2 向微觀級系統轉換

S3.2.1 利用更易控制的場替代

該標準解是，將系統中的物質用能在原子、分子、粒子等各種場的作用下實現功能的物質來替代，以實現系統從宏觀向微觀系統的進化。技術系統在其進化的任何階段，向微觀級的躍遷均可以提高其效率。

實例：微型電磁閥。當電流通過微型電磁閥的繞組時，在電磁場的作用下，閥片被提升打開；當切斷電流時，在彈簧力的作用下，閥片下滑關閉。這種類型的微電磁閥價格昂貴，特別是極小型繞組，製造困難，導致使用時易出故障，不太可靠。

這時可採用更易控制的場替代：用形狀記憶合金製作的板代替電磁鐵繞組，並將記憶合金板固定在閥片上，當電流通過時，在溫度場的作用下，合金板被伸長，閥片被打開；當切斷電流時，溫度降低導致合金板收縮，帶動閥片關閉返回原處，如圖 6.67 所示。

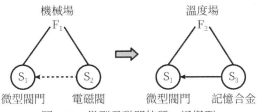

圖 6.67 微型電磁閥的質－場模型

6.4.4 第四級：測量與檢測的標準解

第四級的標準解是專門用於解決有關測量與檢測物體參數的技術系統的標準解。其中，檢測是指檢查某種狀態發生或不發生，測量是指在被分析的現象與量值之間建立相關性，具有量化及精度的功能，既可以測量系

統，也可以測量技術系統的任何部分。

　　一個完整的測量系統，應該包括以下幾方面內容：測量的對象、被測值表現出物質的特性或狀態、測量單位、選用單位校準的測量工具、測量方法、接收測量結果的觀察器或記錄器以及最後的測量結果。

　　按照技術系統的完備性法則和能量傳導法則，能量在最低限度可操作的測量技術系統中，從產品流向感測器。感測器將來自產品的能量轉化為轉化器可處理的形式。轉化器將從感測器－執行結構接收到的能量轉化為可以相應方式進行定性和定量比較的形式，比較結果被作為測量結果傳送到控制裝置。控制裝置產生針對技術系統各元件的控制作用。在系統各元件的操作中進行最低限度的協調是測量技術系統可操作性的必備條件。

　　第四級標準解共有 5 個子級別，分別是「S4.1　利用間接的方法」、「S4.2　建構基本完整的和複合的測量質－場模型」、「S4.3　增強測量質－場模型」、「S4.4　向鐵磁場測量模型轉換」以及「S4.5　測量系統的進化方向」，如表 6.6 所示。其中，子級別 S4.1 的內涵是，檢測或測量結果不能直接獲得，而只能透過迂迴的方式來獲得，共有 3 條標準解。

　　子類別 S4.2 的內涵是，透過建構完整或複合的測量質－場模型，來獲得檢測或測量結果，共有 4 條標準解。

　　子類別 S4.3 的內涵是，利用物理效應的節奏搭配來達到增強測量質－場模型的目的，共有 3 條標準解。

　　子類別 S4.4 的內涵是，將非磁性的質－場測量模型轉化為具有磁性的質－場測量模型，以提高系統測量的靈活性和測量精度，共有 5 條標準解。

　　子類別 S4.5 的內涵是，也即測量系統進化方向的目的是提高測量的效率和精確程度，共有 2 條標準解。

表 6.6　測量與檢測的標準解

S4.1 利用間接的方法	
S4.1.1	以系統的變化來替代檢測或測量
S4.1.2	利用被側對象的複製品

S4.1.3	利用二級檢測來替代
S4.2　建構基本完整的和複合的測量質－場模型	
S4.2.1	建構基本完整的測量質－場模型
S4.2.2	引入附加物，測量附加物所引起的變化
S4.2.3	在環境中引入附加物，建構與環境一起的測量質－場模型
S4.2.4	改變環境，從環境已有的物質中分解需要的附加物
S4.3　增強測量質－場模型	
S4.3.1.	利用物理效應或自然現象
S4.3.2.	利用系統整體或部分的共振頻率
S4.3.3.	連接已知特性的附加物後，利用其共振頻率
S4.4　向鐵磁場測量模型轉換	
S4.4.1	建構原鐵磁場測量模型
S4.4.2	建構鐵磁場測量模型
S4.4.3	建構複合鐵磁場測量模型
S4.4.4	建構與環境一起的鐵磁場測量模型
S4.4.5	利用與磁場有關的物理效應或自然現象
S4.5　測量系統的進化方向	
S4.5.1	向雙、多級測量系統轉換
S4.5.2	向測量一級或二級派生物轉換

S4.1　利用間接的方法

S4.1.1　以系統的變化來替代檢測或測量

該標準解是透過改變系統的方法來代替檢測或測量，使檢測或測量不再需要。

實例：控制有機混合物的分離過程。為了使控制分餾器正常的工作，必須保持分餾器內有機溶劑混合物的溫度在要求的 95℃～ 100℃。傳統方法是採用電加熱的方法來控制分餾器的工作溫度，其利用溫度感測器來控制有機混合物溫度的測量系統是必不可少的。但是，如果改變系統，將分餾器改成套筒式的，即在分餾器外加設一個水套，只要讓水套內的水始終保持在沸騰狀態，帶有感測器的測量系統就可以取消了，如圖 6.68 所示。

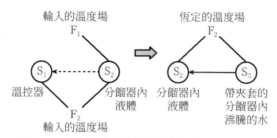

圖 6.68 控制有機混合物的分離過程質－場模型

S4.1.2 利用被測對象的複製品

該標準解是，採用測量被測對象的複製品、圖片或圖像來替代對被測對象本身的直接測量。對難以測量的物體（如軟物體或具有不規則表面的物體），通常較多使用這種測量方法，如圖 6.69 所示。

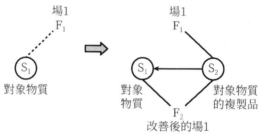

圖 6.69 利用被測對象的複製品的質－場模型

實例：高爐內鐵水溫度的測量。鐵水的溫度很高，人們一般不直接測量，而是利用光學高溫計，透過接收器測量物體在高溫計透鏡上所形成的圖像，然後根據該圖像輸出的亮度，經對比即可得知鐵水的溫度，如圖 6.70 所示。

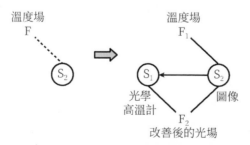

圖 6.70 高爐內鐵水溫度的測量質－場模型

S4.1.3　利用二級檢測來替代

如果無法用 S4.1.1 或 S4.1.2 標準解法進行間接測量，可採用分解為二級測量的方法來完成對某物質的檢測。

實例：進行加工過程中使用的量規。為測量軸徑，通常預先做好量規（其上有間距為 0.01mm 的許多圓孔），這樣測量的軸徑問題就變為在量規上檢測能否通過的問題。製造量規時的測量是一級測量，對照量規的測量是二級測量，如圖 6.71 所示。

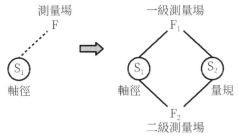

圖 6.71　進行加工過程中使用的量規質－場模型

S4.2　建構基本完整的和複合的測量質－場模型

S4.2.1　建構基本完整的測量質－場模型

測量質－場模型與質－場模型的差別在於：一個基本完整的測量質－場模型，必須是在它的輸出端載有被測對象資訊參數的輸出場。如果原有的場是無效的或不充分的，則必須在不影響原系統的情況下改變或引入另一個增強場，該改變的新場或增強場的輸出場應當有一個容易檢測的參數，且此參數與所需測量的參數是相關的。

實例：檢測液體開始沸騰的瞬間。如果利用溫度場來進行測量液體是否沸騰顯然是無效的，因為液體在開始沸騰的瞬間，溫度並不會發生變化，不發生變化的參數輸出場，進行測量也就不可能。此時引入電流，讓電流通過液體，由於在液體開始沸騰的瞬間會出現氣泡，因此隨氣泡的出現即可相應的測得所驟變的輸出電阻，如圖 6.72 所示。

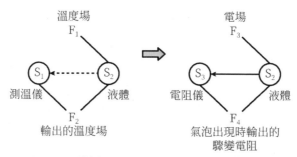

圖 6.72　檢測液體開始沸騰的瞬間質－場模型

　　實例：汽車擋風玻璃上的自動雨刷。透過輻射光檢測器，記錄汽車擋風玻璃上的水滴在半導體雷射束的作用下，造成的電磁輻射散射的強度來自動啟動雨刷。當無水滴時，雷射束不能到達光檢測器；當玻璃上出現水滴時，水滴將雷射束部分散射，光檢測器記錄下以特定角度散射的輻射，生成光散射輸出訊號 F_3 傳送至雨刷的控制系統，雨刷即可投入運行，如圖 6.73 所示。

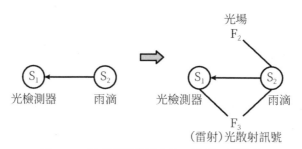

圖 6.73　汽車擋風玻璃上的雨刷質－場模型

S4.2.2　引入附加物，測量附加物所引起的變化

　　對難以測量和檢測的系統或部件，引入易檢測的附加物 S_3，形成內部或外部合成的測量質－場模型，檢測或測量該合成附加物的變化。

　　實例：生物標本在顯微鏡下的測量。生物標本在顯微鏡下可以觀察到其內部結構，但細微的差別很難區分和測量，而在標本中添加化學染色劑，就能觀察到標本結構間的細微差別，如圖 6.74 所示。

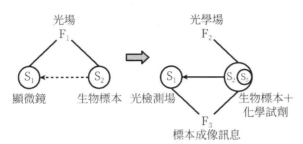

圖 6.74 生物標本在顯微鏡下的測量質-場模型

S4.2.3 在環境中引入附加物，建構與環境一起的測量質-場模型

當系統中禁止引入附加物時，可將易產生檢測和測量的附加物引入環境中，透過測量環境狀態的變化來獲得有關對象狀態變化的資訊。

實例：檢測內燃機內部磨損情況。檢測內燃機的磨損情況，就是要測量引擎被磨損掉的金屬表層。磨損的金屬表層以顆粒形式混在引擎的潤滑油中，潤滑油被看作是環境。在潤滑油中加入螢光粉，金屬顆粒會吸收螢光粉，這樣透過測量螢光粉量的變化就可以得出被磨損的金屬量，如圖 6.75 所示。

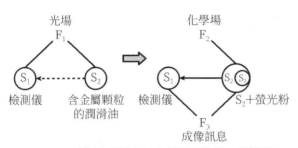

圖 6.75 檢測內燃機內部磨損情況的質-場模型

S4.2.4 改變環境，從環境已有的物質中分解需要的附加物

為了檢測和測量的需求，有的系統需要引入附加物，但是，該系統又禁止引入附加物。當系統的環境中也禁止引入附加物時，就可以透過分解或改變環境中已經存在的物體來創造附加物，並測量這些附加物對系統的影響。改變環境經常使用的方法有透過電解、氣穴現象或其他相變的方法來獲得氣體、水蒸氣或泡沫等形式的附加物。

　　實例：粒子運動的研究。在氣泡室中，利用相變產生低於沸點及壓力的液態氫，當能量粒子穿過時，可使局部沸騰，形成氣泡路徑。該路徑可以被拍照，用於研究流體粒子的運動特性，如圖 6.76 所示。

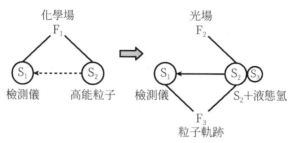

圖 6.76　粒子運動的研究質－場模型

S4.3　增強測量質－場模型

S4.3.1　利用物理效應或自然現象

　　該標準解是透過觀察系統中已經出現的物理效應來測量和確定系統的狀態。

　　實例：利用熱傳導效應測量物體溫度。液體的熱傳導率會隨液體溫度的改變而改變，因而液體的溫度可以透過測量液體熱傳導率的變化來確定，如圖 6.77 所示。

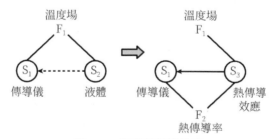

圖 6.77　利用熱傳導效應

S4.3.2　利用系統整體或部分的共振頻率

　　當需要直接改變系統或透過場來改變系統時，可以透過測量系統或部分系統的共振頻率來完成。由於系統中的變化會導致共振頻率的變化，透

過測量共振頻率的變化也就獲得了系統變化的資訊。

例如:可以透過測量儲水罐的共振頻率,確定儲水罐中水的重量;透過測量兩個線軸之間一段線的共振頻率,確定正在線軸上纏繞的線的重量;利用核磁共振技術測量煤層孔隙結構,如圖 6.78 所示。

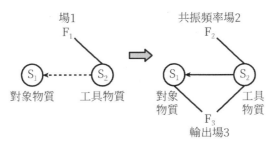

圖 6.78 利用系統整體或部分的共振頻率

S4.3.3 連接已知特性的附加物後,利用其共振頻率

當不能直接檢測或測量系統中的變化,又不能在系統中或部分系統中透過共振頻率的測量來完成時,可以連接已知特性的附加物,然後透過測量共振頻率來獲得所需要的測量資訊。

實例:未知物體電容的測量。不直接測量物體的電容,而是將該未知電容的物體插入已知感應係數的電路中,然後改變電壓的頻率,透過測定該組合電路的共振頻率,計算出物體的電容,如圖 6.79 所示。

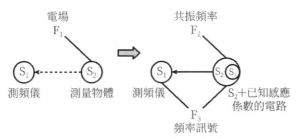

圖 6.79 未知物體電容的測量質-場模型

S4.4 向鐵磁場測量模型轉換

S4.4.1 建構原鐵磁場測量模型

為便於測量，在非磁性系統內引入固體磁鐵，可將非磁性的測量質－場模型轉換為包含磁性物質和磁場的原鐵磁場測量模型。利用固體磁鐵形成的原鐵磁場模型通常只能在局部產生磁場，而不是分布在系統的各個部分。

實例：統計在十字路口等待的車輛數。在十字路口內，設置含有鐵磁部件的感測器，即可方便的統計透過在紅綠燈控制下等待的車輛數，如圖 6.80 所示。

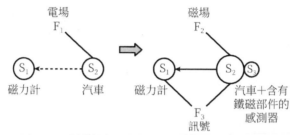

圖 6.80　統計在十字路口等待的車輛數質－場模型

S4.4.2　建構鐵磁場測量模型

如果為提高系統測量的可控性，需要讓系統的各個部分都具有磁的效應，則必須在系統中加入鐵磁粒子，或用含鐵磁粒子的物質來代替原系統中的一個物質，使系統由質－場測量模型或原鐵磁場測量模型向鐵磁場測量模型轉換。這樣透過檢測和測量磁場的作用，就可得到需要的資訊。鐵磁場測量模型與原鐵磁場測量模型磁場不同，鐵磁場的磁性物質或者鐵磁粒子在物質（S_1, S_2）的體積內各部分均有分布。

實例：鑑別貨幣的真假。將鐵磁粒子混合在特定的顏料中，並將顏料印在貨幣上，這樣在判別貨幣真假時，將磁場作用在貨幣上，透過鐵磁粒子就能確定貨幣的真假，如圖 6.81 所示。

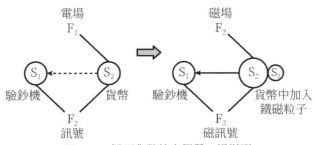

圖 6.81　鑑別貨幣的真假質－場模型

S4.4.3　建構複合鐵磁場測量模型

為了提高系統檢測或測量的效率，有時需要向鐵磁場測量模型轉化，但是，當不能向系統中的物質直接引入鐵磁粒子時，可透過向系統的內部或外部（物質表面）引入帶磁性粒子的附加物來建構合成的鐵磁場測量模型。

實例：控制加壓液體對地層的破壞程度。運用水力壓裂技術（hydraulic fracturing，又稱水力劈裂、水力裂解技術）開採天然氣和頁岩氣的時候，需要先測量原地的主應力，為後續灌入高壓液體開採氣田提供指導。在測量時首先取一段基岩裸露的鑽孔，用封隔器將上下兩端密封起來；然後注入液體，並在液體中加入鐵磁粉，加壓直到孔壁破裂，根據磁場資訊變化記錄壓力隨時間的變化，並用印模器或井下電視觀測破裂方位。根據紀錄的破裂壓力、關泵壓力和破裂方位，利用相應的公式計算出原地應力的大小和方向。鐵磁粉的加入可以實現對地層破壞程度的有效控制和測量，如圖 6.82 所示。

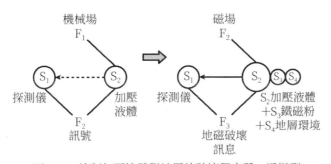

圖 6.82　控制加壓液體對地層的破壞程度質－場模型

S4.4.4　建構與環境一起的鐵磁場測量模型

為了提高系統檢測或測量的效率，需要向鐵磁場測量模型轉換。但是，如果系統不允許引入鐵磁物質，既禁止直接引入鐵磁粒子，又不允許向系統的內部或外部（物質表面）引入帶磁性粒子的附加物，此時可將含鐵磁粒子的磁性物質引入與系統相連結的環境中，建構與環境一起的測量鐵磁場模型，透過對環境磁場的檢測和測量來得到需要的資訊。

實例：研究船在水中行駛時波的形成過程。當船體從水中駛過時，會形成波浪。研究船在水中行駛時波的形成過程，不採用指示器，而是向環境（水）中釋放鐵磁粒子，用鐵磁粒子代替指示器。在光學場作用下對水中的鐵磁粒子分布進行追蹤拍照（或者曝光在螢幕上），透過研究鐵磁粒子的運動即可研究波浪的特性，如圖 6.83 所示。

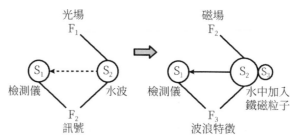

圖 6.83　研究船在水中行駛時波的形成過程的質－場模型

S4.4.5　利用與磁場有關的物理效應或自然現象

該標準解是利用與磁場有關的物理效應或自然現象以提高系統檢測與測量的可控性和準確性。例如應用居禮效應、磁滯現象、超導現象，霍普金森效應、巴克豪森效應、霍爾效應、超導性等自然現象或物理效應來測量。

實例：應用居禮效應。液位探測儀通常由容器內的磁鐵和容器外的磁敏感接點組成。為增加探測儀的可靠性，可將磁鐵旋緊在磁敏感接點的平面上，並用居禮點低於液體溫度的磁性材料覆蓋。其運用的物理效應是，液體的溫度高於磁性材料的居禮點，浸入後磁性材料即發生二級相變成為順

磁體，順磁體的特性是其磁場很容易隨周圍的磁場變化而變化，從而提高了探測儀的敏感度和可靠性，如圖 6.84 所示。

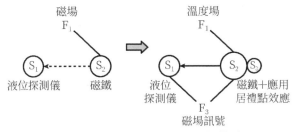

圖 6.84　應用居禮點效應質－場模型

S4.5　測量系統的進化方向

S4.5.1　向雙、多級測量系統轉換

如果單一的測量系統不夠精確，就應使用兩個或多個測量系統。對一個測量對象可透過兩個或多個感測器來獲取被測對象的兩個或多個資訊。由於接收到的資訊增多，測量的精確度顯然可以獲得提高。如驗光師在替人們驗光時，使用一系列的儀器測量遠處聚焦、近處聚焦、視網膜整體的一致性等多項指標，而不只是測一項。

實例：測量滑水者跳躍距離。為測量滑水者的跳躍距離，在水面和水下各放置一個麥克風，兩個麥克風接收訊號的時間間隔與滑水者的跳躍距離成正比，由此可計算出滑水者的跳躍距離，如圖 6.85 所示。

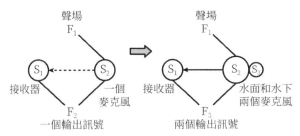

圖 6.85　測量滑水者跳躍距離的質－場模型

S4.5.2　向測量一級或二級派生物轉換

　　測量系統為了獲得所需要的某參數資訊，不是直接測量該資訊的參數，而是轉向測量該資訊參數的一級或二級派生參數，用測量資訊參數的一級或二級派生參數的儀器 S_3 來替代直接測量資訊參數的儀器 S_1，測量精度將會隨著測量派生路徑的逐漸轉換而有所提高。

　　實例：測量物體的位移。測量物體的位移可以用直接測量位移長度的方法。但如果用測量速度或加速度來替代位移的測量，速度和加速度就是位移派生的二級派生物，由於速度與長度是平方根關係，測量的精度因此就會得到提高，如圖 6.86 所示。

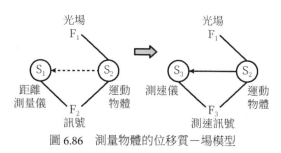

圖 6.86　測量物體的位移質－場模型

6.4.5　第五級：簡化與改善策略的標準解

　　第五級的標準解專注於對系統的簡化，引導人們如何使系統不會增加任何新的東西，或者即使在引入新的物質或新場的情況下，也不會使系統複雜化。它有 5 個子類別，分別是「S5.1　引入物質」、「S5.2　引入場」、「S5.3　利用相變」、「S5.4　利用物理效應或自然現象」以及「S5.5　產生物質粒子的更高或更低形式」，如表 6.7 所示。

表 6.7　簡化與改善策略的標準解

S5.1 引入物質	
S5.1.1	間接方法引入物質（包含 9 個子項）
S5.1.1.1	利用「虛無物質」（如空洞、空間、空氣、真空、氣泡等）替代實物
S5.1.1.2	用引入一個場來替代引入物質
S5.1.1.3	引入外部附加物替代內部附加物
S5.1.1.4	引入小劑量活性附加物

S5.1.1.5	在特定區域（物質的個別部分）引入小劑量活性附加物
S5.1.1.6	臨時引入附加物
S5.1.1.7	利用模型或複製品替代實物，允許其中再引入附加物
S5.1.1.8	引入經分解能生成所需附加物的化合物
S5.1.1.9	引入環境或物體本身經分解能獲得所需的附加物
S5.1.2	將物質分割成若干更小的單元
S5.1.3	應用能「自消失」的附加物
S5.1.4	利用可膨脹結構，以獲得向環境中引入空氣、泡沫等大量附加物的需求
S5.2　引入場	
S5.2.1	利用系統中已存在的場
S5.2.2	利用環境中已存在的場
S5.2.3	利用場源物質
S5.3　利用相變	
S5.3.1	相變 1：改變相態
S5.3.2	相變 2：在變化的環境作用下，物質能由一種狀態轉變為另一種狀態
S5.3.3	相變 3：利用伴隨相變過程中發生的自然現象或物理效應
S5.3.4	相變 4：利用雙相態物質替代
S5.3.5	利用物理與化學作用
S5.4　利用物理效應或自然現象	
S5.4.1	利用由「自控制」能實現相變的物質
S5.4.2	增強輸出場
S5.5　產生物質粒子的更高或更低形式	
S5.5.1	透過分解獲得物質粒子
S5.5.2	透過合成獲得物質粒子
S5.5.3	綜合運用 S5.5.1 和 S5.5.2 獲得物質粒子

S5.1　引入物質

S5.1.1　間接方法引入物質

如果系統需要引入新的物質，然而工作狀態又不允許為系統引入新物質時，可以透過其他途徑，也即以下介紹的 9 個標準解所提供的間接方法來引入物質。

S5.1.1.1　利用「虛無物質」（如空洞、空間、空氣、真空、氣泡等）替

代實物

如果有必要向系統物質內部引入附加物，但所有有形的物質都受到禁止或是有害時，就使用諸如空氣等「虛無物質」（如空洞、空間、空氣、真空、氣泡等）代替實物作為附加物引入。

實例：防止跳水運動員受傷。在訓練中，為了防止跳水運動員入水時造成傷害，教練會踩下腳踏板，讓壓縮氣瓶中的空氣透過安裝在水池底部多孔的管道湧出，使水池內的水變成充滿氣泡的「軟水」，如圖 6.87 所示。

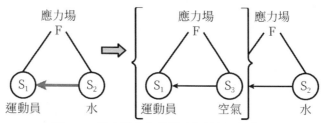

圖 6.87 防止跳水運動員受傷的質－場模型

S5.1.1.2 引入一個場來替代引入物質

實例：氣流的過濾。為了提高過濾器的過濾效果，在壓力場的作用下，再引入第二個場（電場），在電流的作用下，使固體雜物聚集，顆粒增大而保留在過濾器中，如圖 6.88 所示。

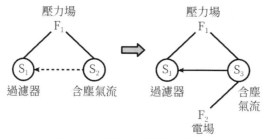

圖 6.88 氣流的過濾質－場模型

S5.1.1.3 引入外部附加物替代內部附加物

如果有必要在系統中引入一種物質，然而從系統內部引入物質不允許或不可能時，就在其外部引入附加物。

實例：有效防護維修高壓設備工作人員觸電。當維修高壓輸電線路時，有時會出現這樣的意外：一個工人沒看見正在作業的人就合閘，造成嚴重傷人事故。有效的防觸電方法是不能讓現有的交變電場對人直接產生作用。引入含磁性粒子的物質，做成手鐲，把它佩戴在正在從事高壓設備維修的人員手上，利用獲得的電流來控制人的肌肉，一旦出現電流，肌肉就會收縮，手臂會自動遠離有危險的高壓源，如圖 6.89 所示。

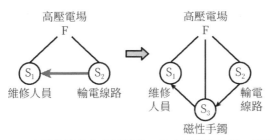

圖 6.89　有效防護維修高壓設備工作人員觸電的質－場模型

S5.1.1.4　引入小劑量活性附加物

實例：降低拉伸管材的摩擦力。為降低拉伸管材的摩擦力，在潤滑劑中加入了 0.2%～ 0.8%的聚甲基丙烯酸酯，使得潤滑劑在高負荷、高溫條件下也能保持良好的潤滑效果，減少了摩擦力，如圖 6.90 所示。

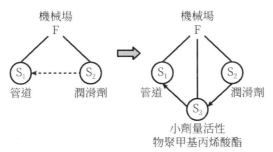

圖 6.90　降低拉伸管材的摩擦力質－場模型

S5.1.1.5　在特定區域（物質的個別部分）引入小劑量活性附加物

在系統的特定區域（物質的個別部分）引入小劑量活性附加物，是為了在需要最大作用的區域透過引入的小劑量活性附加物，來生成局部的強化

場。例如在兩個需要銲接的部件間加入可以發出高熱量的銲接劑；化學去汙劑只需抹在衣服有汙垢的地方；為了避免藥物對身體的健康造成嚴重負面影響，將藥物標靶到病灶位置等等。

實例：製作銅板壓花。在製作銅板壓花時，畫家先在薄銅板上勾畫出彩畫，再把銅板放到橡膠砧板上，然後用噴槍把火藥噴到需要壓花的地方，引爆火藥，增強的熱作用場形成銅板壓花，如圖 6.91 所示。

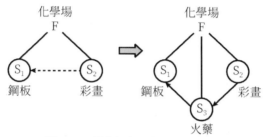

圖 6.91 製作銅板壓花質－場模型

S5.1.1.6 臨時引入附加物

實例：檢測人體內臟。為了檢測人體的內臟情況，而又不能對人體造成過多的傷害，可臨時的（一段最短時間）引入添加物——放射性同位素，檢測完畢後立即除去。類似的還有血管造影技術，這是一種介入性的輔助檢查技術，顯影劑被注入血管裡，因為 X 光無法穿透顯影劑，因此可以準確的顯示出血管病變的部位和程度，如圖 6.92 所示。

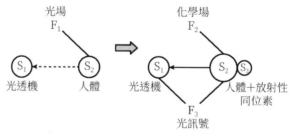

圖 6.92 檢測人體內臟的質－場模型

S5.1.1.7 利用模型或複製品替代實物，允許其中再引入附加物

如果原系統中禁止加入附加物，可運用原件的複製品或模型，將附加

物引入複製品中。

實例：快速修復螺栓鬆動了的鐵軌枕木。為快速修復螺栓鬆動了的鐵軌枕木，傳統方法是將枕木撤下修復後再重新裝上。這需要大量維修資金，由此導致的火車運行時刻的變更也會造成很大損失。澳洲曾發明過無須更換枕木的維修方法，即直接在現場擴孔：將原孔經清洗後，塗上環氧樹脂，並釘入木栓，待膠凝固後，在上面重新鑽螺栓孔。但整個過程還是需要至少半個小時。

這個問題的關鍵在於如何使螺栓孔恢復成原來未鬆動時的樣子，一種簡便的方法是引入木質的附加物「複製」出最初的未鬆動時的螺栓孔：即利用木頭吸水膨脹的特性，事先準備好錐形的木栓毛坯，並將它擠壓成圓柱形，經晾乾後待用。維修時，把圓柱體按原來的錐形體底部朝下，插入枕木的維修孔中，澆上水，木栓膨脹，木栓毛坯即會以相當於數噸的力量嵌入枕木，然後在插入的木栓上鑽螺栓孔，以此來緊固枕木。整個過程只需要5分鐘，大大提高了效率，如圖6.93所示。

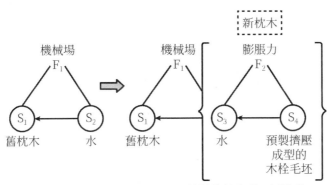

圖6.93　快速修復被鬆動了螺栓的鐵軌枕木質－場模型

S5.1.1.8　引入經分解能生成所需附加物的化合物

實例：賽車用的助燃劑。為了獲得更高的能量，賽車使用的是化合物N_2O，而不是空氣中的O_2作為助燃氣，因為N_2O燃燒時比空氣中O_2燃燒時放出的熱量要大得多，如圖6.94所示。

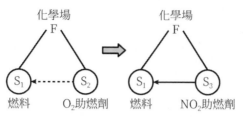

圖 6.94　賽車用助燃劑的質－場模型

S5.1.1.9　引入環境或物體本身經分解能獲得所需的附加物

該標準解是，引入由分解（或電解）系統環境或系統物質本身由相變生成所需的附加物，包括極少系統元素和環境的聚合狀態的變化。

實例：加強對水的消毒。臭氧對微生物有較強的殺傷力。將環境物質（空氣）進行分解獲得的臭氧引入水中，可加強對水的消毒作用，如圖 6.95 所示。

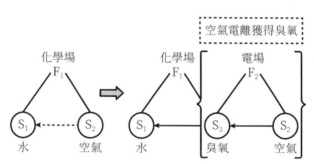

圖 6.95　加強對水的消毒質－場模型

S5.1.2　將物質分割成若干更小的單元

如果系統不可改變，又不允許改變工具，也禁止引入附加物時，可將物質分割為更小的單元（特別是在微粒流中，可以將微粒流分成同樣和不同樣兩部分電荷），利用這些更小單元間的相互作用來代替工具物質，獲得增強的系統功能，如圖 6.96 所示。

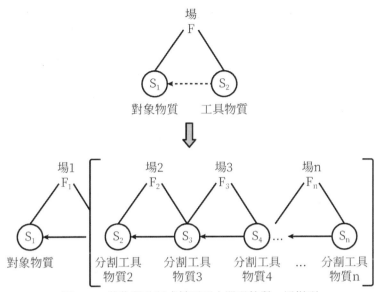

圖 6.96　將物質分割成若干更小單元的質－場模型

S5.1.3　應用能「自消失」的附加物

利用能「自消失」的附加物，就是當引入的添加物一旦完成其所需的功能後，能在系統或環境中自行消失，或變成與系統中相同的物質存在。

實例：射擊用的飛碟。射擊場上被打碎的飛碟殘片對靶場會產生有害作用，如果收集殘片，則難度大，易收集不乾淨，日積月累會汙染靶場；如果不收集，則靶場的垃圾很快會超出可以承受的範圍。而用冰來做成飛碟，由於冰殘片會自我消失，因而對土地無害，如圖 6.97 所示。

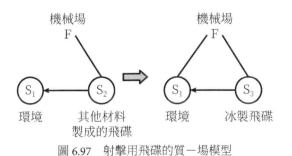

圖 6.97　射擊用飛碟的質－場模型

S5.1.4　利用可膨脹結構，以獲得向環境中引入空氣、泡沫等大量附加物的需求

如果環境不允許引入某種大量的材料，可使用對環境無影響的充氣或泡沫等可膨脹結構作為添加物，來實現系統的功能。其中，應用充氣結構屬於宏觀級的標準解；應用泡沫屬於微觀級的標準解。

實例：移動空難後的飛機。要移走空難後的飛機，可將充氣結構（龐大的充氣墊）放在機翼下面，經充氣後，大量空氣產生的浮力能將飛機抬起來，這樣運輸車就可以進入到充氣結構的下面，飛機就能順利的被移動了，如圖 6.98 所示。

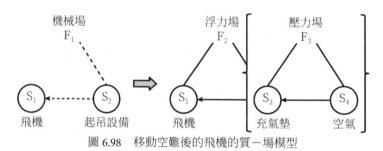

圖 6.98　移動空難後的飛機的質－場模型

實例：滅火。為切斷火焰，可將火焰處於大量的泡沫之中，如圖 6.99 所示。

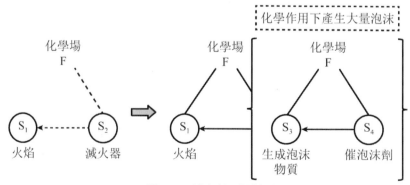

圖 6.99　滅火質－場模型

S5.2　引入場

S5.2.1　利用系統中已存在的場

該標準解是，當需要向系統引入一個場時，使用系統中已經存在的場，場的載體就是系統中包含的物質。

實例：檢測兩物體之間的磨損。欲要測量兩物體在機械場的作用下運動產生摩擦受損的情況時，由於物體在運動過程中產生摩擦力的同時會產生溫度場，因此，可透過感測器測量兩物體的溫度來達到目的，如圖 6.100 所示。

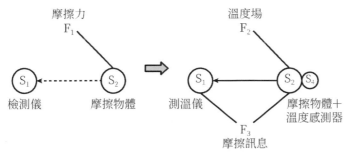

圖 6.100　檢測兩物體之間的磨損質－場模型

S5.2.2　利用環境中已存在的場

當需要向系統引入一個場，而系統所含有的載體中不存在可以引入的場時，考慮應用環境中已存在的場。在自然環境中存在著取之不盡的可利用的場。

實例：太陽能計算機。計算機可以使用光電池代替普通電池。使用光電池充分利用了環境中的太陽能（輻射場），也令計算機免除了換電池的麻煩。

實例：核材料的測量。北京清華大學的研究人員葉瑾、岳騫等於 2007 年發表了〈宇宙線輻射成像技術在重核材料檢測方面的應用〉一文，是引入環境中已存在的場的典型案例。文中介紹，宇宙線輻射成像技術對於重核材料的檢測和成像方面，和傳統的 X 射線衰減成像法相比，具有對重核材

料靈敏，穿透能力強，輻射源天然存在等方面的優點，在海關、機場或其他相關單位的重核材料走私或非法運輸的監控方面具有不可替代的優勢，如圖 6.101 所示。

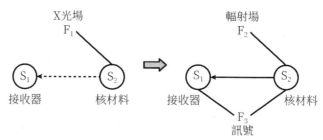

圖 6.101　核材料的測量質－場模型

S5.2.3　利用場源物質

如果必須在系統中引入一個場，並且根據標準解 S5.2.1 和 S5.2.2 不可能做到時，就應在局部引入能生成場的物質，以補償在最小作用下的不足部分，從而使系統在局部獲得了所需要的最大作用力，提高了系統的功能效率或為系統獲得附加的效應。

實例：高空的風力發電站。風力發電站機件的高度提升，其功率可以增加多倍，但隨之而來的問題是，高空運動物體（包括電纜等）的支撐以及高空的低溫會導致運動機件的摩擦增大，導致嚴重影響機件的使用壽命。

在俄羅斯的風力發電站中，最有效的方法是借助充氣的氣囊把風力電站和電纜分別升起，氣囊的形狀像風箏，以抵償電站、電纜和繩索的重量，保持整個構件不會移動和墜落，如圖 6.102 所示。

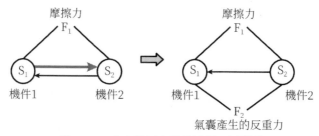

圖 6.102　高空的風力發電站質－場模型

S5.3　利用相變

S5.3.1　相變 1：改變相態

該標準解是，利用在變化的溫度（或壓力）條件下，物質會在氣、液或固三種相態發生轉換這一特性，透過改變整體或一部分系統的相態，來提高系統功能的有效性。

實例：潛水員的水下呼吸器。為解決潛水員能較長時間停留在水中的問題，氧氣瓶中的氧為液態氧。液態氧經減壓後，成為氣態氧供潛水員使用。利用氧氣由液態轉換為氣態的相變來滿足對氧氣的大量供應，如圖 6.103 所示。

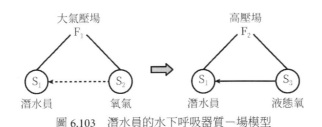

圖 6.103　潛水員的水下呼吸器質－場模型

S5.3.2　相變 2：在變化的環境作用下，物質能由一種狀態轉變為另一種狀態

該標準解是透過工作環境的改變來實現物質雙重相態的動態化轉換。

實例：能自動調節熱交換器面積的瓣形物。熱交換器上裝有緊貼於其表面的由鈦鎳合金製成的瓣形物，它是具有形狀記憶功能的物質，當溫度升高時，瓣形物會伸展開來，增大冷卻面積；當溫度降低時，瓣形物會收縮，以減小冷卻面積，如圖 6.104 所示。

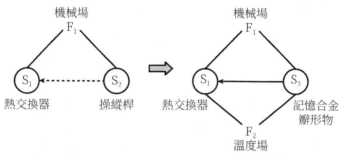

圖 6.104　能自動調節熱交換器面積的瓣形物質－場模型

S5.3.3　相變 3：利用伴隨相變過程中發生的自然現象或物理效應

該標準解是應用伴隨相變過程中的現象來加強系統的有效作用。

實例：超導絕緣開關。當超導體達到零電阻時，就變成了一種非常好的熱絕緣體，利用這個特性，可將超導體製成熱絕緣開關，作為隔絕低溫設備的熱轉換裝置。

S5.3.4　相變 4：利用雙相態物質替代

該標準解是利用雙相態物質替代單相態物質，以實現系統特性或使系統由單一特性向雙特性轉換，如圖 6.105 所示。

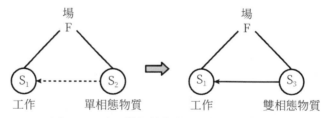

圖 6.105　利用雙相態物質替代的質－場模型

實例：高效拋光。對產品進行拋光的工作介質不是單一的鐵磁研磨顆粒，而是由液體（熔化的鉛）和鐵磁研磨顆粒雙相態物質組成，以使滿足高精度的拋光要求。

S5.3.5　利用物理與化學作用

該標準解是，利用分解、合成、電離－再合成等物理和化學作用，獲

得物質的產生或消失，以此來實現提高系統功能的有效性或替系統附加新的功能。

實例：經氨水浸泡的木材。可以提高木材的可塑性（柔性和彈性）。氨水是利用銨鹽溶化而成的。

S5.4 利用物理效應或自然現象

S5.4.1 利用由「自控制」能實現相變的物質

由「自控制」能實現相變的物質是指，該物質本身能夠隨著工作環境的改變，自動的實現相變，能有效而可靠的、週期性的存在於不同物理狀態中。

實例：血管修復術。施行血管手術必須在血管內部或外部安裝支撐假體（管或螺旋線）。這種支撐假體必須在便於手術的初始狀態下，自動形成所需的工作狀態：手術時的支撐假體不能太大，以便輕易的裝入到血管內；手術後，假體應該變得略大一些，以便留在血管內形成很好的支撐作用。

此時可利用形狀記憶合金製造血管支撐假體，在 0℃ 左右被扭絞成最小的截面以便插入人體血管；一旦進入人體後，受人體體溫的影響，支撐假體受熱自動擴大到需要的尺寸，如圖 6.106 所示。

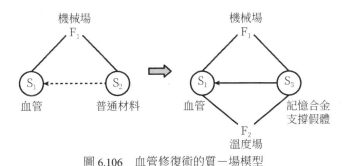

圖 6.106 血管修復術的質－場模型

S5.4.2 增強輸出場

如果要求在弱感應下獲得強作用，就必須增強輸出場。輸入場產生觸發器的作用，利用聚集在物質中接近臨界狀態的能量，透過物質轉換器促

使感應，就像「扣扳機」一樣來工作，使系統的輸出場得到增強。真空管、繼電器、電晶體都是利用小電流達到控制大電流的目的。

實例：測試密閉空氣物體的密封性。測試密封的一種方法是，將物體浸在液體中，同時保持液體上的壓力小於物體中的壓力，此時密封破裂的地方就會顯現氣泡。將液體進行加熱，促使輸出場得到增強，即可以提高測試的可視性。

S5.5　產生物質粒子的更高或更低形式

S5.5.1　透過分解獲得物質粒子

如果需要一種物質粒子（如離子、原子、分子等），但又不能直接得到，可用透過分解更高結構等級的物質來獲得物質粒子。

實例：用電離法將水變成氫和氧。透過電解水可獲得氫氣和氧氣。如果需要氧原子，可以用紫外線光電離來獲得。

S5.5.2　透過合成獲得物質粒子

如果需要一種物質粒子（如分子），但不能直接得到，可以透過合成較低結構等級的物質（如離子）來獲得物質粒子。

實例：減少輪船的流體動阻力。利用在電磁場下生成水分子的聯合體來代替高分子混合物，這將避免使用大量聚合體，以降低成本。（說明：Toms效應。在管道中流體流動沿徑向分為三個部分：管道的中心為紊流層，緊貼管壁的是層流層，層流層與紊流層之間為緩衝區，層流層的阻力要比紊流層的阻力小。1948 年，英國科學家 B. Toms 發現，在液體中添加聚合物可以將管內流動從紊流轉變成層流，從而大大降低輸送管道的阻力，這就是摩擦減阻技術。）

S5.5.3　綜合運用 S5.5.1 和 S5.5.2 獲得物質粒子

綜合運用標準解 S5.5.1 和 S5.5.2 可以為系統獲得所需的不同特性的物質粒子。

實例：使用避雷針保護天線，且不妨礙天線預期功能的實現。避雷針是一個充滿低壓氣體的管子，當沒有雷擊時，避雷針擔任電介質的角色，不妨礙天線的機能；當閃電時，管子中氣體的電壓增大，氣體分子被電離，創造了釋放閃電的通道，閃電就透過電離氣體的通道被釋放。當閃電釋放後，電子與離子重新合成，恢復成中性分子，避雷針變回了電介質，被保護物體得以免受閃電的打擊。

6.5 質－場模型及標準解實戰演練

6.5.1 建構質－場模型訓練

- **訓練題一：**醫生在為病人施行手術時，如果赤手操作，很難保證衛生，極易交叉感染；與此同時人手在接觸血液之後會變得溼滑，難以精確進行手術。請讀者嘗試建構本例中的質－場模型，明確其中存在的問題，並予以解答。

- **訓練題二：**牆上的壁紙單純用刀子很難刮掉，請讀者明確該問題是哪一種基本類型，畫出質－場模型圖，並提供相應的解決方案。

- **訓練題三：**嘗試運用質－場模型，對經典的曹沖秤象問題進行分析解答。

（答案詳見附錄 B.3）

6.5.2 運用標準解解決問題訓練

- **案例一：**舊管道出現多處漏水和滲水現象，需要維修或更換。考慮到舊管道仍有利用價值，無須更換，僅希望對其滲水處進行維修。現在的問題是，管道多處漏水和滲水，無法確定其具體位置，維修時可從管道維修孔進入管道內部，其餘部分均埋在地下，無法打開，請嘗試解決此問題。

199

- **案例二：**對建築材料進行檢驗，通常採用外加機械力的方式，將建築材料製成的試件破壞，測試其破壞時的強度。建築材料的破壞一般與其存在的微裂縫有關，通常檢測裂縫時只能觀察到其外部裂縫，試件內部裂縫則無法檢測。能否找到一種檢測方法，既可以檢測其內部裂縫，又可以檢測其強度呢？請嘗試解決此問題。

- **案例三：**隨著城市發展，人們對建築物的使用功能和外形提出了更高的要求，造型別致、風格新穎的建築物越來越多。然而建築物的高度越高、跨度越大、外形越不規則，其抗震性越差。因此，怎樣降低或消除地震對建築的影響成為各國工程師長期關心的問題，請嘗試解決此問題。

（答案詳見附錄 B.4）

第7章　科學效應與知識庫

　　請首先思考一個問題，如何將玉米加工成美味可口的爆米花呢？早期在加工爆米花時，是將玉米（許多穀物都可以）置於特殊的容器中加熱，使得玉米處在高溫高壓的狀態下，鍋內的溫度不斷升高，且鍋內氣體的壓力也不斷增大。當溫度升高到一定程度，米粒便會逐漸變軟，米粒內的大部分水分變成水蒸氣。由於溫度較高，水蒸氣的壓力很大，使已變軟的米粒膨脹。但此時米粒內外的壓力是平衡的，所以米粒不會在鍋內爆開。當鍋的蓋子被打開，隨著「砰」的一聲巨響，玉米被突然釋放在常溫常壓下時，鍋內的氣體迅速膨脹，壓力很快減小，使得玉米粒內外壓力差變大，玉米粒內高壓水蒸氣也急遽膨脹，因而瞬間爆開，形成爆米花。

　　第二個問題，如何將乾果去皮呢？可以將待去皮的乾果放置在高壓的環境中，使乾果內部的壓力升高，待乾果內、外壓力平衡後，迅速去除乾果外部的壓力，使之達到常壓，乾果即由於內外壓力差而使果皮爆裂，達到去皮的目的。

　　跳出食品加工領域，我們看一個關於切割鑽石的專利。鑽石的前身是金剛石，非常堅硬，最常見的用途是切割。那麼金剛石自身如何被切割呢？在金剛石的內部有很多細微的裂紋，壓力的陡然改變可使金剛石沿著其內部的裂紋裂開，從而輕鬆完成切割。

　　再看工業領域的一個關於管道內部濾網清洗的專利。管道過濾網通常用於水、油、氣管道和各種設備上，是不可缺少的過濾裝置。其作用是清除管內的雜質，保護各類閥門和水泵等設備的正常運轉。在使用一段時間後，汙物會牢固的聚集在濾網的表面及網孔內，嚴重影響過濾效果。直接將濾網拿出也很難清洗乾淨，因此採用的方法是使管道內濾網內表面和外表面形成壓力差。當壓力差達到預設值時，便啟動自清洗循環：突然產生一股吸力強勁的反沖洗水將過濾網上的汙物清洗乾淨，並直接排出。

雖然這幾個案例來自於不同的領域（食品加工領域和工業領域），解決的也是不同的問題（去殼、切割、清洗等），但是它們應用的是同一個原理──「瞬間壓力差」。

阿奇舒勒在對大量高水準專利的研究過程中發現了這樣一個現象：那些不同凡響的發明專利都是利用了某種科學效應，或者是出人意料的將已知的效應（或幾個效應組成的效應鏈）應用到以前沒有使用過該效應的技術領域中。

阿奇舒勒及後續研究者透過對大量專利的分析，將自然科學及工程領域涉及到的常用科學效應，按照從功能到知識的原則來進行編排，形成了基本學科知識效應庫。隨後按功能分類實現預期功能的效應知識庫（簡稱功能庫），以及按屬性分類改變對象屬性的效應知識庫（簡稱屬性庫）也相繼問世。

科學效應和現象知識庫可能是 TRIZ 體系中最容易應用的工具。就像為浩瀚的知識海洋裝上了準確高效的搜尋引擎，只要使用者確定了需要實現的功能或需要改變的屬性（就好像在搜尋引擎中輸入關鍵字一樣），然後就可以查找到相應的知識，非常方便。在 CAI 軟體的幫助下，TRIZ 中的知識庫更是得到了極大豐富，搜尋使用也更加便捷。科學效應所展現的自然規律本性和固有可靠性（嚴格遵守自然法則），使效應成為獲得解決問題資源（新屬性）的最佳方式。

7.1　科學效應與知識庫簡介

科學效應（簡稱效應）是在科學理論的指導下，實施科學現象的技術結果，即按照定律規定的原理將輸入量轉化為輸出量，以實現相應的功能。將科學效應有序的安排，並提供高效的檢索方式，即成為科學效應知識庫。現今，效應知識庫的分類主要有三種，無論哪種分類，最終的落腳點，總是與實現某個功能相關，其區別在於尋找功能的索引體系不同，具

體包括：

學科效應庫：按物理、化學、幾何和生物四大學科分類。

功能庫：按固體、粉末、液體、氣體、場等不同相態物體實現的功能分類，簡稱功能庫。

屬性庫：按不同需求對物質屬性實施改變、增加、減少、測量、穩定等五種不同操作方法的分類，簡稱屬性庫。學科效應庫的相關內容將放在附錄 B 中詳細介紹，以下將具體介紹這功能庫和屬性庫兩類效應知識庫的內容。

7.1.1　功能庫

與按照「學科－功能」進行分類的學科效應庫相比，功能庫更強調對所要實現「功能」的標準化，按使用者期望達到的功能（如吸收、積聚等，共計 35 項，如表 7.1 所示），將對象的性狀分成五類（分割固體、場、氣體、液體、固體），建構了功能庫表格。

表 7.1　功能庫能夠實現的功能列表

序號	功能動詞	序號	功能動詞	序號	功能動詞	序號	功能動詞	序號	功能動詞
1	吸收	8	冷凝	15	稀釋	22	保持	29	保護
2	積聚	9	濃縮	16	乾燥	23	連接	30	提純
3	彎曲	10	約束	17	蒸發	24	融化	31	消除
4	分解	11	冷卻	18	擴大	25	混合	32	抵禦
5	相變	12	沉積	19	提取	26	移動	33	旋轉
6	清潔	13	破壞	20	冷凍	27	指向	34	分離
7	壓縮	14	探測	21	加熱	28	產生	35	振動

對表 7.1 中每一個動詞的解釋如表 7.2 所示。

表 7.2　功能庫動詞釋義

功能動詞	動能動詞說明
1. 吸收 （absorb）	物質從一種介質相進入另一種介質相的現象，例如正常人體所需要的營養物質和水都是經過消化道吸收進入人體的。此外，光波或聲波都能被某些材料或介質吸收，導致各種光波或聲波在傳播過程中的能量損失
2. 積聚 （accumulate）	物質逐漸的累積、聚集
3. 彎曲 （bend）	受到力的作用而造成形變，這種力的作用是合力最終形成的結果
4. 分解 （break down）	一個整體分成幾個部分的組合，或一種物質透過化學反應生成兩種或兩種以上的其他物質
5. 相變 （change phase）	物質從一種相轉變為另一種相的過程。物質系統中物理、化學性質完全相同，與其他部分具有明顯分界面的均勻部分稱為相。與固、液、氣三態對應，物質有固相、液相、氣相
6. 清潔 （clean）	從物體或環境中去除不需要的物質，如汙垢或其他雜質的過程。在這個過程中，物體本身的成分沒有變化
7. 壓縮 （compress）	透過對某一物體施加壓力導致其收緊或體積減小
8. 冷凝 （condense）	冷凝是物體的溫度降低而發生相變化的過程，如水蒸氣遇冷變成水，水遇冷變成冰。溫度越低，冷凝速度越快，效果越好
9. 濃縮 （concentrate）	使溶劑蒸發而提高溶液的濃度，泛指不需要的部分減少而需要部分的相對含量增高
10, 約束 （constrain）	對非自由體的位置和速度預先施加的幾何學或運動學的限制稱為約束。只限制系統位置的約束稱為幾何約束。例如：沿斜坡滑下的箱子必須保留在斜坡表面，不能穿過斜坡內部或者直接起飛 若同時還限制運動速度，而且這個限制不能化為位置的有限形式，則稱為運動約束或微分約束
11. 冷卻（cool）	使熱物體的溫度降低而不發生相變的過程
12. 沉積 （deposit）	指懸浮在液體中的固體顆粒連續沉降。水流中所夾帶的岩石、砂礫、泥土等在河床和海灣等低窪地帶沉澱、淤積；也指這樣沉下來的物質形成的沖積層或自然的堆積物
13. 破壞 （destroy）	摧毀、毀壞、損害、使受損害
14. 探測 （detect）	探查某物，以確定物體、輻射、化學化合物、訊號等是否存在
15. 稀釋 （dilute）	指對現有溶液加入更多溶劑而使其濃度減小的過程。在稀釋後溶液的濃度減小，但溶質的總量不變。和「9. 濃縮」是相反的操作
16. 乾燥 （dry）	指藉熱能使物料中水分（或溶劑）氣化，並由惰性氣體帶走所生成的蒸氣的過程

功能動詞	動能動詞說明
17. 蒸發 （evaporate）	物質從液態轉化為氣態的相變過程。與「8. 冷凝」是相反的操作
18. 擴大 （expand）	隨著條件的變化，物質在形狀，面積和體積上的變大的趨勢。典型實例是「熱脹冷縮」，但導致物質或材料擴大的條件不僅僅只有溫度
19. 提取 （extract）	透過溶劑（如乙醇）處理、蒸餾、脫水、經受壓力或離心力作用，或透過其他化學或機械工藝過程從物質中製取有用成分（如組成成分或汁液）
20. 冷凍 （freeze）	應用熱力學原理，用人工製造低溫的方法，使物體凝固、凍結。冰箱和空調採用的都是製冷的原理
21. 加熱 （heat）	指熱源將熱能傳給較冷物體而使其變熱的過程。一般的外在表現為溫度的升高，可以用溫度計等設備直接測量。加熱方式一般可分為直接加熱和間接加熱兩大類
22. 保持（hold）	維持某種狀態使不消失或不減弱
23. 連接 （join）	使兩個物體互相銜接。在機械工程中具體指用螺釘、螺栓和鉚釘等緊固件將兩種分離型材或零件連接成一個複雜零件或部件的過程。常用的機械緊固件主要有螺栓、螺釘和鉚釘
24. 融化（melt）	固體受熱變軟或化為流體
25. 混合（mix）	指把多種物質合在一起並均勻分開，如把水和酒精混合起來。也指用機械的或流體動力的方法，使兩種或多種物料相互分散而達到一定均勻程度的單元操作
26. 移動（move）	改換原來的位置
27. 指向（orient）	使物體本身或者物體運動朝著特定的方向
28. 產生 （produce）	由已有的事物中生出新的事物
29. 保護（peotect）	使對象不受外部作用傷害。例如：人有可能被子彈擊殺，透過穿著防彈衣保護人體不受傷害；蘋果可能會被蟲子啃食，透過殺蟲劑阻止蘋果受到外部有害作用傷害
30. 提純（purify）	指清除不需要或有害的雜質，使物品達到純淨的程度。在這個過程中物質的成分有所變化
31. 消除（remove）	使某物質不存在，如有機化學反應中的消去反應
32. 抵禦（resist）	減緩內部必然發生的負面變化。例如：人必然會老，透過塗抹化妝品可減緩肌膚衰老；蘋果必然會腐爛，透過加防腐劑可減緩這一過程
33. 旋轉（rotate）	物體圍繞一個點或一個軸做圓周運動
34. 分離 （separate）	利用混合物中各成分在物理性質或化學性質上的差異，透過適當的裝置或方法，使各成分分配至不同的空間區域，或在不同的時間依次分配至同一空間區域的過程
35. 振動（vibrate）	指一個狀態即物體的往復運動，改變的過程。可分為宏觀振動（如地震、海嘯）和微觀振動（如基本粒子的熱運動、布朗運動）

7.1.2　屬性庫

　　屬性（attribute）是用來闡明物質特性的一個重要概念，可以用物質的物理、化學或幾何參數來表達（例如：物質具有質量屬性，其參數就是重量度量值）。屬性會隨不同時間、空間而有所改變，並具有方向性。人們常說：「購買商品就是購買商品帶來的功能」。事實上，人們需要的不僅是功能，同時需要具有優良屬性的產品，因此，功能和屬性對於技術系統來說是同樣重要的。而在面對現實問題時，有時我們並不需要實現新的功能或改進現有功能，只需要系統或對象的某些屬性加以改變，便可解決技術問題。此時我們就可以利用「屬性庫」來指導具體的工作。

　　改變一個對象的屬性（或激發一個對象的新屬性），意味著使對象產生了質的變化，也就意味著對一個技術系統實現了創新。因此，我們對屬性應有充分的認識，包括以下 4 個方面：

(1) 不同類型的對象具有不同的屬性。
(2) 同種類型的對象具有相同的屬性，但是量值不同。
(3) 同一個對象常表現出多種屬性，如內燃機系統中油的屬性有流動性、黏度、可壓縮性、潤滑性、與系統材料的兼容性、化學穩定性、抗腐蝕性、快速釋放空氣、良好的反乳化性、良好的傳導性、電絕緣性、密封性等。
(4) 屬性會隨不同時間而有所改變，並具有方向性。

　　TRIZ 理論中的屬性庫，以使用者期望改變的屬性（如亮度、顏色等，共計 37 項，如表 7.3 所示）為基礎，將對屬性的操作分成五類（改變、穩定、減少、增加、測量）。

表 7.3　屬性庫規範參數表

序號	功能動詞	序號	功能動詞	序號	功能動詞	序號	功能動詞	序號	功能動詞
1	亮度	9	摩擦力	17	極化／偏振	25	聲音	33	黏度

序號	功能動詞	序號	功能動詞	序號	功能動詞	序號	功能動詞	序號	功能動詞
2	顏色	10	硬度	18	孔隙率	26	速度	34	體積／容積
3	濃度	11	熱導率	19	位置	27	強度	35	重量
4	密度	12	同質性／均勻度	20	動力／功率	28	表面積	36	阻力 *
5	電導率	13	溼度	21	壓力／壓強	29	表面光潔度	37	液體流量 [8]
6	能量	14	長度	22	純度	30	溫度		
7	力	15	磁性	23	剛度	31	時間		
8	頻率	16	定位／方向	24	形狀	32	透明度		

對表 7.3 中每一個屬性的解釋如表 7.4 所示。

表 7.4 屬性釋義

屬性名詞	屬性名詞說明
1. 亮度（brightness）	反映發光體（反光體）表面發光（反光）強弱的物理量。人眼從一個方向觀察光源，在這個方向上的光強與人眼所見到的光源面積之比，定義為該光源單位的亮度，即單位投影面積上的發光強度。亮度的單位是坎德拉每平方公尺（cd/ m²）。與光照度不同，由物理定義的客觀的相應量是光強。這兩個量在一般的日常用語中往往被混淆
2. 顏色（colour）	是透過眼、腦和我們的生活經驗所產生的對光的視覺感受。我們肉眼所見到的光線，是由波長範圍很窄的電磁波產生的，不同波長的電磁波表現為不同的顏色，對色彩的辨認是肉眼受到電磁波輻射能刺激後所引起的視神經感覺
3. 濃度（concentration）	指某物質在總量中所占的分量。它在分析化學中的含意是以 1L 溶液中所含溶質的莫耳（mol）數表示的濃度。以單位體積裡所含溶質的物質的量（莫耳數）來表示溶液組成的物理量，叫作該溶質的莫耳濃度，又稱該溶質的物質的量濃度
4. 密度（density）	物質每單位體積內的質量
5. 電導率（electrical conductivity）	物理學概念，也稱為導電率。在介質中該量與電場強度 E 之積等於傳導電流密度 J。對於各向同性介質，電導率是標量；對於各向異性介質，電導率是張量。生態學中，電導率是以數字表示的溶液傳導電流的能力。單位以西[門子]每公尺（S/m）表示

---

8 作者注：最後兩種是資料庫近年更新的，本書追蹤到最新版本並進行了整理。

屬性名詞	屬性名詞說明
6. 能量（energy）	物質的時空分布可能變化程度的度量，用來表徵物理系統做功的本領。能量以多種不同的形式存在；按照物質的不同運動形式分類，能量可分為機械能、化學能、熱能、電能、輻射能、核能、光能、潮汐能等。這些不同形式的能量之間可以透過物理效應或化學反應相互轉化。各種場也具有能量
7. 力（force）	力是物體對物體的作用，力不能脫離物體而單獨存在。兩個不直接接觸的物體之間也可能產生力的作用
8. 頻率（frequency）	單位時間內完成週期性變化的次數，是描述週期運動頻繁程度的量，常用符號 f 或 v 表示，單位名稱為每秒，符號為 s-1。為了紀念德國物理學家赫茲的貢獻，人們把頻率的單位命名為赫茲，符號為 Hz。每個物體都有由它本身性質決定的與振幅無關的頻率，叫作固有頻率
9. 摩擦力（friction）	阻礙物體相對運動（或相對運動趨勢）的力叫作摩擦力。摩擦力的方向與物體相對運動（或相對運動趨勢）的方向相反。摩擦力分為靜摩擦力、滾動摩擦、滑動摩擦三種
10. 硬度（hardness）	材料局部抵抗硬物壓入其表面的能力稱為硬度。硬度是比較各種材料軟硬的指標。由於規定了不同的測試方法，所以有不同的硬度標準。各種硬度標準的力學含義不同，相互不能直接換算，但可透過實驗加以對比
11. 熱導率（heat conduction）	又稱「導熱係數」，是物質導熱能力的量度，符號為 λ 或 κ。其具體定義為：在物體內部垂直於導熱方向取兩個相距 1m，面積為 1 ㎡的平行平面，若兩個平面的溫度相差 1K，則在 1s 內從一個平面傳導至另一個平面的熱量就規定為該物質的熱導率
12. 同質性／均勻度（homogeneity）	物質或材料的組成或性質是均勻的，物質或材料的每一個部分組成和性質是相同的
13. 溼度（humidity）	通常是表示大氣乾燥程度的物理量。在一定的溫度下在一定體積的空氣裡含有的水氣越少，則空氣越乾燥；水氣越多，則空氣越潮溼。常用絕對溼度、相對溼度、比較溼度、混合比、飽和差以及露點等物理量來表示；若表示在溼蒸氣中水蒸氣的質量占蒸氣總質量（體積）的百分比，則稱為蒸氣的溼度
14. 長度（length）	是一維空間的度量，為點到點的距離。通常在二維空間中量度直線邊長時，稱長度數值較大的為長，不比其值大或者在側邊的為寬。所以寬度其實也是長度量度的一種，故在三維空間中量度垂直長度的高亦是
15. 磁性（magnetic properties）	物質受外磁場吸引或排斥的性質稱為物質的磁性。磁性是物質的一種基本屬性。物質按照其內部結構及其在外磁場中的性狀可分為抗磁性、順磁性、鐵磁性、反鐵磁性和亞鐵磁性物質
16. 定位／方向（orientation）	物體本身或者物體運動朝著特定的方向

屬性名詞	屬性名詞說明
17. 極化／偏振（polarisation）	指事物在一定條件下發生兩極分化，使其性質相對於原來狀態有所偏離的現象，如分子極化（偶極矩增大）、光子極化（偏振）、電極極化等。表徵均勻平面波的電場矢量（或磁場矢量）在空間指向變化的性質，透過一給定點上正弦波的電場矢量 E 末端的軌跡來具體說明。光學上稱之為偏振
18. 孔隙率（porosity）	指塊狀材料中孔隙體積與材料在自然狀態下總體積的百分比。孔隙率包括真孔隙率、閉孔隙率和先孔隙率 與材料孔隙率相對應的另一個概念，是材料的密實度。密實度表示材料內被固體所填充的程度，它在量上反映了材料內部固體的含量，對於材料性質的影響正好與孔隙率的影響相反 材料孔隙率或密實度的大小直接反映了材料的密實程度。材料的孔隙率高，則表示密實程度小
19. 位置（position）	指物體某一時刻在空間的所在處。物體沿一條直線運動時，可取這一直線作為座標軸，在軸上任意取一原點 O，物體所處的位置由它的位置座標（即一個帶有正負號的數值）確定
20. 動力／功率（power）	動力是使機械做功的各種作用力，如水力、風力、電力、熱力等；功率是指物體在單位時間內所做的功的多少，即功率是描述做功快慢的物理量，用 P 表示。功的數量一定，時間越短，功率值就越大。求功率的公式為功率＝功／時間
21. 壓力／壓強（pressure）	物體學上的壓力，是指發生在兩個物體的接觸表面的作用力，或者是氣體對於固體和液體表面的垂直作用力，或者是液體對於固體表面的垂直作用力。習慣上，在力學和多數工程學科中，「壓力」一詞與物理學中的壓強同義 物體所受的壓力與受力面積之比叫作壓強，壓強用來比較壓力產生的效果，壓強越大，壓力的作用效果越明顯。壓強的計算公式是：$p＝F／S$，壓強的單位是帕斯卡，符號是 Pa
22. 純度（purity）	物質含雜質的程度。雜質越少，純度越高
23. 剛度（rigidity）	指材料或結構在受力時抵抗彈性變形的能力，是材料或結構彈性變形難易程度的表徵。硬度則是指材料局部抵抗硬物壓入其表面的能力。剛度主要關注材料在大範圍上抵抗彈性形變的能力，硬度更關注材料在小範圍內抵抗塑性變形的能力
24. 形狀（shape）	特定事物或物質的一種存在或表現形式，如長方形、正方形等
25. 聲音（sound）	是由物體振動產生的聲波，是透過介質（空氣或固體、液體）傳播並能被人或動物聽覺器官所感知的波動現象。最初發出振動（震動）的物體叫聲源。聲音以波的形式振動（震動）傳播。聲音是聲波透過任何物質傳播形成的運動
26. 速度（speed）	科學上用速度來表示物體運動的快慢。速度在數值上等於單位時間內通過的路程。速度的計算公式：$v＝s／t$。速度的單位是 m/s 和 km/h
27. 強度（strength）	指作用力以及某個量（如電場、電流、磁化、輻射或放射性）的強弱程度，如電場強度

屬性名詞	屬性名詞說明
28. 表面積 （surface area）	所有立體圖形表面的面積之和叫作它的表面積
29. 表面光潔度 （surface finish）	是表面粗糙度的反義詞。表面粗糙度（surface roughness）是指加工表面具有的較小間距和微小峰谷的不平度。其兩波峰或兩波谷之間的距離（波距）很小（在 1mm 以下），它屬於微觀幾何形狀誤差。表面粗糙度越小，則表面越光滑，即表面光潔度越高。表面粗糙度一般由所採用的加工方法和其他因素所形成的，例如加工過程中刀具與零件表面間的摩擦、切屑分離時表面層金屬的塑性變形以及工藝系統中的高頻振動等。由於加工方法和工件材料的不同，被加工表面留下痕跡的深淺、疏密、形狀和紋理都有差別。表面粗糙度與機械零件的配合性質、耐磨性、疲勞強度、接觸剛度、振動和噪音等有密切關係，對機械產品的使用壽命和可靠性有重要影響。一般標注採用 Ra
30. 溫度 （temperature）	是表示物體冷熱程度的物理量，微觀上來講是物體分子熱運動的劇烈程度。溫度只能透過物體隨溫度變化的某些特性來間接測量，而用來量度物體溫度數值的標尺叫溫標。從分子運動論觀點看，溫度是物體分子運動平均動能的象徵。溫度是大量分子熱運動的集體表現，含有統計意義。對於個別分子來說，溫度是沒有意義的。溫度可根據某個可觀察現象（如水銀柱的膨脹），按照幾種標度之一來測得物體的冷熱程度
31. 時間（time）	是一個較為抽象的概念，是物質的運動、變化的持續性、順序性的表現。時間概念包含時刻和時段兩個概念。時間是人類用以描述物質運動過程或事件發生過程的一個參數，確定時間，是靠不受外界影響的物質週期變化的規律
32. 透明度 （translucency）	透明度是結晶礦物在磨製成標準厚度（0.03mm）時允許光線透過的程度。物理學中用吸收係數來說明物體的透明度。在肉眼鑑定中，則常以更簡便的方法來鑑別結晶礦物的透明度，一般劃分為透明、半透明與不透明三級。由於礦物中的裂隙、氣泡、包裹體以及溼度對透明度的影響很大，所以，用條痕色劃分比較可靠
33. 黏度（viscosity）	是物質的一種物理化學性質，定義為一對平行板，面積為 A，相距 dr，板間充以某液體；今對上板施加一推力 F，使其產生一速度變化所需的力 由於黏度的作用，物體在流體中運動時會受到摩擦阻力和壓差阻力，造成機械能的損耗
34. 體積／容積 （volume）	幾何學專業術語，是物件占有多少空間的量。體積的國際單位是立方公尺（m³）。一件固體物件的體積是一個數值用以形容該物件在三維空間所占有的空間。一維空間物件（如線）及二維空間物件（如正方形）在三維空間中都是零體積的 容積是一個漢語詞彙，指箱子、油桶、倉庫等所能容納物體的體積，通常稱為它們的容積。計算容積，一般就用體積單位。計量液體的體積，如水、油等，常用容積單位升和毫升，也可以寫成 L 和 mL

屬性名詞	屬性名詞說明
35. 重量（weight）	是物體受重力的大小的度量，重量和質量不同，單位是牛頓。它是一種物體的基本屬性。在地球引力下，質量為 1kg 的物質的重量為 9.8N
36. 阻力 *（drag）	指妨礙物體運動的作用力。在一段平直的鐵路上行駛的火車，會受到機車的牽引力，同時也受到空氣和鐵軌對它的阻力。牽引力和阻力的方向相反，牽引力使火車速度增大，而阻力使火車的速度減小。如果牽引力和阻力彼此平衡，它們對火車的作用就互相抵消，火車就保持勻速直線運動。物體在液體中運動時，運動物體受到流體的作用力，使其速度減小，這種作用力亦是阻力。例如：划船時船槳與水之間，水阻礙槳向後運動之力就是阻力；物體在空氣中運動，因與空氣摩擦而受到阻力
37. 液體流量 *（fluid flow）	指單位時間內流經封閉管道或明渠有效截面的流體量，又稱瞬時流量。當流體量以體積表示時稱為體積流量；當流體量以質量表示時稱為質量流量。單位時間內流過某一段管道的流體的體積，稱為該橫截面的體積流量，簡稱為流量，用 Q 來表示

7.2 功能庫和屬性庫的使用流程

下面以解決「熱水壺外殼燙人」問題為例，解釋一下功能庫和屬性庫的使用流程。首先考慮事後干預的情況。

1. 事後干預

(1) 確定要解決的問題（或負面功能），填寫至圖 7.1 的第 1 行的第 2 列，即「熱水壺外殼燙人」。

序號	負面功能	如何消除負面功能	屬性表達
1	「熱水壺外殼燙人」	冷卻固體	降低溫度
2			
3			
4			
5			
…			

圖 7.1　例表 1

(2) 如何事後解決問題。首先，確定所要實施的動作（用功能庫規範動詞表中提供的動詞，見表 7.1）；其次，確定該動作作用對象的性狀（從以下 5 類性狀中選擇：固體、液體、氣體、粉末、場）；最後，將「動作＋性狀」的表述方式填寫在第 3 列。

例如，本例中熱水壺外殼已經熱了，把人燙了，想要事後解決這個問題，怎麼辦？當然在表 7.1 中首先選擇的動作是「冷卻」，接下來再去思考冷卻什麼？當然是「燙人的熱水壺外殼」，確定了動作作用對象，其性狀也就隨之確定了（熱水壺外殼的性狀是固體），所以在第 3 列填寫「冷卻固體」。

(3) 繼續分析在第 3 列的操作中，哪個參數被改變了（用屬性庫規範參數表中提供的參數，見表 7.3），具體是如何改變的（從以下 5 個動詞中選擇：增加、減少、穩定、改變、測量）。於是就將第 3 列的內容轉化為屬性的表述方式（動詞＋屬性），填寫在圖 7.1 的第 4 列中。

例如，本例中第 3 列中填寫的是「冷卻固體」，在這個過程中哪個參數被改變了？答案是「溫度」。溫度是怎樣改變的？「冷卻」自然就代表了溫度降低，所以用屬性的表達方式就是「減少溫度」，寫在第 4 列即可。

(4) 結合第 3 列的內容查詢功能庫，結合第 4 列的內容查詢屬性庫，產生批量概念解決方案。

2. 事先干預

事先干預即引入效應在問題發生前，從根本上杜絕問題的發生，如改變系統中功能的工作原理。例如，熱水壺現在的工作原理是「電阻絲通電發熱」，能否改變其工作原理？既能夠實現煮水的目標，又避免燙傷人、漏電等風險？具體實施步驟如下：

(1) 仍然是確定要解決的問題（或負面功能），填寫至圖 7.2 的第 1 行的第 2 列，「熱水壺外殼燙人」。

序號	負面功能	如何消除負面功能	屬性表達
1	「熱水壺外殼燙人」	加熱液體	增加溫度
2			
3			

4		
5		
…		

圖 7.2　例表 2

(2) 問題背後對應的系統正常功能是什麼。首先，確定所要實施的動作（用功能庫規範動詞表中提供的動詞，見表 7.1）；其次，確定該動作作用對象的性狀（從以下 5 類性狀中選擇：固體、液體、氣體、粉末、場）；最後，將「動作＋性狀」的表述方式填寫在第 3 列。

例如，本例中問題是「熱水壺外殼燙傷人」，其背後系統的正常功能是「煮水」（或加熱水），因為加熱水導致外殼熱以至於最後會燙到人，因此確定要實施的動作是「加熱」，該動作作用對象「水」的性狀是「液體」，所以在第 3 列填寫「加熱液體」。

(3) 繼續分析在第 3 列的操作中，哪個參數被改變了（用屬性庫規範參數表中提供的參數，見表7.3），具體是如何改變的（從以下 5 個動詞中選擇：增加、減少、穩定、改變、測量）。於是就將第 3 列的內容轉化為屬性的表述方式（動詞＋屬性），填寫在圖 7.2 的第 4 列。

例如，在第 3 列中填寫「加熱液體」，在這個過程中哪個參數被改變？答案是「溫度」。溫度是怎樣改變的？「加熱」自然就代表了溫度升高。所以用屬性的表達方式就是「增加溫度」，寫在第 4 列即可。

(4) 結合第 3 列的內容查詢功能庫，結合第 4 列的內容查詢屬性庫，產生批量概念解決方案。

感興趣的讀者可自行查閱作者的另一部拙作《工程師創新手冊（進階）──CAFE-TRIZ 方法與知識庫應用》以獲取更多關於功能庫和屬性庫的詳細資訊。

下面對功能定義與科學效應的使用做一個小結。在第 2 章中，我們要求用 SVOP 的形式對系統進行功能定義，在系統不言自明的情況下，功能可以簡寫為 VOP 的形式。隨後我們按照兩個路徑來進行抽象思考。

第 1 個路徑是先去掉 P，並對動作 V 進行抽象思考，將其抽取為 37 個動作；同時對對象 O 也進行抽象思考，將其抽取為物質的 5 種形態（固、液、

氣、粉末和場），於是就得到了功能效應庫所對應的功能形式。

第 2 個路徑是對動作 V 進行進一步抽象思考，將其抽取為 5 個動作 M（變、增、減、穩、測），同時去掉賓語 O，即具體的作用對象，並將參數 P 中的常用屬性抽取出來，抽取為 37 個屬性，從而得到了屬性效應庫所需的功能形式（實際上是用屬性表達的功能形式）。

由此可知，事實上科學效應庫與對應的功能定義（包括屬性定義）是更抽象的功能定義，科學效應庫所使用的是更抽象的功能形式。圖 7.3 是對逐步抽象思考的功能定義的過程。

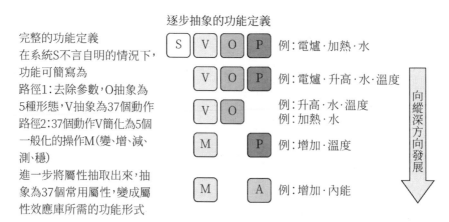

圖 7.3　逐步抽象思考的功能定義

7.3　科學效應與知識庫實戰案例

繃縫機機體過熱問題

1. 問題背景

繃縫機的工作原理是在驅動馬達的驅動和控制系統的控制下，帶動機械傳動結構動作，最終將運動傳遞給執行機構（刺布機構與送布機構），在執行機構的協同運動作用下，完成縫紉動作功能，與此同時帶動潤滑油路

對相關元件進行潤滑。

繃縫機在高轉速連續運轉下，經過 3 ～ 4 小時會造成機器表層溫升 20℃左右，當夏季普遍室溫在 30℃以上時，表層溫度將會達到 50℃以上，對使用者的使用造成諸多不便和潛在危害。

除刺布機構摩擦振動所引起的發熱，機器驅動部分的兩個電磁鐵，在大電流狀態下也會造成電磁鐵發熱嚴重。同時由於電磁鐵的（電磁蝸流效應）力熱特性，在溫度上升到一定程度時，保持力將大幅下降，造成電磁鐵驅動力不夠的問題，這也是由發熱所引起的負面危害。

目前處理繃縫機減小溫升的主流思路是透過提高材料導熱率，如機器的油盤採取鋁製材料，加快散熱；或者以全自動氣液蒸氣相結合點對點散熱方法，在繃縫機電磁鐵發熱源和繃縫機刺布機構發熱源，以及繃縫機機身安裝氣液蒸氣相結合的點對點散熱器；或對一些有相對滑動，容易卡死的元件進行供油潤滑，潤滑的同時也能造成一部分的降溫作用。但是目前對於降低機身溫升（保持機器溫度不變）這一根本問題，依舊沒有很好的解決方案。

對新系統的要求：新系統無論處於何種工況，機器的溫度能夠處於操作者體驗舒適的人體適應溫度範圍內（35℃～ 45℃）。

2. 問題解決過程

本問題的分析過程略。確定系統中最主要的負面功能為「機身發熱」，想要消除負面功能，需要實現的功能為「冷卻固體」，查詢科學效應功能庫，結合相應原理可以建構的概念方案包括：

- **方案 1**：氣射流衝擊冷卻。有大量專利運用於金屬磨削以及電子器件發熱冷卻過程中。
- **方案 2**：毛細管多孔材料。對機身外壁以及發熱元件加以改造，使用散熱性好的多孔材料。
- **方案 3**：吸熱反應。採用無機或有機化學熱泵，提升餘熱品質。

- **方案 4**：熱聲效應。採用駐波型或者行波型熱聲熱機，將熱能轉化為機械能（斯特靈引擎）或者電能（溫差發電機）。

- **方案 5**：熱電效應。採用溫差電致冷器。

- **方案 6**：熱管傳熱。熱管元件採用介質相變傳熱，具有低噪音、傳熱能力高於任何已知金屬的優點。

- **方案 7**：壓電風扇。通常被用來管理 LED 發熱。

3. 查詢過程示例

首先輸入網站網址 www.cafetriz.com，進入軟體首頁如圖 7.4 所示。點按「知識庫」進入知識庫介面，如圖 7.5 所示，並選擇功能庫。再定義擬實現的功能，如圖 7.6 所示，然後定義對象性狀，如圖 7.7 所示，獲得查詢結果，如圖 7.8 所示。

接下來進一步查詢屬性庫，尋求其他解決方案。已經確定系統中最主要的負面功能為「機身發熱」，想要消除負面功能，需要實現的功能為「冷卻固體」，對應的屬性表法為「降低溫度」，查詢屬性庫，可以查詢到若干知識並據此建構方案。

- **方案 8**：鐘狀冷卻器（bong cooler），透過蒸發使水溫低於室溫。蒸發冷卻器條目也可以建構類似的概念方案。

- **方案 9**：磁致冷，在低溫領域大有用途。

- **方案 10**：脈衝管製冷機。

- **方案 11**：蘭克—赫爾胥效應（渦流製冷）。

創新咖啡廳
—

"我比別人看得遠，是因為我站在巨人的肩上！" 每位工程師所有的工程技術和知識都是有限的，而每一項工程難題的解決都是對工程師的巨大挑戰，如何讓我們的工程師輕鬆成對工程難題？讓工程師們敢於創新、善於創新、樂於創新？TRIZ工具就是工程師腳下不可或缺的巨人，幫助工程師們站得高、看得遠、瞄的清，TRIZ從大量专利中抽象而来，形成了功能分析、因果分析、資源分析等分析工具幫助工程問題，以及知識庫、技術矛盾、物理矛

圖 7.4 「創新咖啡廳」軟體首頁

圖 7.5 知識庫查詢介面

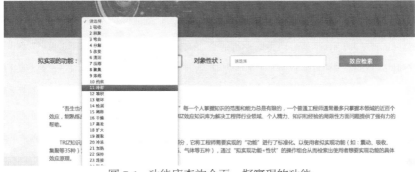

圖 7.6 功能庫查詢介面－擬實現的功能

217

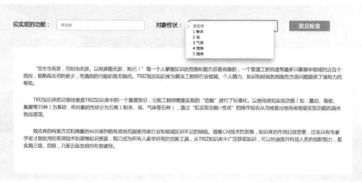

圖 7.7　功能庫查詢介面－操作對象的性狀

圖 7.8　功能庫查詢結果展示

部分方案與功能庫已經獲得的方案一致或類似，在此不再重複列舉。

4. 查詢過程示例

首先輸入網站網址 www.cafetriz.com，進入軟體首頁如圖 7.4 所示。點按「屬性知識庫」進入屬性庫介面，如圖 7.9 所示，並選擇屬性庫。再定義擬採取的操作，如圖 7.10 所示，然後定義期望改變的屬性，如圖 7.11 所示，獲得查詢結果，如圖 7.12 所示。

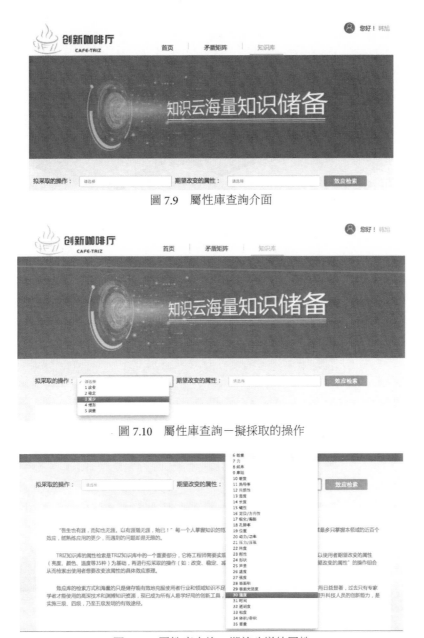

圖 7.9　屬性庫查詢介面

圖 7.10　屬性庫查詢－擬採取的操作

圖 7.11　屬性庫查詢－期望改變的屬性

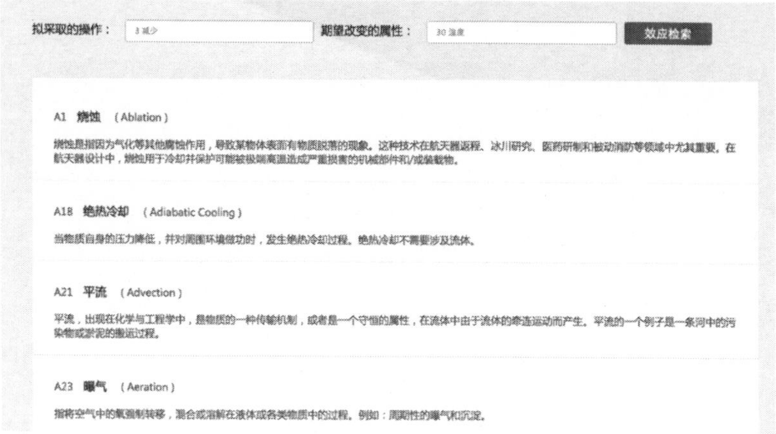

圖 7.12　屬性庫查詢結果展示

第 8 章　S 曲線及技術系統進化法則

8.1　S 曲線的定義及各階段內涵

　　技術系統誕生初始存在不完善之處，隨著相關發明專利的不斷出現，技術系統的理想度得以提升。圖 8.1 簡要描繪了技術系統的進化過程，其中橫軸表示時間，縱軸表示系統中某一個具體的重要性能參數。如圖 8.1 所示，隨著時間的推移，技術系統的性能逐步提升。然而，阿奇舒勒及其他 TRIZ 研究者透過分析總結大量的專利資訊，發現性能的提升過程不是無限持續的，到後期呈現衰退的趨勢，性能曲線形似字母「S」，因此這樣的整體規律稱為技術系統進化的 S 曲線。而圖 8.2 所表示的分段 S 曲線，則進一步將技術系統的發展過程細化為嬰兒期、成長期、成熟期和衰退期四個階段。

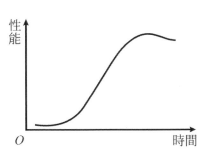

圖 8.1　技術系統進化的 S 曲線

　　根據 S 曲線每個階段的不同特徵，TRIZ 研究者選擇了性能、發明數量、發明級別和經濟收益四個指標進行分析。不同階段各指標的變化情況，能夠反映出技術系統隨時間進化的內在規律，如圖 8.3 所示。

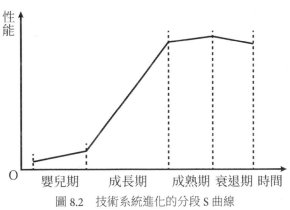

圖 8.2　技術系統進化的分段 S 曲線

8.1.1　嬰兒期

　　為了回應人們對某種功能的需求,新的技術系統得以開發,這個過程也往往伴隨著少部分高階發明的出現。此時的技術系統本身結構還不盡成熟,為其提供支援的子系統和超系統也沒有完善,因此經常表現出效率低、可靠性差等一系列問題,這在性能指標上有所展現。同時,為了解決新系統中存在的主要技術問題,需要消耗大量人力、物力、財力等資源,經濟效應普遍為負值。

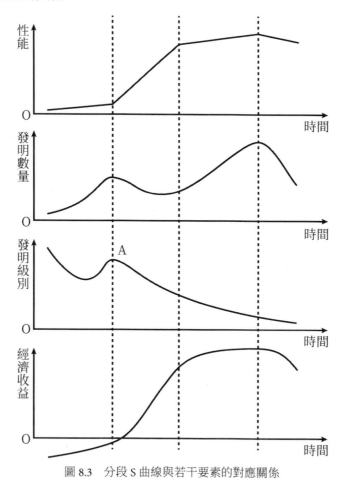

圖 8.3　分段 S 曲線與若干要素的對應關係

8.1.2　成長期

在克服嬰兒期的起步阻力之後，技術系統進入迅速發展的成長期。從嬰兒期向成長期過渡的象徵，是一個相對高階發明的引入（如圖 8.3 中 A 點所示），對系統的改進做出了明顯的貢獻，從而使系統的性能得以迅速提升，伴隨著經濟收益的大幅增加。對系統的改進轉變為小修小補，發明級別逐步下降，發明數量也是穩中有降。

8.1.3　成熟期

成長期大量技術和資源的投入，使得系統日趨完善，步入成熟期，其性能基本達到了最高水準，可能已經建立了相應的技術標準體系，伴隨而來的是可觀的經濟收益。然而，系統的發展潛力已經得到充分開發，本階段則依靠大量低階的發明對系統進行最佳化和改進，但是對性能的提升作用不明顯。

8.1.4　衰退期

盛極而衰是自然界的基本規律，對於技術系統也是如此。從成熟期逐步邁入衰退期，系統所採用的技術已經發展到極限，對其進行的改進也基本停滯，表現為專利數量和級別的迅速下降，系統性能也逐步下滑。與此同時，該系統所提供的功能相對陳舊，面臨著市場的淘汰或被新開發的技術系統所取代，因而經濟效益產生滑坡。

8.1.5　S 曲線族及實例

以上的 4 個階段，是某一技術系統在發展過程中所遵循的基本規律。然而，某一技術系統步入衰退期，不代表其提供的功能也隨之消失。在繼承核心功能的情況下，新的技術系統得以開發，相比原系統有了品質的成長，開始新一輪的發展。因此，實現某主要功能的技術系統的這種持續不斷的更新過程，就表現為多條首尾相接的 S 曲線，可稱之為技術系統的 S 曲線族，如圖 8.4 所示。

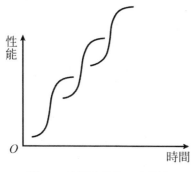

性能

O

時間

圖 8.4　技術系統的 S 曲線族

例如在 1980 年代末，呼叫器的出現滿足了人們對通訊的需求。幾年的時間過去了，隨著技術的不斷成熟和社會推廣程度的加深，呼叫器如雨後春筍般遍地開花（呼叫器系統的成長期、成熟期），當時有通訊需求的各類成功人士幾乎人手一部。從 1993 年開始，「黑金剛」手機逐漸在市面出現，其重量較大，僅能實現通話功能，售價在當時非常昂貴，成為少數老闆身分的象徵，在普通民眾中沒有市場（手機系統的嬰兒期）。然而，不到幾年的時間，手機產品迅速步入成長期，呼叫業務在手機的強大攻勢下逐漸敗下陣來，2000 年呼叫用戶開始出現下滑，在 2005 年左右，呼叫器淡出中國市場（呼叫器系統的衰退期）。

　　然而，人們對即時通訊的需求不可能消失，由手機替代呼叫器來實現該功能。此時，手機行業正處於蒸蒸日上的成長期，摩托羅拉、Nokia、Ericsson 等跨國公司勢頭強盛，如日中天。在傳統手機逐步邁入衰退期之時，接管市場的是現今我們熟悉的智慧型手機。智慧型手機在保留手機即時通訊的核心功能之外，在操控性和功能擴展等方面做了本質的改進，不但滿足人們對通訊的需求，甚至深深的改變了一代人的生活習慣，改變了當今媒體的傳播管道，催生出大量新鮮的商業模式。從當年滴滴作響的摩托羅拉呼叫器，到今日無所不能的智慧型手機，呈現在我們面前的正是技術系統不斷進化的過程，也是解釋 S 曲線族所代表內涵的最佳案例。

8.2　S 曲線的應用方式及價值

　　S 曲線描述了技術系統的一般發展規律，展示了任何系統都和生物有機體一樣，有一個「誕生—成長—成熟—衰亡」的過程。S 曲線是產品生命

週期理論的核心部分，在具體應用過程中可以分析判斷產品處於生命週期的哪個階段，推測系統今後的發展趨勢，並可以根據不同階段的特點和要求，為研發及商業決策提供參考作用。現實中產品系統所遵循的規律遠比簡單的 4 階段模型複雜，有的在嬰兒期過渡階段就已經凋亡，有的成長期非常漫長，甚至出現倒退反覆。因此，要求使用者熟練領會各階段的核心特徵並融會貫通，根據專利級別、數量以及產品性能、利潤等資料統計，判別產品所處發展階段並做出相應決策。有關此類內容，TRIZ 理論已經給出經典論述，如表 8.1 所示。

表 8.1　S 曲線各階段的關鍵特徵及對策

時期	關鍵特徵	對策
嬰兒期	系統還未進入市場或只占很小占比，基本無利潤； 研究人員努力的改進系統的各個方面； 系統努力的適應環境和超系統； 系統習慣於向當時的成熟系統或超前系統學習	辨識阻止產品進一步進入市場的「瓶頸」，然後著力消除這些因素； 在發展的過程中明確市場定位，藉此確定系統改進方向； 充分利用當時已有的其他成熟系統的部件和資源； 考慮與當時比較先進的其他系統或部件相結合
成長期	發明級別逐漸降低； 系統帶來的收益隨著性能提升而成長； 系統開始具備一些與主功能相關的附加功能； 系統開始分化出不同的類型； 出現系統專用的資源； 超系統或環境的某些單元會為適應系統做出調整	運用折衷法就能解決大部分問題，但是要牢記朝更理想的方向邁進； 利用超系統中合適的資源，或適度改造其他不適合的資源而後加以利用； 引入系統專用的資源
成熟期	產品普及，日趨標準化； 成本低，產量大，利潤豐厚； 同質化競爭嚴重，專利較多但級別較低； 系統性能已接近極限狀態	發展配套的服務子系統； 建構完善的供應鏈，零部件外包，降低成本，改善外觀； 透過尋找基於新的工作原理的系統，或者對現有系統進行更新簡化，避免衰敗
衰退期	原有系統已不適應市場需求，銷售量迅速下降； 滿足同種功能的新系統已經基本發展到第二階段，迫使現有系統退出	借助已有系統的某些基礎，向新系統發展； 轉型升級（NOKIA 公司未能跟上智慧型手機的潮流就是最好的反面案例）

8.3　技術系統進化法則

　　本章前兩節介紹的理想度以及理想化最終結果的概念告訴我們，所有技術系統都是透過人類的不斷努力，經歷著理想度不斷提升的進化過程，最終目標是達成理想狀態。而 S 曲線及 S 曲線族則告訴我們，某一技術系統會經歷從萌芽到消亡的進化過程，在消亡之後會有更高階的系統取代其滿足人類的需求，讓我們對「理想度提升」這一過程有了更深入的認識。然而，僅僅談論「成長」、「成熟」的大概念是遠遠不夠的，我們需要知曉，技術系統具體是如何成長的？有沒有客觀的規律可循？根據一個系統總結出的規律是否適用於另外的系統？

　　為了回答這些必須面對的問題，阿奇舒勒蒐集整合了大量的發明專利，從中提煉出技術系統的一般發展軌跡（基於經驗概括而不是邏輯推導），這也代表了技術系統的進化確實存在客觀規律。進而，TRIZ 研究者們提出了技術系統進化理論，以提升理想度的思想為基礎，除了已經介紹過的 S 曲線之外，將進化過程的客觀規律用技術系統進化法則的形式進行具體論述，並在法則的指導下建構出技術系統進化趨勢，將進化趨勢的每個步驟明確、細化，得到技術系統進化路線，如圖 8.5 所示。將多條進化路線進行整合，形成縱橫交織的節點網絡，稱為技術系統進化樹，如圖 8.6 所示。這些理論和工具能夠實現科學有效的技術／專利預測、專利規避，對產品的創新方向具有明確的指導作用，根據預測結果展示產品未來可能的狀態，避免了盲目試錯、無功而返，降低了企業的研發成本，指導企業的產品研發策略，因而具有廣闊的應用前景。

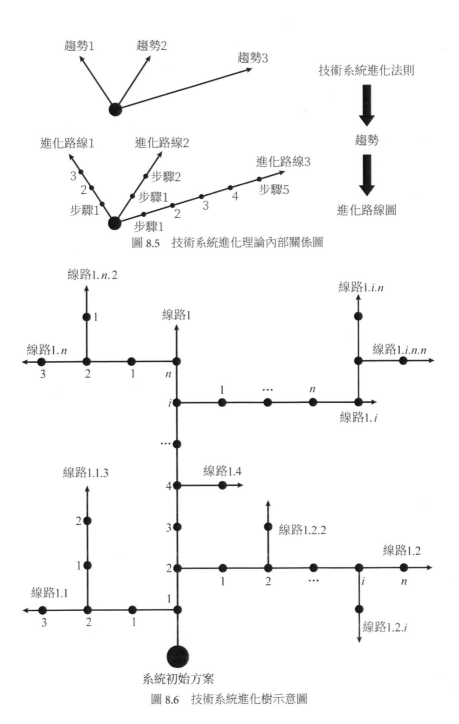

圖 8.5 技術系統進化理論內部關係圖

圖 8.6 技術系統進化樹示意圖

　　技術系統進化理論同時指出，在一個工程領域中總結出來的進化模式及進化路線，可以在另一個工程領域得以實現——即技術進化法則與進化路線具有可傳遞性，這又極大的擴展了該理論的適用範圍。本節內容首先論述經典的技術系統進化法則，其中共有 8 條法則（也有研究將 S 曲線也作為一條進化法則，則共有 9 條進化法則），可分為生存法則和發展法則兩大類，具如表 8.2 所示。

表 8.2　技術系統進化法則

1	完備性法則	靜態	生存法則
2	能量傳遞法則		
3	協調性法則		
4	提高理想度法則	動態	發展法則
5	子系統不均衡進化法則		
6	向超系統進化法則		
7	向微觀級進化法則	動力態[9]	
8	提高動態性法則		

8.3.1　生存法則

　　一個新技術系統的誕生，是其各個部分（元素）按照一定規則有機組合的結果。那麼，想要建構能夠有效實現既定功能的技術系統，是否需要遵循某些基本原則？以一個簡單的比喻為例，自然界創造生物並賦予其健康的生命，僅僅將蛋白質和核糖核酸簡單堆砌是不可能的。首先，動物的機體需要有完善的循環系統、運動系統、內臟器官等基本元素（這是生物體內的各個子系統，與技術系統類似），即符合完備性法則；其次，各子系統之間要有流暢的能量流動（如人類的心臟供血、肺部供氧、糖類、ATP 等在體內循環提供生物能），即符合能量傳遞法則；最後，各子系統之間要在各個方面保持協調，才能從整體上實現生物系統的正常工作，即符合協調性法則。由人類創造的技術系統也遵循同樣的原則，TRIZ 理論中技術系統進化法則的前三條稱之為生存法則，是保證技術系統正常運作的充分條件。

9　與「動態」相比，「動力態」更微觀，涉及更本質的變化。

8.3.1.1　完備性法則

完備性法則的基本內容為：要實現某項既定功能，一個完整的技術系統必須包含以下 4 個相互連結的基本子系統—動力子系統、傳輸子系統、執行子系統和控制子系統，如圖 8.7 所示。

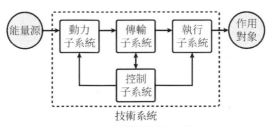

圖 8.7　完備性法則示意圖

虛線框內的 4 個子系統構成了一個最基本的技術系統，缺一不可。其中，動力子系統負責將能量源提供的能量轉化為技術系統能夠使用的能量形式；傳輸子系統負責將動力子系統輸出的能量傳遞到系統的各個組成部分；執行子系統則對作用對象實施預定的作用，完成技術系統的功能；控制子系統負責對整個技術系統進行調控，以協調各部分工作。

例如汽車就是一個技術系統。能量源是油箱中的汽油，引擎做為動力子系統，能夠將燃料油中儲存的化學能釋放為熱能，並進一步透過活塞運動轉化為汽車能夠利用的機械能；該能量透過傳輸子系統（在汽車中稱為傳動系統，包括離合器、變速器等）傳遞給執行子系統（包括車架、車橋、懸架、車輪等）；在整個過程中，控制子系統（包括轉向系統、制動系統等，以及駕駛室內的各操作單元，最主要的是人的參與）完成對整體技術系統的控制，實現汽車行駛的基本功能。

需要注意的是，很多技術系統都是從勞動工具演變而來。例如人用鋤頭犁地，其中鋤頭是勞動工具，這兩者不構成技術系統。而人驅使牛犁地則構成技術系統——其中牛是能量源以及動力子系統（兩者可以在一個部件內實現），牛身上的套索以及麻繩是傳輸子系統，犁是執行子系統，人操控著犁構成控制子系統，如圖 8.8 所示。因此，完備性法則可以作為技術系統

存在的判斷依據，也是設計技術系統時必須遵守的原則。

圖 8.8　牛犁地

　　正如以上牛犁地的案例所示，最初的技術系統往往是人工過程的一種替代。具體來講，想要實現特定的功能，最開始由純人力手工操作實現，逐步引入工具（執行子系統），加載傳動裝置（傳輸子系統）提供做功效率，進而可以引入其他能量（如風能，水能，牛、馬、騾子等）取代人力，並添加控制子系統對整個技術系統進行管理和操控，最終達成對人工過程的替代。與此類似，收割小麥方式也從手揮鐮刀，過渡到現今用聯合收割機。因此，本法則所蘊含的一個的進化趨勢是：引入傳動子系統→引入動力子系統→引入控制子系統。

8.3.1.2　能量傳遞法則

　　能量傳遞法則的基本內容為：要實現某項既定功能，必須保證能量能夠從能量源流向技術系統的所有需要能量的元件。其在完備性法則的基礎上，對技術系統正常發揮功能提出了進一步的要求。與此同時，該法則還指出，應該將系統內能量傳遞的效率提高，將能量損失（如能量轉換過程中的損失、廢物的產生以及產物帶走的多餘能量）降到最低。具體建議歸納為以下 4 點：

(1) 力求各個子系統使用同一種形式的能量，減少不同形式能量轉換帶來

的損耗。

(2) 技術系統的進化過程應該沿著能量流動路徑縮短的方向發展，減少能量的損失。

(3) 提升對「免費」的外部能量以及系統內部多餘能量的利用率。

(4) 將可控性較差的能量形式替換為可控性較好的形式。

例如：火車車頭最初採用蒸汽機、內燃機作為引擎，然而在將燃燒釋放的熱能轉化為機械能的過程中有大量的能量損失，燃燒所產生的廢氣也會帶走大量無法回收利用的熱量。現今最新的高速電氣化鐵路則採用電能，一方面電能的輸出可以透過控制面板方便的操作，增強了能量可控性；另一方面馬達能量利用率遠大於蒸汽機、內燃機，能量形式單一，損耗小。因此，本法則所蘊含的一個的進化趨勢是：位能→機械能→熱能→化學能→電磁能。

8.3.1.3 協調性法則

協調性法則的基本內容為：技術系統各個組成部分之間的韻律（結構、性能和頻率等屬性）要協調。這也是技術系統正常發揮作用的另外一個必要條件。其中，協調性可以具體表現為以下 3 種方式：

(1) 結構上的協調，如尺寸、質量、幾何形狀等。

(2) 性能參數的協調，如材料性質、電壓、功率、作用力等。

(3) 工作節奏的協調，如轉動速度、頻率、資料和資訊傳輸等。

協調性法則進一步指出，技術系統會沿著各個子系統之間更加協調、整體技術系統與超系統間更加協調的方向進化，具體可以分為三個層次。第一個層次，技術系統會沿著各子系統之間更協調的方向進化。例如早期的自行車前後輪大小不一致，騎車者上車下車比較困難，現今自行車已經過改進，前後輪大小一致，整體高度與人腿長接近，騎行十分方便舒適。

第二個層次，技術系統會沿著與其所處的超系統（環境）之間更協調的方向進化，即技術系統整體以及各子系統要與其所在的超系統的相關參數

彼此協調，只有這樣，技術系統才能在其所處的環境中更好的發揮作用。例如戰車逐步改進其迷彩外觀，以適應森林、沙漠、平原等多種不同環境的作戰隱蔽要求。

第三個層次，技術系統會沿著各個子系統間、子系統與系統間、系統與超系統間的參數動態協調與反協調的方向進化，其為協調性法則的高級表現形式，目的是保證技術系統的高度可控性，以及實現自動控制的可能性。具體來講，蓄意反協調的意義通常是消除技術系統元素之間的有害相互作用——頻率的反協調是消除系統中有害共振的有效方法。而材料和場參數的蓄意反協調則可能在技術系統中產生相應的物理和化學現象，獲得額外的有益作用。

將以上三個方面進行提煉，則可以總結本法則所蘊含的一個進化趨勢：系統內協調→與超系統協調→蓄意反協調與動態協調。

8.3.2　發展法則

與生存法則相對應的，是技術系統進化所遵循的發展法則。顧名思義，生存法則講述的是技術系統正常發揮功能的必要條件，發展法則揭示了系統在人為作用下，不斷完善自身性能，提高理想度時遵循的規律，回答了如何改善其可操作性、可靠性及效率等一系列問題。

技術系統必須同時滿足所有的生存法則，卻並不需要同時遵從所有的發展法則。不同的技術系統，在其發展的不同階段，所遵循的發展法則可能是不同的。技術系統進化法則，共包含了五個發展法則，如下所述。

8.3.2.1　提高理想度法則

提高理想度法則的基本內容為：所有技術系統都是朝著理想度提高，最終趨近理想系統的方向進化的。本法則是技術系統進化理論的核心，是技術系統進化法則的總綱，其他的八個法則以及若干進化路線，都可以視為從不同的角度來提高技術系統的理想度。

　　欲達到提高理想度的目標，在不影響系統主要功能的前提下，可以簡化某些子系統、組件或操作，充分利用環境中或其他系統的資源，以及將一部分功能轉移到超系統中，具體參見本章其餘內容。

8.3.2.2　子系統不均衡進化法則

　　子系統不均衡進化法則的基本內容有以下 3 個方面：

(1) 技術系統中的每個子系統都有自己的 S 曲線，而不是同步、均衡進化的。
(2) 整個技術系統的進化速度及水準，取決於最落後的子系統（木桶理論）。
(3) 某種情況導致系統內部產生矛盾，解決矛盾將使整個系統產生突破性的進化。

　　掌握子系統不均衡進化法則，可以明確提示並幫助技術人員及時發現並改進系統中最不理想的子系統，從而使整個技術系統的性能得到大幅提升。然而在實際工作中，人們往往忽視這個法則，花費較多精力改善那些非關鍵性的子系統。例如早期的飛機被糟糕的空氣動力學特性限制了性能，然而很長一段時間內，工程師們卻將注意力放在如何提高飛機引擎的動力上，導致飛機整體性能的提升一直比較緩慢，但在對機身及機翼做出空氣動力學改進之後，飛機的整體性能得到了大幅度提升。

　　另一個案例是自行車的進化過程。早在 19 世紀中期，自行車還沒有鏈條傳動系統，腳蹬直接安裝在前輪軸上，因此自行車的速度與前輪直徑成正比。為了提高速度，人們採用了增加前輪直徑的方法。但是一味的增加前輪直徑，會使前後輪尺寸相差太大，導致自行車在前進中的穩定性變差，很容易摔倒。後來，人們開始研究自行車的傳動系統（其進化落後於車輪子系統），為自行車裝配鏈條和飛輪，用後輪的轉動推動車子的前進，而且前後輪大小相同，以保持自行車的平穩和穩定。此後自行車的性能得到品質的提高，逐步走進千家萬戶。自行車的進化過程如圖 8.9 所示。

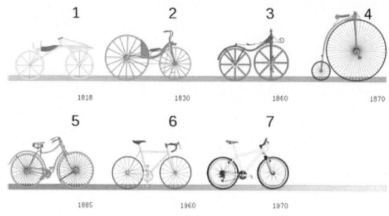

圖 8.9　自行車各子系統不均衡進化

8.3.2.3　向超系統進化法則

向超系統進化法則的基本內容是：技術系統內部進化資源的有限性要求其進化應該沿著與超系統中的資源相結合的方向發展。可以將原有技術系統中的一個子系統及其功能分離出來並轉移到超系統內，形成專用的技術系統，以更高的品質執行原先功能。此後，原本的技術系統將作為超系統的一個子系統，超系統將為其提供合適資源，原有技術系統也得到簡化。

例如空中加油機的發明。長距離飛行時，飛機需要攜帶大量的燃油，最初是透過攜帶副油箱的方式得以實現的。此時，副油箱被看成是飛機的一個子系統。透過進化，將副油箱從飛機中分離出來，轉移至超系統，以空中加油機的形式替飛機加油。此時，一方面，由於飛機不再需要攜帶副油箱，使得其重量減輕，系統得以簡化；另一方面，加油機可以攜帶比副油箱多得多的燃油，大大提高了為飛機續航的能力。

技術系統向超系統進化，除了此種「將子系統剝離至超系統」方式之外，還有阿奇舒勒提出的經典的「單系統→雙系統→多系統」進化路線，如圖 8.10 所示。

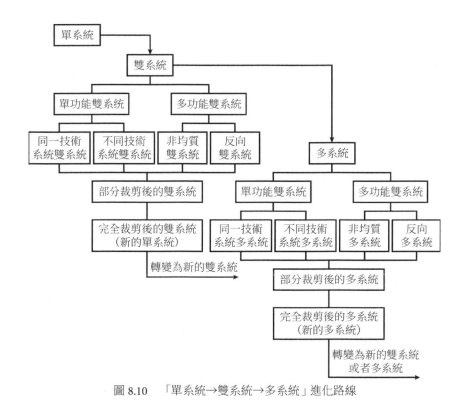

圖 8.10 「單系統→雙系統→多系統」進化路線

具體來講,技術系統在其資源耗盡後,就會與其他系統結合,形成更加複雜的系統——雙系統。多個初始系統也可能結合起來組成多系統。系統轉變為雙系統和多系統的主要條件,是需要改善初始系統運行指標,需要引入新的功能,而透過系統結合能滿足這些需求。

雙系統和多系統可以是單功能的或者是多功能的。單功能雙系統(例如兩頭尺寸不同的扳手)和單功能多系統(例如執行同一任務的戰鬥機編隊),由能夠完成同樣功能的相同技術系統或者不同技術系統組成。多功能技術系統包含行使不同功能的非均質技術系統(例如多功能瑞士刀,本質是一個非均質多系統),也可以包含行使相反功能的反向系統(例如帶橡皮擦的鉛筆,本質是一個反向雙系統)。通常一個系統和其他系統結合後,所得到的多系統中的所有組件會結合成為更高層次的單系統(多功能瑞士刀、帶橡皮擦的鉛筆都可以認為是裁剪之後的更高層次的單系統)。因而在這個概

念上，原有的技術系統已經成為超系統的一部分，下一步的進化將繼續發生在超系統級別上。

8.3.2.4　向微觀級進化法則

向微觀級進化法則的基本內容為：在能夠更好的實現原有功能的條件下，技術系統的進化應該沿著減小其組成元素的尺寸，或整體系統向微觀級的方向進化。向微觀級進化的根本原因是，技術系統早期的發展方向主要是增加子系統的數量，以豐富和完善技術系統的功能，但也會導致在能耗、尺寸和重量等方面的超額增長，這與提高理想度的原則相矛盾，也與環境要求相違背。透過向微觀級進化，能夠將技術系統中各個組成部分的尺寸、能耗、成本等控制在合適範圍內，並保持或改善性能，提升整體系統的理想度。

最典型的例子是電腦的進化過程。從最初電子數位電腦 ENIAC（美國賓州大學研發，是占地 $170m^2$ 的龐然大物，如圖 8.11 所示），到後來的電晶體電腦，以及積體電路、大規模積體電路的應用，電腦的尺寸逐步減小，與此同時，功能卻越發完善和豐富（如圖 8.12 所示）。與此例類似的是，在 DOS 盛行以及 Windows 剛剛興起的年代，電腦的儲存裝置主要是 5.25in 或 3.5in 的軟碟，其面積與人類手掌大小差不多，儲存空間最大只有 1.44MB。隨後，儲存系統應用的材料以及整體尺寸向微觀級進化，發展出了光碟、硬碟等媒介，現今一些硬碟的儲存空間高達 TB，而一些隨身碟的大小與人類的指甲接近，這不得不說是技術系統向微觀級進化的典型案例。

圖 8.11　電子數位電腦 ENIAC

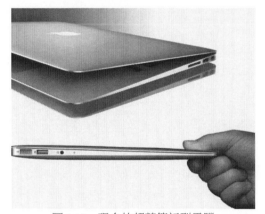

圖 8.12　現今的超薄筆記型電腦

　　向微觀級進化法則顯示，技術系統中的元素，其尺度逐步向微觀級進化，可以提升其相互作用的彈性和可控性。例如：想抬升一個重物，最簡單的方法是用一根鐵棍支撐（整體），也可以選用剪式千斤頂、螺紋式千斤頂（多個部分），液壓式千斤頂（液體），此時技術系統的微觀級程度得到增加，能夠更加有效的實現功能（抬舉重物），可控性和操作性也更加良好。而更高級別的分化會加入場的應用（如裝備有電磁吸盤的起重機）。因此，可以發掘出本法則蘊含的一個進化趨勢是：整體→多個部分→粉末→液體→氣體→場→虛空，如圖 8.13 所示。

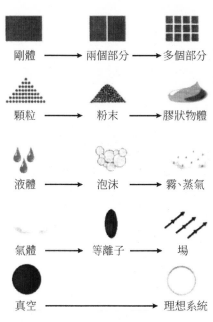

圖 8.13　向微觀級進化趨勢示例

8.3.2.5　提高動態性法則

　　動態性法則的基本內容為：技術系統的進化應該沿著結構及相互作用彈性、可移動性和可控制性增加的方向發展，以適應環境狀況或執行方式的變化。例如：常見的鍵盤是一個長方形的剛性整體，攜帶非常不便；而後逐漸出現了可折疊鍵盤以及用橡膠材料製成的可捲曲的彈性鍵盤；進而在許多電子設備中，其觸控顯示器即可發揮鍵盤的功能；最近已經出現了一種虛擬雷射鍵盤，它可以將全尺寸鍵盤的影像投影到平面上，使用者可以像使用普通鍵盤一樣直接輸入文字，使用非常方便。許多系統也是沿著類似的路線不斷進化——例如軸承系統，從單排球軸承，到多排球軸承、微球軸承，再到氣體、液體支撐軸承，最後進化為磁懸浮軸承；再如切割技術，從原始的鋸條，到砂輪片、高壓水刀，最後到雷射切割技術等，它們在本質上都是沿著與鍵盤相似的進化路線不斷發展，因此可以概括出本法則所蘊含的一個進化趨勢——彈性進化趨勢，如圖 8.14 所示。

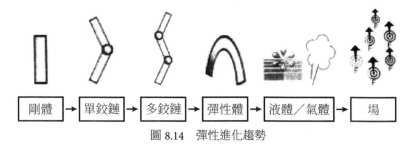

圖 8.14　彈性進化趨勢

　　圖 8.15 展示的是常用鎖具的進化過程，從最初的掛鎖（剛體），到形狀可以自由改變的折疊鎖、鏈條鎖（多鉸鏈、彈性體），再到可以自主設定以

及靈活識別的電子鎖、指紋鎖、虹膜檢測鎖等，都遵循著彈性進化的趨勢。

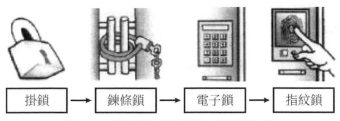

$$掛鎖 \rightarrow 鍊條鎖 \rightarrow 電子鎖 \rightarrow 指紋鎖$$

圖 8.15　彈性進化趨勢實例：門鎖的進化

除此之外，動態性法則還包括了可移動性增加、可控性增加等方面，具體細化為以下進化趨勢：

可移動性增加的進化趨勢：不可動系統→部分可動系統→高度可動系統。

可控性增加的進化趨勢：直接控制→間接控制→回饋控制→自動控制。

例如上面的案例，從鋸條進化到雷射切割，既符合彈性進化趨勢，也符合可控性增加的趨勢（雷射切割可以精確控制，透過程式把對象切割成任意形狀）。再如將普通的開關控制燈具改進為聲控、光控燈具，現在已經發展出透過光感自動調節亮度的燈具，遵循可控性增加趨勢。

最後需要指出的是，一些研究者還歸納了「增加物質－場度」法則，透過 TRIZ 理論中質－場模型的建構，指出技術系統是沿著質－場度增加的方向進化的，具體表現為以下 4 個方面：

(1) 從低階場向高階場進化（如從重力場、機械場轉變為化學場、電磁場等）。
(2) 組成系統的組件數量增加。
(3) 物質的分散程度增加。
(4) 元素之間連結的數量和靈敏性增加。

「增加物質－場度」法則的核心思想可以表述為：將那些對系統完成（或提升）其有用功能阻礙最大的部分（或組件）複雜化，可以透過形成鏈式質－場或者雙質－場結構等方式來實現。該法則在本節不做詳細闡述，主

要原因是該法則所闡述的道理在其他法則中已包含；另外對質－場模型在本書第 7 章已有介紹，請讀者閱讀後再參閱其他相關書籍。

8.3.3　技術系統進化法則實戰案例

要求：用 TRIZ 進化法則和路線預測下一代心律調節器的特徵。

心律調節器臨床上用於治療緩慢性心律失常。具象的說，心律調節器就是一臺高性能迷你電腦，由高能電池提供能量，醫學術語稱為脈衝發生器，透過起搏電極導線連接於心腔。脈衝發生器可按照患者個體需求，事先編寫輸入的程式組發放電脈衝而帶動心跳，臨床上用於治療緩慢性心律失常。脈衝發生器呈扁圓形，體積非常小，大約有 $40 \times 50 \times 6 mm^3$，重約 $20 \sim 30g$。調節器通常埋植於上胸部的皮下組織內，它的電極導線透過頭靜脈或鎖骨下靜脈到達心臟，導線頂端的電極固定在心臟的心內膜面小梁內。脈衝發生器發出的電脈衝，經電極導線傳到心內膜心肌，心肌感受到電脈衝刺激產生收縮。同時，調節器電極也將心臟的電活動收集起來存入脈衝發生器的晶片內，以便回診時提取分析。

人工心律調節器在臨床上的廣泛應用，使過去藥物治療無效的嚴重心律失常患者得到救治，大大降低了心血管疾病的死亡率，是近代生物醫學工程對人類的一項重大貢獻。

1932 年美國的胸外科醫生 Hyman 發明了第一臺由發條驅動的電脈衝發生器，借助兩支導針穿刺心房可使停跳的心臟恢復跳動，他將該儀器命名為人工心律調節器，從而開創了用人工心律調節器治療心律失常的偉大時代。

心律調節器真正用於臨床是在 1952 年。美國醫生 Zoll 用體外調節器，經過胸腔刺激心臟進行人工調節，搶救了兩名瀕臨死亡的心臟傳導阻滯病人，從而推動了心律調節器在臨床上的應用和發展。1958 年瑞典人 Elmgrist、1960 年美國人 Greatbatch 分別發明和臨床應用了植入式心律調節器。從此心律調節器進入了植入式人工心律調節器時代，朝著長壽命、高可靠性、輕量化、小型化和功能完善的方向發展。

　　早期的心律調節器是固有頻率型（或非同步型），只能搶救和治療永久性房室傳導阻滯、病竇症候群等病症，對間歇心動過緩不適用，不能與患者自身心律同步，會發生競爭心律而導致更嚴重的心律失常。為此，1960年代中期先後出現了同步型調節器，其中房室同步觸發型心律調節器專門用於房室傳導阻滯，而心室按需型是目前國際間最常用的心律調節器。為了使心律調節器與心臟自身的起搏功能相接近，1970年代又相繼出現了更符合房室順序起搏的雙腔調節器，和能治療各種心動過緩的全能型調節器。至此，調節器的基本治療功能已開發完全。

　　到了1980年代，調節器除了輕量化、小型化的改進外，還出現了程序控制和遙測的功能，利用體外程序控制器可對植入體內的調節器進行起搏模式、頻率、幅度、脈寬、感知靈敏度、不應期、A-V延遲等參數的程序控制調節；還可對調節器的工作狀態進行監測，將工作參數、電池消耗、心肌阻抗、病人資料乃至心腔內心電圖，由調節器發送至體外程序控制器中的遙測接收器進行顯示。1990年代，心律調節器又在抗心動過速和發展更適應人體活動生理變化方面獲得了進展，出現了抗心動過速調節和頻率自適應調節器，使人工心律調節器成為對付致命性心律失常的有效武器。隨著科學技術的發展，目前已出現了性能更高的雙心室／雙心房同步三腔調節器，以及具有除顫功能的調節器。

　　在短短的50年裡，心律調節器經歷了四代變遷。第一代：固率型心律調節器（1958—1968年）VOO；第二代：按需型調節器（1968—1977年）VVI；第三代：生理性心律調節器（1978—1996年）DDD；第四代：自動型心律調節器（1996年至今）。近來，又研製出了數位型的心律調節器，為心臟病情的監控提供更精確的資料，心律調節器在重量、體積、絕緣封鎖防干擾、電能耐用性等方面也有了很大的改進，成了名副其實的微型智慧化電腦治療儀。

　　目前的問題是：心律調節器需要醫療機構為病人植入，並且啟動使之工作，病人在佩帶調節器後並非一勞永逸了，還需要醫護人員對其心臟狀態進行長期的檢測。更大的問題是，心律調節器作為一種機械電子裝置必然

有能耗的問題,如何最大幅度的降低能耗也是人們所關注的。

根據 S 曲線的分析,本系統處於成熟期。下一步的建議是:

(1) 在國際上利用地區差異擴大市場。

(2) 布局下一代產品的研發。

下面,我們將使用技術系統進化法則及進化線對下一代心律調節器進行預測。

法則 1:完備性法則

系統向人工更少介入的方向發展。

(1) 減少人工動作:包含人工動作—保留人工動作的方法且用機器部分替代人工—機器動作。

本系統目前處於機器動作階段。

(2) 在同一程度上減少人工介入:包含人工—執行機構的替代—傳輸機構的替代—能量源的替代。

本系統的執行機構、傳輸機構、能量源都替代了人工。

(3) 在不同程度上減少人工介入:包含人工—執行程度的替代—控制程度的替代—決策程度的替代。

本系統在執行程度和控制程度上,都替代了人工。

建議:對於一些事務性的決策,可以提煉出決策模型,由機器和程式替代,以便加速決策回饋;但是對於複雜狀況的判斷,仍然由人決策。

法則 2:能量傳遞法則

(1) 向更高效的場轉化:機械場—聲場—化學場—熱場—電場—電磁場。

目前的系統用的是電場,可以考慮:

① 使用電磁場是否能達到刺激產生心跳作用?如光線,甚至是 X 光、伽馬射線等。

② 生物場。利用人體特殊的資訊或能量傳遞方式。

(2) 增加場效率：直接場—反向場—與反向場合成—交替場／駐波／共振等—脈衝場—梯度場—不同場的組合。

目前的系統應用的是脈衝場，可以考慮：有梯度的場會不會更加有效。

法則 3：協調性法則

技術系統的進化是沿著各個子系統相互之更加協調，以及系統與環境更加協調的方向發展。

對本系統最重要的協調性，是產生的電脈衝與患者心律的相配，在患者心律正常時不干擾，在患者心律異常時能夠產生相應的脈衝帶動心跳。這就是系統與環境相協調的需求。

(1) 元件相配：元件不相配—相配—失諧—動態相配。

本系統處於相配狀態。

(2) 調節相配：最小相配—強制相配—緩衝相配—自相配（或者不相配）。

本系統處於自相配。

(3) 工具與工件相配：點作用—線作用—面作用—體作用。

電極與心肌是點接觸，可以考慮：多個電極，並排插入心肌；或者成面排列或者呈立體狀環繞心肌接觸。

(4) 加工節奏相配：輸送與加工動作不協調—協調且速度相配—協調且速度輪流相配—獨立開來。

本系統的核心是協調、速度相配。

法則 4：提高理想度法則

最理想的技術系統：並不存在物理實體，也消耗資源，但是卻能夠實現所有必要的功能。

系統可以向 4 個方向發展：

(1) 增加系統的功能。

(2) 傳輸盡可能多的功能到元件上。

(3) 將一些系統功能轉移到超系統或外部環境中。

(4) 利用內部或外部已存在的可利用資源。

　　植入型儀器，可以充當人體的健康監測儀，因此可以加入很多體外檢測儀器的功能，如血壓檢測、血糖檢測、脂肪檢測等。改進調節器的能量消耗，可以利用外部的太陽能、人體做功的生物能，如重力等。

法則 5：子系統不均衡進化法則

　　目前的系統，在控制部件上的發展比較充分，已經出現了用「場」遙測，用「數位網路」程序控制等。在動力部件上，也有幾代進化，目前多用鋰電池；而其他行業已經得到廣泛應用的光能、太陽能、風能、生物能等，也都可以考慮作為能量來源，因此動力部件還有較大的發展空間。傳輸部件和工具，由調節器的基本原理所決定，不能修改，如果今後可以採用非電類的心律調節原理，也可以有新的發展空間。

法則 6：向超系統進化法則

(1) 技術系統趨向於首先向整合度增加的方向，緊接著再進行簡化。

- 增加功能如程序控制、遙測、除顫、健康監測等，導致規模／尺寸增加。

- 要求增加整合度，從而減小系統規模。

- 整合技術發展，實現這個需求，同時提高性能。

　　按照本法則，心律調節器在增加功能的時候，如程序控制、遙測、除顫、健康監測功能等，剛開始可能導致規模／尺寸的增加，於是提出了增加整合度，從而減小系統規模的需求。伴隨著整合技術的進一步發展，這個需求可以實現，同時提高性能。

(2) 單系統—雙系統—多系統。

　　單心房／單心室心律調節器—雙心室／雙心房同步三腔心律調節器。

(3) 子系統分離到超系統。

目前尚未有需要分離的子系統。

由於心臟只有兩個心室／心房，因此不需要發展多心室／心房的調節器。

綜合以上分析，建議的新產品方向為：

(1) 功能增加，如健康監測。
(2) 體積減小，如製作成條、桿狀，或者採用彈性材料，同時提高整合度和性能水準。
(3) 採用更加環保和廉價的能源，如光能、太陽能、生物能等。
(4) 分割系統，如電極的排列成行、成面、成體等。
(5) 建立細胞、分子、原子級的系統。
(6) 考慮非電刺激的心律調節原理，並應用相應的場效應。

法則 7：向微觀級進化法則

技術系統向微觀系統進化，使用不同的能量場來獲得更佳的性能或可控性。

向微觀轉化的路徑：宏觀系統—平面／薄片／條／桿／球體等—粉末／顆粒／多分子系統—分子—原子—場。

目前的系統主體是扁平的面，建議：

- 開發條狀、桿狀的主體。
- 更加微觀的系統如人體細胞級的儀器，也許可以沿著血管進入心臟，從內部刺激心跳，甚至修復心臟機能。

法則 8：提高動態性法則

技術系統的進化應該沿著結構彈性、可移動性、可控性增加的方向發展，以適應環境狀況或執行方式的變化，包括以下 3 個方面。

(1) 提高彈性法則：剛體—單鉸鏈—多鉸鏈—彈性體—液／氣體—場。

　　目前的系統除了導線是彈性體，其他部件都是剛體。考慮到人體內部各器官都是彈性體（骨骼也是弧形外觀），因此可以考慮提高系統的彈性，使之與人體更加適應。

　　建議：系統向提高整體彈性的方向進化，如彈性材料或可折疊材料等；也可以採用彈性外殼，內部採用液態甚至氣態物質，如採用「紙電池」。

(2) 提高可移動性法則：沿著系統整體可移動性增強的方向發展。

　　目前的系統體積小，可移動性比較高。

(3) 提高可控性法則：直接控制—間接控制—引入回饋控制—自我控制。

　　第一代：固率型心律調節器。

　　第二代：按需型心律調節器。

　　第三代：生理性心律調節器。

　　第四代：自動型心律調節器。

　　第一代固率型心律調節器是直接控制；第二代按需型心律調節器是回饋控制；第三代生理性心律調節器和第四代自動型心律調節器，都是自我控制。目前的系統又可以實現程序控制和遙測，因此在可控性方面已經達到了相當高的水準，可以暫不考慮這方面的改進。

8.4　本章小結

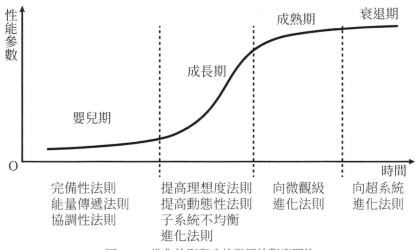

圖 8.16　進化法則與系統發展的對應關係

　　本章介紹了理想度、S 曲線和進化法則等相關內容。在實際使用進化法則解題的過程中，會發現進化法則與 S 曲線存在一定的對應關係，如圖 8.16 所示。即在嬰兒期，系統的生存性法則如完備性、能量傳遞和協調性法則被應用較多；在成長期，提高理想度、提高動態性、子系統不均衡進化等子系統層面的進化法則應用較多。在成熟期和衰退期則分別較多應用向微觀級進化和向超系統進化等系統層面的進化法則。要強調的是，這是經驗對照，並不是嚴格的對應關係。也就是說在成熟期不是絕對不能運用動態性法則，嬰兒期也不是絕對不能使用子系統不均衡進化法則，只是其他法則運用的機率可能更高一些。

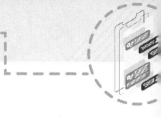

第 9 章　最終理想解

　　技術系統是人類為了實現某種功能而設計、製造出來的一種人造系統。技術系統除了能夠提供一個或多個有用功能，也會附帶我們不希望出現的有害功能。同時，實現技術系統必須要付出一定的時間、空間、材料、能量等成本。由此帶來一個問題，在技術系統使用和改進的過程中，如何對其進行評價和比較？

　　在 TRIZ 理論中，評價技術系統的優劣可以用系統實現的有用功能／（有害功能＋成本）的比值進行衡量，稱為技術系統的理想度（Ideality），也就是技術達到理想化的程度。如下面公式所示，其中 I 代表理想度，B_i 代表系統中的第 i 個有用功能，C_j 代表系統中的第 j 項成本，H_k 代表系統中的第 k 個有害功能。則理想度 I 等於系統有用功能之和除以有害作用加成本之和。

$$I = \frac{\Sigma B_i}{(\Sigma C_j + \Sigma H_k)}$$

　　隨著技術系統的不斷進化，其理想度會不斷提高，極限的情況是系統的有用功能趨向於無窮大，或有害功能和成本則趨近於零，二者的比值（即理想度）為無窮大。此時，技術系統能夠實現所有既定的有用功能，但卻不占據時間、空間（不存在物理實體），不消耗資源（能量），也不產生任何有害功能——這樣的技術系統就是理想系統。這樣一個理想化的狀態，稱為理想化最終結果（Ideal final result, IFR）。針對特定技術問題，嘗試建構盡可能接近理想化最終結果的解決方案，這個尋求解決方案的過程稱為最終理想解。

　　如前所述，理想化最終結果和理想系統在現實世界中永遠也無法達到的終極狀態。但是，理想化最終結果的意義在於能夠保證在問題解決過程中沿著理想化的方向前進，從而避免了傳統創新方法中缺乏目標引導，以及囿於客觀條件限制而被迫做出折衷妥協的弊端，避免了心理慣性，提高

了創新設計的效率。

例如摩天大廈的外表面玻璃窗清洗比較困難，需要專業的設備和人員，成本高，危險係數大。為了解決這個問題，發明家們想出了種種解決方案，其中一種是將玻璃清洗工具分為兩個部分，清潔人員在室內握持一部分，另外一部分則在室外發揮清潔作用，兩部分之間隔著玻璃用強力磁鐵彼此連接、帶動。

這是一個簡單有效的解決方案，既實現了既定的玻璃清潔功能，又消除了人員在建築外高空操作的複雜性和危險性，然而，仍然需要大量的人力對玻璃進行擦拭。有沒有理想度更高的解決方案？符合 IFR 的思維應該是突破性的——玻璃能夠自主清潔表面，保持潔淨，不再需要人為擦拭。

在定義理想化最終結果的過程中請遵守一個基本原則：不要預先斷言 IFR 能否實現，也不用過度思考採用何種方式才能實現。乍一看上面的方案是不可能的，但是創新的、理想度更高的解決方案往往就存在於我們的現有認知範圍之外。而且，往往是因為我們想不到用何種方式實現 IFR，所以就斷言它不能實現，這是定義 IFR 的過程中非常有必要打破的傳統思維框架。

事實上，在透過 IFR 明確了系統發展方向之後（對於本例來說是自清潔的玻璃），具體實現則由 TRIZ 其他工具負責解決。根據科學效應庫的指導，自然界的荷葉表面具有超疏水性，能夠實現良好的自清潔作用（出淤泥而不染）。基於此原理，設計人員已經開發出表面塗覆 TiO_2 薄膜的玻璃，能夠基本實現自清潔，相比原來的解決方案更接近理想的結果。

9.1 尋求最終理想解的流程

當前大家多根據 Moehrle（2005 年）等人開發的最終理想解運用流程（如圖 9.1 所示），來尋求最終理想解。但在培訓過程中我們發現此流程仍有欠缺，經常出現問題 3 及問題 4 難以回答導致流程受阻的情況。因此設計新的

解題流程非常必要。

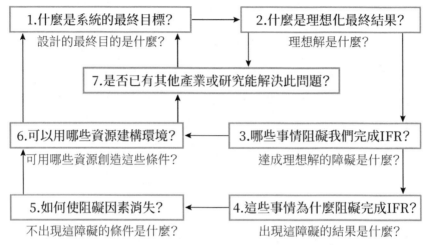

圖 9.1　Moehrle 等人開發的最終理想解運用流程

　　面對存在問題的技術系統，尋求其理想化最終結果是有意識的打破傳統思維，激化矛盾並予以根本性解決的過程，而在實際的解題和學習過程中，很多學員在利用最終理想解工具解題時遇到了困難。為了便於學員使用最終理想解工具解決問題，本書在理想度方程式的基礎上設計了一套使用流程和思考方式，透過對以下 5 個相關問題的思考，來逼近最終理想化的狀態。

- **流程 1**：精確的描述系統中現存的問題和矛盾。

　　首先要明確系統到底要解決什麼問題，即確定目標。之前的最終理想解解題流程直接從系統的最終目標入手，而不是從解決問題入手，因此會導致產生的概念解無法落地。

- **流程 2**：明確系統所要實現的最根本功能。

　　仍然用 SVOP（系統＋動作＋對象＋參數）的形式定義系統功能。這個問題是用來明確系統的有用功能都有哪些，即明確理想度方程中的分子的情況。同時，無論系統如何改進，有用的功能，尤其是最基本的有用功能是只能加強，不能被改變或者弱化的。

- **流程 3**：在明確問題和功能的基礎上，思考實現（以上）功能的理想情況。

從第 3 個問題開始，就要開始考慮理想的情況了。首先考慮第一類理想的情況，就是方程式的 3 個自變量，有用功能 B、有害功能 H 和成本 C 全部都為零。也就是說完全不需要整個功能了。於是產生了第 1 個解題思路：

- **流程 3-1**：需要／存在這種功能的終極目的是什麼？是否可以透過其他方式達成同樣目的，從而使得這種功能不再被需要（有害功能和成本降為零）。

接下來考慮第 2 類理想的情況，就是讓分母為零，即有害功能和成本都為零，即不需要現有系統了，但有用功能還是會實現的。

- **流程 3-2**：是否可以不需要系統。

不需要現有系統還可以細分為 3 種情況：

(1) 對象是否可以自服務，即對象自己實現所需功能。
(2) 所需功能是否可由超系統實現。
(3) 所需功能是否可由更廉價的其他系統實現。

在這 3 種情況中，對象自服務是比較常用的，經常可以產生出很多有創意的方案來。

下面的內容可能不算狹義上的理想化最終結果了（就是分母不為零），但是可以產出更理想化的解決方案。

先考慮把有害作用 *H* 變為零，即去除有害功能。這裡又有兩個思路：

- **流程 3-3**：是否可去除有害功能。

(1) 是否可裁剪產生有害功能的組件或子系統。
(2) 是否可將有害功能配置到超系統中去。

最後是把成本 *C* 將為零。

- **流程 3-4**：是否可降低成本。

是否可利用系統內部的剩餘資源或引入系統外部的「免費」資源，幫助消除有害功能或實現有用功能。

- **流程 4**：看其他行業是否已解決本問題（對其他的產業或者產業內其他部門的經驗進行考察，搜尋類似理想化結果的實施方案）。
- **流程 5**：建構解決方案。

9.2　理想化最終結果應用實例

9.2.1　眼鏡

仍然以眼鏡鏡腳和鏡架壓迫鼻子和耳朵的案例，來展示眼鏡最終理想解的推導過程。

- **流程 1**：精確的描述系統中現存的問題和矛盾。

  眼鏡鏡腳和鏡架時常壓迫和磨損鼻子和耳朵。

- **流程 2**：明確系統所要實現的功能（SVOP）。

  SVOP 定義為眼鏡＋改變＋光線＋方向。

- **流程 3**：思考實現（這些）功能的理想情況。

- **流程 3-1**：需要／存在這種功能的終極目的是什麼？是否可以透過其他方式達成同樣的目的而使得這種功能不再被需要（有害功能和成本降為零）。

需要眼鏡改變光線方向的原因是什麼？為看得更清楚。為什麼要看得更清楚？為更好的接收外部資訊。因此只要接收外部資訊就好了，其實不一定非要眼鏡改變光線，甚至都不一定需要「看」，於是產生方案 1。

方案 1：缸中之腦，外部資訊透過感測器直接與大腦連接，不需要眼鏡，甚至不需要眼睛（詳細解釋見 2.3.4 節）。

- **流程 3-2**：是否可以不需要系統（有害功能和成本降為零）。

(1) 是否可讓對象自服務，自己實現所需功能。

如果讓光線自服務意味著讓光線自己改變方向。但光線確實難以自己改變方向，所以沒有產生概念解。這個例子中如果把光線變為具體的對象，就可能會有解。例如把光線變為顯示器，那麼產生的概念解是可根據讀者視力情況自動調節焦點的顯示器（相當於顯示器成為一個可自動調節度數的眼鏡）。

(2) 所需功能是否可由超系統實現。

即改變光線的功能由超系統實現，產生概念解。

方案 2：用光學或遙感衛星，顯微鏡以及各種觀測設備替代眼鏡，可以讓我們看到更多平時無法看到的東西。

(3) 所需功能是否可由更廉價的其他系統實現。

不用眼鏡，用更廉價的其他系統改變光線方向。

方案 3：用眼球自身調節改變光線方向，即做近視手術。可能有些學員會說近視手術不便宜啊！這裡說的「廉價」系統是相對的，眼球本身就是系統內存在的組件，近視手術僅僅是對該組件的改進，而沒有引入新的資源，從這一點來說眼球算是「廉價」系統。其次，隨著科技的不斷發展，近視手術也越來越普及，價格也在逐漸走低。

- **流程 3-3**：是否可去除有害功能。

(1) 是否可利用系統內部的剩餘資源或引入系統外部的「免費」資源，來幫助消除有害功能或實現有用功能。

考慮是否可利用剩餘或免費資源來幫助消除有害功能。

方案 4：用手、鼻子扶眼鏡。

(2) 是否可裁剪產生有害功能的組件或子系統。

即把壓迫和磨損鼻子的鏡架和鏡腳去掉。

方案 5：隱形眼鏡。

(3) 是否可將有害功能配置到其他系統中去。

考慮可將有害功能配置到子系統層面。

方案 6：加鏡腳套，加鏡托。

- **流程 3-4**：是否可降低成本。

暫無新方案。

- **流程 4**：看其他行業是否已有解決方案。

方案很多，此處不再贅述。

- **流程 5**：建構解決方案。

透過上述分析，共產生了 6 個概念方案。不再重述。

9.2.2　飛碟射擊

飛碟射擊是奧運會比賽項目之一，運動員以飛碟作為目標進行射擊。然而在比賽結束之後，被擊中的飛碟碎片散落在場地（通常是草地）內，非常難以清理。如何清理這些飛碟碎片？

- **流程 1**：精確的描述系統中現存的問題和矛盾。

飛碟碎片難以清理。

- **流程 2**：明確系統所要實現的功能（SVOP）。

SVOP 可定義為子彈＋改變＋飛碟＋物理狀態。不要忘記，在進行系統功能定義的時候，應盡量採用抽象表達。

- **流程 3**：思考實現（這些）功能的理想情況。

- **流程 3-1**：需要／存在這種功能的終極目的是什麼？是否可以透過其他方式達成同樣的目的，而使得這種功能不再被需要。

需要子彈改變飛碟狀態，用通俗語言說，就是需要子彈擊碎飛碟的根

本原因是什麼？是為了告訴射手和觀眾「擊中與否」的資訊。因此只要讓人們知道「中」或「不中」就好了，不一定要擊碎飛碟。

　　方案 1：可以在飛碟內部放置感測器，感應到選手的射擊後發光發聲以顯示被擊中。飛碟本身選用耐用材料，可以輕鬆的回收並被重複使用。

- **流程 3-2**：能否不需要系統（有害功能和成本降為零）。

(1) 能否讓對象自服務，自己實現所需功能。

　　如果讓對象飛碟自服務，意味著讓飛碟自己改變物理狀態。但讓飛碟自己改變物理狀態沒有意義，因為如果不被擊中自己就碎了，就不能實現告知人們「擊中與否」的目的了。所以這裡沒有產生概念解。

(2) 所需功能是否可由超系統實現。

　　即改變飛碟物理狀態的功能由超系統實現。這個也是沒有意義的，因為根據比賽需求，子彈擊中飛碟還是必要的，因此沒有產生概念解。

(3) 所需功能是否可由更廉價的其他系統實現。

　　即不用子彈，用更廉價的其他系統實現改變飛碟物理狀態的功能。

　　方案 2：用雷射替代傳統子彈，用全像投影替代飛碟，擊中後消失。兩者都是用場替代物質，肯定是更廉價的了。

　　當然會有學員反映，用雷射子彈槍沒有後座力，會失去射擊的感覺，或者雷射會受到折射等因素的影響。這些都是可以不斷完善的，這裡不再展開。

- **流程 3-3**：是否可去除有害功能。

(1) 是否可利用系統內部的剩餘資源或引入系統外部的「免費」資源，來幫助消除有害功能或實現有用功能。

　　考慮是否可利用剩餘或免費資源來幫助消除有害功能，即幫助收集飛碟。

　　方案 3：將射擊場置於斜坡的頂部，飛碟碎片會隨重力（免費資源）自

動滾落到斜坡底部便於收集。

　　方案 4：用動物喜歡的食物（如糖）做成飛碟，這樣小動物們會自動跑來吃掉碎片，就不用清理碎片了。

(2) 是否可裁剪產生有害功能的組件或子系統。

　　即把產生有害的作用的組件飛碟去掉，這是不現實的，沒有產生方案。

(3) 是否可將有害功能配置到其他系統中去。

　　考慮到可將有害功能配置到超系統層面，即由超系統來清理飛碟碎片，於是產生方案。

　　方案 5：採用自然可降解的材料製作飛碟，碎片散落在場地裡不須清理。或者可以採用現製的冰塊型飛碟，需要的時候可以發揮指示作用，不需要的時候可以迅速融化消失，不須清理。

- **流程 3-4**：是否可降低成本。

　　暫無新方案。

- **流程 4**：看其他行業是否已有解決方案。

　　雷射對抗系統已經在軍事演習以及部分真人 CS 遊戲中使用了。

- **流程 5**：建構解決方案。

　　透過上述分析，共產生了上述 5 個概念方案。

　　方案 1：飛碟內置感測器，被擊中後發光或發聲。

　　方案 2：用雷射代替子彈，用全像圖像替代飛碟。

　　方案 3：射擊場置於斜坡頂部，利用重力收集碎片。

　　方案 4：用可食用材料做飛碟，讓小動物們吃掉碎片。

　　方案 5：用可降解材料製作飛碟或冰飛碟。

　　方案 5 無疑是更可行的解決方案。熟悉這個經典案例的學員們應該知道，傳統的理想化最終結果流程也只能得到這個解，而其他的解是很難透

過傳統流程想到的。

9.2.3 練習題

本節安排了 3 道練習題,學員可按照之前介紹的流程自行練習。

訓練題 1:熨斗

洗滌衣服之後常常需要用熨斗燙平,熨斗的溫度較高,需要使用者仔細操作。然而使用者在使用過程中很有可能被打擾(如電話響,門鈴響,孩子哭鬧),一不留神將熨斗放置在衣物上,不一會便會因高溫損毀衣物,如何避免此種情況發生?

訓練題 2:金屬容器腐蝕

在某實驗室中,研究人員需要研究酸液對多種金屬的腐蝕作用。通常情況下他們將若干金屬塊放在容器底部,在容器內注入酸液。但實驗結束後,發現容器也被酸液腐蝕了,這個問題如何解決?

訓練題 3:花園除草

花園的草坪需要定期除草,但手動除草工作量太大,電動除草機器有噪音,燃燒柴油有異味,鋒利的旋轉刀片有潛在危險,並且人工操作除草機也須花費一定的時間和精力,如何解決上述問題?

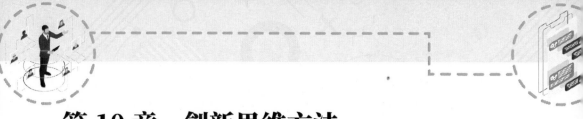

第 10 章　創新思維方法

　　根據相關統計資料顯示，從 1930 年代奧斯本創立第一種創造技法——腦力激盪法以來，全世界已經湧現出的有案可查的創造技法有千餘種，而常用的只有數十種。將這些創新技法進行合理分類，有助於人們更好的認識和掌握它們。根據不同創新技法之間的最本質區別，可以將其分為以邏輯思維為主和以非邏輯思維為主兩類。其中，以邏輯思維為主的是收斂式創新技法，即創造者立足於創造對象，透過收斂思維達到創新的目的，具有代表性的有形態分析法、奧斯本檢核表法、和田十二法、歸納法、類比法、KJ 法等。

　　以非邏輯思維為主的是發散型創新技法，即創新者盡可能多的提出與創造對象有關的各種設想，從中尋求創新成果的方法，具有代表性的有腦力激盪法、缺點列舉法等。更加詳細的常用創新技法分類如圖 10.1 所示。

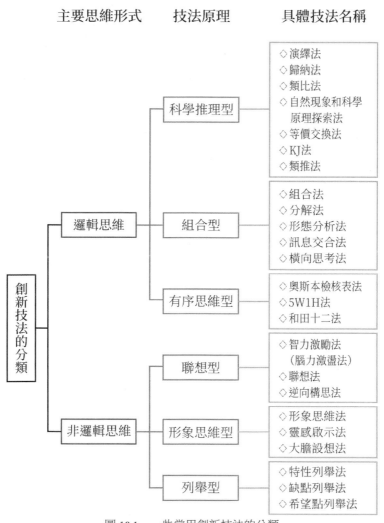

圖 10.1　一些常用創新技法的分類

　　需要指出的是，在運用創新技法解決發明問題的過程中，創新者的思維形式往往是透過邏輯思維和非邏輯思維組合、互補的形式發揮作用的。然而，這些林林總總的傳統創新方法均存在一定的不足，它們的程序、步驟、措施等大都是以人們克服發明創新的心理障礙和慣性思維這一心理機制為基礎而設計的。它們在主觀或客觀上綜合了各領域的基礎知識，在方

法上高度概括與抽象，具有形式化的傾向，在實際運用過程中，會受到使用者的經驗和知識累積水準較大的制約和限制。

與傳統的創新方法相比，TRIZ 理論中的原理、法則、程序、步驟、措施等都是建立在科學和技術的方法基礎之上的，來源於人們的長期探索和對改造自然的實踐經驗的總結（發明專利），整個方法學自成體系，具有嚴密的邏輯性，對學習、培訓和應用比較方便。

傳統創新方法對於解決相對簡單的、發明級別比較低的發明問題是有效的，但是通常無法解決一些比較複雜的、發明級別比較高的發明問題。相比之下，TRIZ 理論最大的優勢就是它可以從成千上萬的解法中快速的找到解決複雜發明的方案。因此，在 TRIZ 理論的各種創新思維、方法和工具的支援下，運用 TRIZ 理論可以大大加快解決發明問題的進程，發明的級別和效率也得到了很大的提高。TRIZ 與傳統創新方法的對比如表 10.1 所示。

表 10.1　TRIZ 與傳統創新方法對比

TRIZ 理論	傳統創新方法
來自人類長期工程實戰經驗，並有大量專利和知識庫做支持	高度概括、抽象、神祕化
系統的結題流程，解決問題效率較高	對經驗和知識累積水準有較高要求
適用於第二～四級的發明	適用於第一、第二級的發明，解決更高級別發明的難度呈指數級增加
邏輯思維與非邏輯思維的有機結合	普遍採用邏輯思維或非邏輯思維
理想化指引了創新的方向	發散性技法在思考過程中缺乏方向

10.1　慣性思維

在長期的思維活動中，每個人都形成了自己慣用的思維模式，當面臨某個事物或現實問題時，便會不假思索的把它們納入已經習慣的思想框架進行思考和處理，這就是慣性思維。慣性思維有如下兩個特點：一是形式化結構，慣性思維不是具體的思維內容，而是許多具體的思維活動所具有的

逐漸定型的一般路線、方式、程序和模式。二是強大的慣性或頑固性，成為處理問題時不自覺的反應，其結果是常常排斥其他的方法並低估問題及問題環境的變化。

慣性思維有益於日常對普通問題的思考和處理，它使人們在遇到與以往問題相似的情況時，能迅速的做出反應，尤其在危險狀態下，它對人的身體健康與生命安全有著非常重要的保護作用。但是在創新的過程中，它卻是一種非常常見的障礙，它阻礙新思想、新觀點、新技術和新形象的產生，因此在創造性思維過程中需要突破慣性思維。慣性思維多種多樣，不同的人有不同的慣性思維，常見的慣性思維有從眾型慣性思維、書本型慣性思維、經驗型慣性思維與權威型慣性思維等。

10.1.1 從眾型慣性思維

從眾型慣性思維是沒有或不敢堅持自己的主見，總是順從多數人的意志，是一種廣泛存在的心理現象。例如「中國式過馬路」，明明看到紅燈亮了，但看到大家都在往前衝，自己也會隨著人群往前衝。從眾型慣性思維對於一般的生活、工作是可以接受的，但對於創造性思維來說卻必須警惕和破除。破除從眾型慣性思維，需要在思維過程中不盲目跟隨，具備心理抗壓能力；在科學研究和發明過程中，要有獨立的思維意識。

10.1.2 書本型慣性思維

書本型慣性思維就是認為書本上的一切都是正確的，必須嚴格按照書本上說的去做，不能有任何懷疑和違反，是把書本知識誇大化、絕對化的片面有害觀點。書本知識對人類所產生的積極作用是顯而易見的。現有的科學技術和文學藝術是人類兩千多年來認識世界、改造世界的經驗總結，大部分透過書本傳承下來，因此書本知識是人類的寶貴財富，必須認真學習與繼承。但對於書本知識的學習需要掌握其精神實質，活學活用，不能當作教條死記硬背，不能作為萬事皆準的絕對真理。此外，隨著經濟、社會和技術的不斷發展，書本知識不一定能得到及時和有效的更新，導致書

本知識與客觀事實之間有時會存在一定程度的距離，如果一味的認為書本知識都是正確的或嚴格按照書本知識指導實踐，將嚴重束縛、禁錮創造性思維的發揮。

為了破除慣性思維，我們需要在思維過程中認知到現有知識不是絕對真理，認知到任何一般原理都必須與具體實踐相結合，認知到對任何問題都應該了解相關的各種觀點，以便透過比較進行鑑別。

10.1.3　經驗型慣性思維

經驗是人類在實踐中獲得的主觀體驗和感受，透過感官對個別事物的表面現象、外部連結的認識，屬於感性認知，是理性認知的基礎，在人類的認知與實踐中發揮著重要作用，是人類寶貴的精神財富。但經驗並未充分反映出事物發展的本質和規律，在思維過程中，人們經常習慣性的根據已有經驗去思考問題，制約了創造性思維的發揮。經驗型慣性思維是指人們處理問題時按照以往的經驗去辦的一種思維習慣，實際上是照搬經驗，忽略了經驗的相對性和片面性。

經驗型思維有助於人們在處理常規事物時少走彎路，提高辦事效率，但在創造性思維運用過程中阻礙了創新。我們要採用一些措施破除經驗型慣性思維，要把經驗與經驗型慣性思維區分開來，提高思維靈活變通的能力。

10.1.4　權威型慣性思維

在思維領域，不少人習慣引證權威的觀點，甚至以權威作為判定事物是非的唯一標準，一旦發現與權威相違背的觀點，就唯權威是瞻，這種思維習慣或程序就是權威型慣性思維。權威型慣性思維是思維惰性的表現，是對權威的迷信、盲目崇拜與誇大，屬於權威的泛化。權威型慣性思維的形成來源於多個方面：一方面是由於不當的教育方式造成的，在嬰兒、青少年教育時期，家長和老師把固化的知識、泛化的權威觀念採用灌輸式教育方式傳授下來，缺少對教育對象的有效啟發，使教育對象形成了盲目接受

知識、盲目崇拜權威的習慣；另一方面在社會中廣泛存在個人崇拜現象，一些人採用各種手段建立或強化自己的權威，不斷加強權威心態。

在科學研究中，需要及時破除權威型慣性思維，要區分權威與權威心態，明白任何權威只是相對的，堅持「實踐是檢驗真理的唯一標準」。

法國心理學家貝爾納（Claude Bernard）說：「妨礙人們學習的最大障礙，並不是未知的東西，而是已知的東西，這種已知的東西構成慣性思維，往往成為人們認識、判斷事物的思維障礙。」思維在人們的日常生活與工作中，有著非常重要的作用。因此靈活利用創新思維方法，能夠有效破除慣性思維，形成創新性的解決方案。TRIZ 理論中常用的創新思維方法包括 STC、金魚法以及小矮人法等。

10.2　STC 算子

10.2.1　STC 算子的基本內涵

STC 算子是一種非常簡單的工具，它是對系統或組件的尺寸、時間和成本三個層面進行一系列極限變化的思維實驗。其三個字母的含義分別為：S（size），代表尺度；T（time），代表時間；C（cost），代表成本。

STC 算子透過分析這三個因素的極限變化，來找出相應的問題解決辦法。例如把系統想像為很小（甚至不存在），思考會對解決問題有什麼益處，然後在相反的極限上想像系統，即想像系統無限大，並思考會對解決問題有什麼益處。同樣，可以針對時間（瞬間發生，或者要花費無限長的時間）和成本（系統免費，或者要花費無限多的資金）來執行此類想像。儘管此工具很簡單，但它卻可排除所有虛假的約束條件，以便真實的看待系統，迅速發現對研究對象最初認知的不準確和誤差，以及找出想從系統中得到的東西。

10.2.2　STC 算子的實施步驟

應用 STC 算子進行問題分析和解決問題主要有以下 4 個步驟。

(1) 明確研究對象，明確研究對象現在的尺寸、時間和成本。注意，研究對象可以是整個技術系統，也可以是技術系統的子系統或組件。

(2) 想像對象的尺寸先變無窮大，想像對在這個過程中會產生哪些變化，問題會呈現哪些變化，有哪些新的可用資源對解決問題有幫助，嘗試建構概念方案。隨後再想像對象的尺寸變無窮小時的情況。

(3) 同上，分別想像過程的時間無窮大及無窮小時的情況。

(4) 同上，分別想像成本（允許的支出）無窮大及無窮小時的情況。

當使用 STC 算子時，要注意以下 5 個問題：

(1) 請勿改變初始研究對象。研究對象一經確定在後續分析中就不要隨意修改，千萬不要在尺寸層面研究組件 A，到時間層面又去討論組件 B，這樣是無法得到問題解決答案的。

(2) 應用 STC 算子的目的是展示對象的新特性、能力或屬性。因此每個想像實驗要分步遞增、遞減，直到對象有新的特性的出現。

(3) 不可以還沒有完成所有想像實驗，就因擔心系統變得複雜而提前中止，也不要在實驗的過程中嘗試猜測問題最終的答案。

(4) 尺度、時間及成本以外的特性，如溫度、強度或光反射率，可透過類似的方式來進行改變，即先增加到∞，然後減少到 0。

(5) 使用成效取決於主觀想像力、問題特點等情況。儘管 STC 算子有時不一定會直接顯示出所探討問題的解決方案，可是它卻可讓使用者產生某些獨到的想法，並將使用者的思路引向解決問題的方案。

10.2.3　STC 算子的應用案例——提高和膏機和膏均勻性

問題描述：在鉛膏量低於其和膏能力的二分之一時，鉛膏會黏在攪拌槳上隨攪拌槳一起轉動，摩擦、擠壓和分割的功能減弱甚至消失，鉛膏均勻性無法得到保障。

尺寸→∞的情況分析：和膏機無限大，鉛膏會全部被攪拌槳推動滑行，

無法混合均勻。

尺寸→0的情況分析：和膏機無限小，攪拌槳會形成一個面或消失，無法將鉛膏混合均勻，但是可以用其他物質或者場替代攪拌槳。

方案1：利用電磁原理，使鉛膏中各組分帶電，利用磁場使其在空中混合均勻。

時間→∞的情況分析：和膏機轉動週期無限大，攪拌槳會停止轉動，無法攪拌。

時間→0的情況分析：和膏機轉動週期無限小，攪拌槳會轉動無限快，鉛膏將在離心力的作用下被甩掉。

方案2：攪拌槳轉動速度採用週期性的「快速─正常」反覆切換；快速轉動時，能將黏在攪拌槳上的鉛膏甩掉，正常轉動時，混合鉛膏。

成本→∞的情況分析：在成本投入無限大的情況下，可以產生方案。

方案3：在和膏機上安裝無數個攪拌槳，並在攪拌槳上安裝無數個由馬達驅動的小攪拌槳，對鉛膏進行全方位的立體混合。

成本→0的情況分析：當攪拌槳必須使用現系統資源時，可以採用人工清除黏覆在攪拌槳上的鉛膏。

方案4：停機，人工清除黏覆在攪拌槳上的鉛膏，再繼續混合。

10.3　金魚法

10.3.1　金魚法的基本內涵

金魚法源自俄羅斯普希金的童話故事：金魚與漁夫，它是從幻想式解決構想中區分現實和幻想的部分，然後再從解決構想的幻想部分分出現實與幻想兩部分。這樣的劃分不斷的反覆進行，直到確定問題的解決構想能夠實現為止。採用金魚法，有助於將幻想式的解決構想轉變成切實可行的

構想。

10.3.2　金魚法的實施步驟

應用金魚法的步驟如下：

(1) 將不現實的想法分為兩個部分：現實部分與非現實部分。精確界定什麼
樣的想法是現實的，什麼樣的想法看起來是不現實的。

(2) 解釋為什麼非現實部分是不可行的。盡力對此進行嚴密而準確的解
釋，否則最後可能還是得到一個不可行的想法。

(3) 找出在哪些條件下想法的非現實部分可變為現實的。

(4) 檢查系統、超系統或子系統中的資源能否提供此類條件。

(5) 如果能，則可定義相關想法，即應怎樣對情境加以改變，才能實現想
法的看似不可行的部分。將這一新想法與初始想法的可行部分組合為
可行的解決方案構想。

(6) 如果我們無法透過可行途徑，即利用現有資源為看起來不現實的部分
提供實現條件，則可將這一「看起來不現實的部分」再次分解為現實與
非現實部分。然後，重複步驟（1）～（5），直到得出可行的解決方案
構想。

10.3.3　金魚法的應用案例 1──如何用空氣賺錢

問題描述：利用空氣賺錢。

(1) 將問題分解為現實部分和不現實部分。

現實：空氣、錢、賺錢的想法。

不現實：買賣空氣。

(2) 回答為什麼買賣空氣是不現實的。

因為空氣存在於整個地球，處處都有，人們不用花錢去買空氣。

(3) 回答在什麼條件下人們要買賣空氣。

當空氣不足時，如在煤礦、潛水艇、深水、高山等情況下，或當空氣

中存在有益成分，可特別收集，如芳香空氣、富含負離子的空氣等。

(4) 確定系統、超系統和子系統的可用資源。

超系統：地球表面、太空、地球磁場、太陽輻射等。

系統：空氣體積。

子系統：空氣的各種成分（氮、氧）和空氣中的雜質（微小灰塵及生物顆粒）。

(5) 可能的解決方案構想。

向空氣稀少的場所出售空氣；出售空氣中的氧氣給需要吸氧的病人，或者高山運動員；出售空氣淨化裝置。

本案例解題具體流程如圖 10.2 所示。

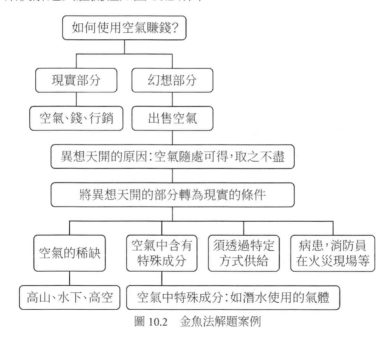

圖 10.2　金魚法解題案例

10.3.4　金魚法的應用案例 2——長距離游泳池

問題描述：要使訓練有效，需要一個大型的游泳池，使運動員可以進行

長距離游泳訓練，但同時，游泳池的占地面積和造價就會相應的增加。用小型和造價低廉的游泳池怎樣滿足相同的要求？

(1) 將問題分為現實和幻想兩部分。

　　現實部分：小型、造假低廉的游泳池。

　　幻想部分：在小型游泳池內實現單方向、長距離游泳訓練。

(2) 幻想部分為什麼不現實？

　　運動員在小型游泳池內能很快游到對面，需要改變方向。

(3) 在什麼情況下，幻想部分可以變成現實？

　　運動員體型極小；運動員游速極慢；運動員游動時停留在同一位置，止步不前。

(4) 列出所有可利用資源。

　　超系統——天花板、牆壁、空氣、游泳池的供水系統、游泳池的排水系統。

　　系統——泳池的面積、泳池的體積、泳池的形狀。

　　子系統——泳池壁、泳池底、水。

(5) 利用已有資源，基於之前的構想（第 3 步）考慮可能的方案：

　　方案 1：將運動員固定在游泳池的一側或池底。

　　方案 2：水的摩擦阻力極大，如在游泳池內灌注黏性液體，從而降低游泳者的游動速度，增加負荷使其不能向前游動。

　　方案 3：游泳者逆流游動，如借助供水系統的水泵，在泳池內形成反向流動的水流。

　　方案 4：游泳池為閉路式（即環形泳道）。

　　其中，方案 3 可行度較高。

10.4　小矮人法

10.4.1　小矮人法的基本內涵

當系統內的某些組件不能完成其必要的功能，並表現出相互矛盾的作用時，嘗試用一組小矮人來代表這些不能完成特定功能的組件；透過能動的小矮人，實現預期的功能；然後，根據小矮人模型對結構進行重新設計。

10.4.2　小矮人法的實施步驟

小矮人法的實施步驟如下：

(1) 建立問題模型：把對象中各個部分想像成一群一群的小矮人，這群小矮人如何完成功能，並在完成功能的時候出現了什麼問題（描述當前狀態）。
(2) 建立方案模型：研究問題模型，想像這群小矮人如何行動，以解決問題，並用圖顯示（該怎樣打亂重組）。
(3) 將方案模型過渡到實際的技術解決方案（變成怎樣）。

10.4.3　小矮人法的應用案例——水計量計[10]

問題描述：水計量計的原理是，當水量到達計量值時，由於重力作用，左端下沉，排出計量水量，其工作原理圖如圖 10.3 所示。但是現存問題——水計量計中的水沒有辦法完全排除，導致計量不準確。

圖 10.3　水計量計工作原理

---

10 改編自網路。

　　系統的組成部分有水和計量水槽。用小矮人表示各組成部分：淺色小矮人表示「水」（圖 10.4 左側），黑色小矮人表示「水槽重心」（圖 10.4 右側），建模結果如圖 10.4 所示。

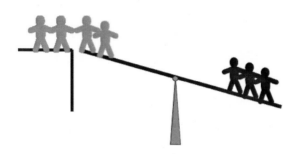

圖 10.4　用小矮人法建模的結果

(1) 用小矮人表述當前狀態，描述結果如圖 10.5 所示。

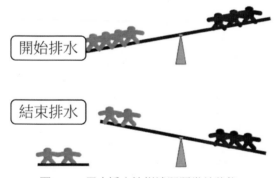

圖 10.5　用小矮人法描述問題當前狀態

(2) 用小矮人表述理想狀態（問題已經被解決），如圖 10.6 所示。

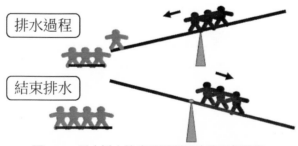

圖 10.6　用小矮人法表示問題解決的理想狀態

(3) 根據小矮人法圖示,考慮實際的技術方案——可變重心的計量水槽。在水計量計的空腔內放置有小球,小球可以調整整個水計量計的重心,避免初始問題的出現。最終方案的示意圖如圖 10.7 所示。

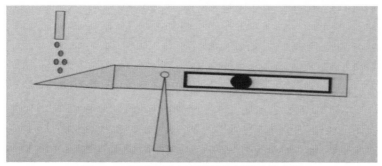

圖 10.7 根據小矮人法開發的新型計量水槽

10.5 本章小結

　　傳統的創新思維方法主要從心理學角度破除慣性思維,TRIZ 更多的考慮了在工程技術領域應用的特點。具體來講:IFR 方法展現其強調理想結果(創新的導航儀);九宮格法強調系統思考和資源分析(資源搜尋儀);小矮人法強調微觀級別的思考(微觀探測儀);金魚法強調將幻想方案逐步落實(幻想分析儀);STC 方法透過特徵的極限變化來重新認識系統(特徵分析儀)。這些在 TRIZ 的解決問題流程中都有明確的用處,是創新的有力工具。綜合來看,運用創新思維解決工程問題可以參考圖 10.8 所示的步驟。

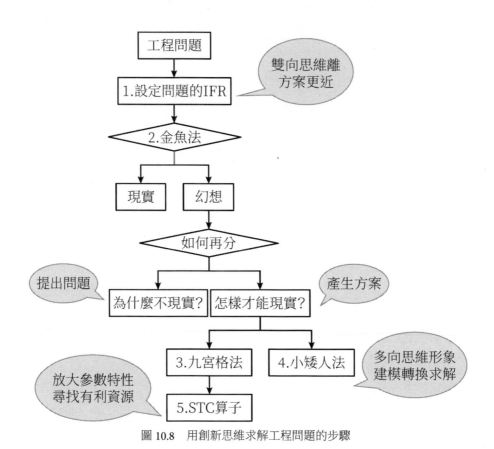

圖 10.8　用創新思維求解工程問題的步驟

第 3 篇
實戰案例篇

第 11 章　TRIZ 解題流程

11.1　TRIZ 解題流程概覽

　　根據創新方法推廣和應用的實踐，姚威、韓旭、儲昭衛於 2017 年提出了創新工程師所需掌握的全部 TRIZ 工具的標準化創新方法解題流程，如圖 11.1 所示。該流程經過實踐檢驗，有效提高了學員的解題和學習效率。

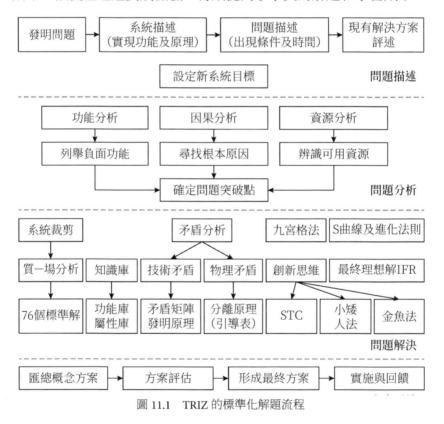

圖 11.1　TRIZ 的標準化解題流程

　　該流程經過實踐檢驗，具有清晰的邏輯性和良好的可操作性，共分為 4

個步驟，分別是問題描述、問題分析、問題解決和方案彙總。4 個步驟前後承接，相輔相成，以問題分析和問題解決為核心。

11.1.1　問題描述

在問題描述階段，首先要明確工程系統的主要功能（要求用 SVOP 的格式，也即「系統＋動作＋對象＋參數」的結構），然後用文字以及圖示化的語言詳細描述目標系統的工作原理，問題出現的具體時間和條件，以及對新系統的定量化要求。規範化的問題描述是有效分析問題的前提條件。

11.1.2　問題分析

在問題分析階段須有序應用 TRIZ 提供的功能分析、因果分析、資源分析三大分析工具，確定問題突破點。其中功能分析的主要目的是在系統、子系統以及超系統層面，明確系統中包含的組件以及作用對象等內容，建構彼此的功能和結構關係，畫出功能模型圖，找到系統中需要重點解決的負面功能；而因果分析透過原因軸和結果軸的建構，明確系統中問題產生的前因後果的邏輯關係，尋求問題產生的根本原因；資源分析則透過對系統中已有以及潛在資源的充分挖掘，引入資源，解決問題，提高系統的理想度。三大分析密切承接，分析結束後，綜合確定問題的突破點 2 ～ 5 個。

11.1.3　問題解決

在問題解決階段圍繞選定的問題突破點，運用多種 TRIZ 工具產生批量創新性解決方案。首先，運用最左面的工具集在功能模型的基礎上實施系統裁剪，然後將問題突破點轉化為質－場模型，運用標準解求解，之後透過功能及屬性分析查詢知識庫；其次，用中間的工具集將問題突破點轉化為技術矛盾或者物理矛盾，然後查詢矛盾矩陣（發明原理）或者運用分離原理產生概念解決方案。最後，運用最右側的工具集包括 S 曲線及若干進化法則、理想化最終結果以及創新思維，能夠打破工程師的慣性思維，使得系統的理想度不斷提升，期望產生具有突破性的解決方案。

11.1.4　方案匯總

在方案匯總階段須清晰的梳理在問題解決過程中產生的多種方案，從成本高低、可靠性高低及實現的難易程度三個層面進行評估，優中選優，最終形成綜合解決方案。在實施過程中應不斷收集回饋資訊，形成持續改進的良好循環。

根據圖 11.1，我們設計了一個標準解題流程模板，本章接下來的部分都是圍繞著該模板來解釋其具體應用方法。

11.2　工程問題描述

流程的第一部分是問題的描述，需要用簡明扼要的語言來對工程難題進行命名。這裡首先要明確：到底什麼是工程問題？它與非工程問題的區別是什麼？

Sell 和 Schimweg（2002 年）對於問題和解決問題的經典定義認為：問題是指初始狀況和期望狀況之間存在差距（gap）。解決問題被看作是縮小「什麼」和「應該是什麼」之間差距的過程。因此，解決問題所需要完成的工作和任務的目的，在於實現從初始狀況到期望狀況的轉換。我們認為以上論述非常適合對於工程問題的定義。

在深入探索工程問題定義之前，先有必要了解一下科學、技術和工程三個易混淆概念的區別。從目的上來說，「科學」活動的主要目的是發現客觀已經存在的自然規律，例如：力與加速度間存在「$F = ma$」的關係是客觀存在的，牛頓只是發現了而已，重點在於「發現」；「技術」則是為實現某種目的而應用科學知識的活動，重點在於「實現」；而「工程」活動則是透過整合多種技術，從而盡可能經濟、可靠和容易實現某個目的，重點在於「整合」以及「經濟、可靠和容易實現」。

如圖 11.2(a) 所示，法拉第「發現」了電磁感應定律，這是科學活動；

之後人們在實驗室中透過線圈切割磁力線產生了電流，這是技術活動，「實現」了發電的目的，如圖 11.2(b) 所示；但如果想實現「經濟、可靠和容易發電」的目的，就要製造出發電機，如圖 11.2(c) 所示，那麼要考慮的問題就多了，例如大功率發電線圈發熱的問題（圖 11.2(b) 所示的簡陋發電裝置就不用考慮以上問題）、輸配電的問題、開關控制的問題等，所以必須要用到多種技術。這些要解決的問題都是工程問題。

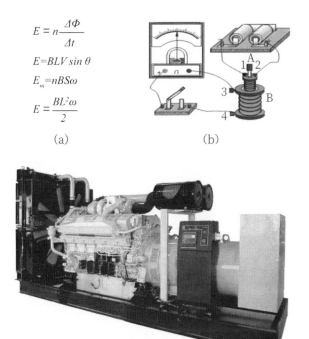

圖 11.2　電磁感應定律與發電機

好像看起來這些問題都不是很了不起，但其中任何一個沒解決好，整個系統就不能夠「經濟、可靠和容易的發電」。比如不理會線圈發熱的問題，那麼發電機就經常停轉，可靠性就不能滿足要求。舉個不恰當的比喻：「工程問題」就好像牙疼，「牙疼不是病，但疼起來真要命」。

從上述分析中可以進一步確定工程問題區別於非工程問題（尤其是科學

問題）的若干特徵。

(1) 工程問題的期望狀況（即目標）必須明確。

　　例如：光到底是粒子還是波──科學問題，因為目標完全不明確，問題是開放的。如何將鏡片的透光度提升 30％──這是工程問題。

(2) 工程問題為保證經濟、可靠和簡單的實現所需功能，寧願整合已有技術，也不像科學問題那樣強調發現新的規律或知識。

(3) 工程問題是因為要「保證經濟、可靠和簡單的實現所需功能」而產生的；科學問題是已有的知識不能解釋現象時才產生的。

　　例如：因為粒子說不能解釋光的干涉現象才推動了光的波粒二象性理論的出現；鏡片本身是透光的，即科學理論以及技術實現方面都是沒問題的，但是非要把成本降一半的現實需求，導致了工程問題的產生。

　　在了解了工程問題的定義之後，開始按照圖 11.1 的標準化解題流程進行解題。

11.2.1　課題名稱

　　圍繞工程問題的特徵，我們對課題命名確定的基本規則是：常用動詞 V（如提高、降低、改善、消除等）＋（問題所在的）技術系統 S ＋參數 P（屬性／性能），簡稱 VSP 法則。這樣命名的好處是明確了期望狀況，便於理解，一目瞭然，如「提升豆漿機刀片的使用壽命」、「消除機身噪音」等。此外課題命名也不是唯一的，例如想解決機箱發熱的問題，動詞選用「降低」（溫度）或「控制」（溫度）都可以。

　　命名的關鍵，也是學員經常犯錯的地方在於參數 P 的明確，這將直接影響後續的分析和解決方案的提出。常見錯誤主要表現為以下兩種：

(1) 用某問題來替代參數表達。例如：「改善攝影機視角被遮擋問題」，可按 VSP 規則改為「減少攝影機視角遮擋範圍」。

(2) 完全忽略參數。例如：「改進砂輪切割機」，這樣的命名讓人完全不知道課題要做什麼，因此要把「參數」補全，如「改善砂輪切割機的工作

效率」、「提高砂輪切割機的使用壽命」等。

11.2.2　摘要要求

課題命名結束後，需要撰寫一個摘要。我們提供了一個項目摘要的模板 (如下)，學員在使用的時候可以直接把空白補全，也可根據專案需求進行適當修改。

本專案致力於解決「_____ (課題名稱)」問題，運用 TRIZ 工具後產生了 ___ 個概念方案，最終採用了 _____ 方案，即 _____ (請對最終方案進行描述)。

該方案 _____ (請對該方案的優點進行描述，尤其著重描述新方案是如何克服原有難題的)，_____ (簡述新方案帶來的經濟效益或社會效益)。

摘要頁通常都在專案完成後再補寫，範例如下 (有刪減)。

本專案致力於解決「減小攝影機視角遮擋範圍」問題，運用 TRIZ 工具後產生了 25 個概念方案，綜合考慮成本、難易、可靠性以及不良影響等多個層面，最終採用了 5、12、19 的組合方案，即增加濾光片、遮陽蓋上翻等。

該方案是採用自適應原理，並配合濾光功能，有效解決了有強光和遮擋視場角的問題。使用本方案，攝影機的監控功能更加完整、圖像清晰，防止因監控不到位造成犯罪場景或需要回放畫面丟失的問題。使用本方案會大大提高產品的競爭力，預計銷量可以增加 600 萬臺／年以上，帶來經濟效益在 5,000 萬元以上。

11.2.3　SVOP 描述系統功能

從本小節起，正式進入問題描述部分的第一個步驟，採用 SVOP 法則對問題所在技術系統實現的功能進行規範化表述。其中 S 表示技術系統名稱；V 表示施加動作；O 表示作用對象：P 表示作用對象被改變的參數。

因此，本技術系統的功能可以表達為「_____ 系統 (S)＋施加動作

（V）＋作用對象（O）＋作用對象的參數（P）」

　　在選擇施加動作 V 的時候，建議參考第 2 章功能定義的有關原則，要盡量選用通用動詞，同時盡量對功能進行抽象定義，而不要形象定義。

　　對系統功能進行規範化表述的意義在於：

(1) 明確問題所在技術系統的功能，即該系統被人為設計出來的目的和意義是什麼。應用創新方法解題必須堅持理想化的方向，因此一定要在不影響甚至提升或增加系統有用功能的前提下解決問題，同時盡量不引入新的負面功能。

(2) 明確系統的邊界，即圍繞系統所要實現的主要功能，確定系統的邊界，在此基礎上明確系統的組件及與系統相關的超系統組件，從而界定問題分析的範圍。此處常見的錯誤是，學員的視角不斷在多個系統間切換，從而造成分析上的混亂。

　　例如：案例「提高鍋爐振打除灰裝置的可靠性」。鍋爐使用時間長了內部會產生爐灰，會影響鍋爐的使用效率，增加能耗，因此使用擊打裝置擊打鍋爐除灰，但機械擊打裝置會經常損壞，所以需要解決的問題是如何改進擊打裝置使其更可靠。

　　對於這個問題，首先進行系統的 SVOP 規範化表述。振打裝置用於減少爐灰的數量，由此明確了系統的功能，振打裝置是除爐灰用的，不管最後提出什麼解決方案，除灰的功能必須首先滿足。其次，需要明確的是，既然確認了振打裝置是我們要研究的問題系統，那麼系統的邊界就確定了，解決問題建構方案都要圍繞著振打系統，看如何改進其結構或引入新資源。此時就有學員開始思考如何改進鍋爐的結構，使其不容易產生和累積爐灰了，這就犯了上文中第二個典型錯誤──視角在多個系統間切換。請牢記，在這個問題中，應圍繞振打裝置來解決問題，而不要打鍋爐的主意。而在實際解題過程中，改進振打裝置肯定也比改進鍋爐要容易，成本也要低得多。

　　在使用 SVOP 原則描述系統功能過程中常見如下錯誤：

1. 將系統中存在的問題與系統功能相混淆

例如：一個漏電的門鈴可能會將人電擊致死，如採用 SVOP 原則描述「門鈴」系統的功能。很多學員會將功能定義為門鈴（S）＋改變（V）＋人（O）的＋生命狀態（P），或者簡單說就是門鈴的功能是來「電死人」的，這顯然是荒謬的，這是因為將「門鈴」系統中存在的問題與「門鈴」要實現的功能混淆所致。推薦的功能描述應該是：門鈴（S）＋（為人）提供（V）＋訊息（O）＋便捷程度（P），用通順一點的語言來說門鈴系統的功能就是「為人便捷的提供訊息」。這裡之所以不簡單的說門鈴的功能就是「通知主人（門外有人）」的原因，是遵循了第 2 章的建議，即：盡可能用抽象定義來定義功能。

最後再次強調的是，在此處不要把系統功能的規範表述與系統存在的問題搞混，要記住「門鈴」系統之所以被設計出來，其功能應該是「通知主人」，而絕不要鬧出門鈴的功能是「電死客人」的笑話來。

2. 用參數取代系統作用對象

出現這個問題的主要原因在於部分學員覺得系統作用對象顯而易見，所以習慣性的忽略。例如：規範描述網路攝影機（IPC）的功能，有學員將其表述成「IPC ＋增加＋傳輸距離」，缺少了作用對象「影片」或「訊息」，建議改為「IPC ＋增加＋訊息的＋傳輸距離」。但同樣是 IPC，如果問題情境中更關心其「及時感知」而不是「遠距傳輸」的動作，那麼 IPC 的功能還可以表述為「IPC ＋提高＋人＋感知效率」，此時系統作用對象從「訊息」變成了「人」，整個分析的焦點就完全發生變化了。

3. 用系統作用對象取代參數

仍以規範描述網路攝影機（IPC）的功能為例，有學員將其表述成「IPC ＋傳輸＋影片」，缺了參數，因為學員反映很難找到一個合適的參數來描述。回到問題的情境，本課題是想解決網路攝影機在連續工作（儲存設備頻繁讀寫）的情況下機身過熱的問題，所以關注的是 IPC 的儲存問題，因此建議將功能規範表述為「IPC ＋改變＋影片＋儲存狀態」或「IPC ＋改變＋影片

＋儲存位置」。

4. 用具體動詞或專業動詞取代常用動詞

有學員將 IPC 的功能描述為「IPC 遠距離傳輸資料速率」，這裡的問題是「傳輸」和「資料速率」都是專業名詞，既不方便溝通，也容易限制思路，因此建議改為「IPC 提高訊息的傳輸距離」。

5. 將系統的理想化狀態與系統功能相混淆

仍以解決 IPC 機身發熱的問題為例，有學員將 IPC 功能描述為「IPC ＋保持＋機身＋溫度」，能維持自身溫度不變描述的是 IPC 的理想化狀態，與系統功能完全是兩回事。

綜上，需要再次著重說明的是：此處不是在描述系統的理想化狀態，更不是描述系統中存在的問題，而只是客觀的規範化描述系統本身要實現的基本功能。

11.2.4　系統工作原理

描述現有技術系統的工作原理。此處要求利用文字描述及示意圖，闡述系統的組成部件和基本工作原理等內容。

11.2.5　系統存在的問題

此處用於描述當前技術系統存在的問題，須詳述問題出現時呈現的現象，問題造成的危害及可能帶來的隱患等內容。

如對於「提高烘箱乾燥藥材的效果」的問題，將問題描述為：

(1) 藥材受熱不均勻，物料堆積高度為 Acm 左右，人工翻動效果不好。
(2) 裝置為敞口式，熱能利用不充分，損失較大，乾燥時間長。

這樣的表述很不清楚，提供了太多無用的資訊，且邏輯性不夠，例如「受熱不均勻」與「物料堆積高度為 Acm」有什麼關係，「人工翻動」是現有的嘗試改變「受熱不均」問題的解決方案，「效果不好」是因為物料多，和

「受熱不均」沒有直接關係;「熱能利用不充分」和「乾燥時間長」是兩個問題,儘管有關聯。因此建議直接描述現象,將其修改為:

(1) 藥材受熱不均勻。

(2) 乾燥時間過長(或乾燥效率過低)。

更詳細的資訊可在後面「問題出現的條件和時間」中補充。

11.2.6　問題出現的條件和時間

此處依據上節當前系統存在的問題,闡述以下內容:

(1) 問題是否在某一特定的時間內發生?

(2) 問題是否在某一特殊的條件下發生?

(3) 如果該問題不論在什麼時間、什麼條件下都出現,則如實說明。

繼續「提高烘箱乾燥藥材的效果」這個案例,有學員將其簡單的描述為「通熱氣流乾燥藥材」,完全沒有交代問題發生的時間和條件,這是非常不恰當的。結合解題流程模板,建議改為「問題(即乾燥效率低的問題)只要在乾燥的情況下就會出現,當物料堆積高度達到 Acm 以上時,表現得尤為明顯」。

這裡不建議提到「裝置為敞口式」的相關問題,這個不是條件。敞口式裝置熱能有損失是必然的,敞口式裝置乾燥其他東西也會比封閉裝置要損失更多的熱量,所以不是造成乾燥藥材效率低的特殊條件,可以不提。

11.2.7　已有解決方案評析

此處用於描述問題或類似問題的現有解決方案及其缺陷,即針對當前系統存在的問題,是否已經嘗試了一些方法來解決問題?這些方法有什麼缺點?建議從以下幾個方面進行考慮。

(1) 專利中是否有類似問題的解決方法?

(2) 類似問題在領先企業或其他是如何解決的?

仍以「提高烘箱乾燥藥材的效果」為例,已有解決方案如下:

- **方案一**:加裝攪拌裝置,使物料受熱更均勻,造成成本上升,攪拌過程物料有損耗。

- **方案二**:增加人工翻動次數,浪費人力。

- **方案三**:讓熱氣流與藥材接觸更充分,頂部加裝帶孔隔板或留口的蓋子,提高熱能利用率,操作不便利,加熱時間長,成本增加。

- **方案四**:在沖孔板下設置一些熱氣流的隔板,形成迴路,讓氣流與藥材接觸更充分,但藥材的碎屑難清理。

- **方案五**:使裝置上部與出風口形成密閉,但操作便利性下降,成本增加。

11.2.8　新系統要求

此處要求利用文字描述及示意圖,描述對新系統的要求(即對現有系統的改進效果)。建議以性能參數等定量化指標描述。此處的目的是為問題的解決設置清晰的目標。

仍然以「提高烘箱乾燥藥材的效果」為例,學員將新系統要求描述為「乾燥均一、快速」。雖然從表面上看,這確實描述了對新系統的兩個要求,一是乾燥的品質要均一,這表現了醫藥行業的特點。二是對乾燥的速度提出「快速」的要求。但對這兩個要求缺乏更清晰的定量化指標,這樣就使得我們解題缺少了明確的方向,以及最後對方案的評估缺乏了依據。

建議將其改為「處理 Akg 藥材時,要求乾燥時間縮短為現所需時間的 60%,含水量 $\leq B$%,且藥材乾燥均一。」此處 A 和 B 均為定量數值,為保護案例商業機密,故以字母代替,以下案例如無特殊說明,均以此方式處理。

11.3 問題分析

問題分析部分對應解題流程模板。

11.3.1 解題流程簡介

從此步驟起，正式進入解題流程，首先是問題分析部分，其次是問題解決部分。本流程提供了 TRIZ 理論中的三大分析工具：系統功能分析、因果分析和資源分析。

11.3.2 系統功能分析

1. 系統組件列表

根據第 2 章系統功能分析的步驟，第一步是列出系統組件列表。在列表之前，再次將以 SVOP 形式表達的系統功能以及本系統的作用對象（即 SVOP 中的 O）填入指定位置，如圖 11.3 所示。

3 問題分析

3-1 系統功能分析

3-1-1 系統組件列表

本系統的功能是：_____（既SVOP形式的表述）

本系統的作用對象是：_____（既SVOP中的O）

超系統組件	組件	子組件
		（將某組件拆分為相應的子組件，寫在本列）

圖 11.3　系統組件列表展示頁

隨後將系統中的超系統組件放入表格左邊第一列中，將系統組件放入

表格中間列中。如果覺得組件還可以進一步拆分，則把子組件分別列入右邊第一列。

此處常見的錯誤有兩處：

(1) 在填寫了系統作用對象後，忘記把對象再重複列入超系統組件中，從而造成後續繪製系統功能模型圖時忘記畫對象。需要強調的是，對象屬於超系統，且對象直接影響系統主要功能的確定，因此明確系統作用對象非常重要，絕對不能搞錯。

(2) 將未與系統發生關係的環境組件列入超系統組件。例如：關於鋼鐵防鏽問題的分析，如果鋼材是置於室外場地的，雨水明顯會對鋼材產生腐蝕作用，因此是非常重要的超系統組件，必須納入考慮。而如果鋼材是置於廠房室內的，雨水幾乎不會與鋼材發生作用，因此不需要將雨水納入超系統考慮。需要強調的是，只有與系統及組件發生作用的環節組件，才可作為超系統組件納入考慮。

2. 系統功能模型圖

列出系統組件列表之後，下一步就是依照圖例（如圖 11.4 所示）繪製系統的功能模型圖，具體要求見第 2 章。需要強調 3 點：

(1) 牢記功能模型圖的繪製遵循「此情此景，全像透視」原則。系統功能模型不考慮時間帶來的影響，這是與因果分析完全不同的。因此系統功能模型只描繪系統問題出現的那一瞬間的情景，不是正常工作的狀態，也不是系統徹底出問題停機了之後的狀態。所謂「此情此景，全像透視」，就是想像這樣一個場景。在系統問題發生時，你拍攝了一張神奇的照片，這張照片剛好拍下了問題出現的那一瞬間，而且這張照片可以無限的全方位進行透視，即可以看到構成系統的最微小的組件，也可以把焦距拉遠看到系統周圍產生作用的所有超系統。

(2) 功能模型圖中對象指的是整個系統的作用對象，需要以藍色的框單獨標出。

(3) 在功能模型圖中，如果把組件分解成若干子組件，則組件本身就不在

功能模型圖中出現。例如：將汽車分解為引擎、輪胎等子組件，則汽車本身就不出現在功能模型圖中了。

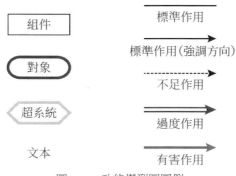

圖 11.4　功能模型圖圖例

3. 系統功能分析結論

透過建構系統功能模型圖並進行分析，描述了系統組件及組件之間的相互關係，列舉出系統中存在的所有負面功能，從而確定導致問題存在的所有功能因素。例如：

負面功能 1：（如瓶蓋和瓶口之間的密封不足──不足作用）。

負面功能 2：（如試劑瓶內的硫酸對橡膠瓶塞的腐蝕──有害作用）。

……

負面功能 n：（如螺絲上的螺帽旋得過緊──過度作用）。

需要著重強調的是這裡要求列舉出系統中存在的「所有」負面功能，即功能模型圖中所有的紅粗線（有害作用）、虛線（不足作用）及藍雙畫線（過度作用），不要有遺漏。

關於負面功能的確定，有以下五種經驗：

(1)「兩件一線」原則。繪製功能模型圖的過程中，尤其對於初學者，原則上建議先將系統組件間所有的作用都盡可能在功能作用矩陣（詳見第 2 章）中詳細列出，不要遺漏。但在實際解題過程中，為了分析方便，一般只分析兩個組件間的主要作用，所以兩個組件間通常只保留一個作

用即一條線，其他作用，尤其是不影響分析的標準作用可忽略。

以上僅是為簡化圖形和分析過程的經驗舉措，非硬性要求，工作中要根據實際情況靈活應對。會有例外情況存在，例如傳送帶對零件，客觀上確實存在兩個作用，一是支撐，二是運輸。這個時候傳送帶和零件間建議保留兩個作用（兩條線），「兩件一線」原則就不成立。

(2) 避「常」就「害」原則。一般情況下，如果同時存在有害作用和標準作用，建議凸顯有害或不足等負面功能，根據實際情況忽略標準作用。

(3)「寧缺勿濫」原則。對於不穩定存在的標準作用，統一算作不足作用。例如機械手臂對工件的復位操作，大部分時候是正常的，有的時候復位就不到位。這時候為了分析需求，建議將機械手臂對工件的推動（復位）作用確定為「不足作用」，而非一個「標準」的推動作用加一個「不足」的推動作用。

(4)「過猶不及」原則。功能模型分析中的一個難點即是對「過度」作用和「有害」作用的區分。其中區分的關鍵是該作用是否對系統作用對象及重要的超系統組件造成直接危害（如環保問題是對環境產生危害，安全問題是對操作者產生危害）。

仍以機械手臂對工件的復位操作為例，如果機械手臂在復位過程中把工件給損壞了（例如機械手臂在夾持玻璃製工件復位時會在表面造成劃痕甚至夾碎工件），機械手臂對系統作用對象產生了直接的危害，這就是「有害」作用了。

但如果機械手臂僅僅把工件推到待復位位置之外，即推「過頭」了，工件沒損壞，對超系統也沒影響，只是在後續操作中影響了生產效率，所以這仍然是負面功能，但應看作是「過度」作用。也有學員反映，如果將機械手臂的功能定義為「精確的復位」，那麼「推過頭」的行為也可以理解為定位的精準度不足，因此是「不足」作用，這也並無不可，總之終歸是負面功能。

從以上例子中也可以看出，其實大部分有害功能都是因為「過度」的作用對系統對象及超系統造成了直接危害，還有一部分「過度」作用可被看

作「不足作用」，因此建議在定義「過度」作用時須慎重，嚴格意義上的「過度」作用其實還是比較少見的。

(5)「以我為主」原則。關於超系統組件的確定，務必牢記一個原則，即超系統組件必須與系統發生作用，如果不發生作用，那麼堅決不能作為超系統組件進行分析。人、空氣、陽光等是常被作為超系統組件進行分析的，但也不是絕對的。例如：要解決縫紉機機身會將人燙傷的問題，這時候人是作為操作者存在的，人必然要和縫紉機（系統）發生作用，所以此時人是應被看作「超系統組件」的；但在另一種情況下，人操作腳踏縫紉機時，人與縫紉機系統的作用變成了去調整布料行進的方向和速度，這時候人實際上成為了一個送布機構，協助縫紉機共同完成主要功能即對系統作用對象「布料」的操作，此時人就應作為組件而不是超系統，即縫紉機系統的一部分。

「以我為主」原則強調僅關注超系統對系統及其組件的作用，由此引申而來的一個經驗就是：功能模型在分析過程中通常不用去考慮超系統組件間的作用。這個經驗在實施裁剪時非常有用，因為超系統組件是不能被裁剪和重新設計的。因此一旦超系統組件間發生不能被忽視的作用，我們就要考慮是不是要將其納入系統中進行分析了，而一旦納入系統考慮，那麼上述組件就可以被重新設計甚至被裁剪掉了。例如：在某化妝品加工過程中需要用到紫外光源（水銀燈），在最佳化製造工藝的過程中一般都把光源及其他環境要素如空氣、人（操作者）等作為超系統組件，其隱含的意思是不能重新設計和裁剪水銀燈，而實際上水銀對環境和人都有有害作用，當這個有害作用不能被忽視時，我們就要把其納入系統作為組件來考慮，這個時候就可以考慮裁剪或者替換它了。

下面以解決某型縫紉機機身發熱為例，解釋一下功能分析的整個過程。

- **問題背景分析**：某類型工業用縫紉機在高轉速連續運轉下，經過 3 ～ 4 個小時的時間，會造成機器表層溫升 20℃左右，在大部分地區普遍室溫在 30℃以上的情況下，表層溫度將會達到 50℃以上，造成使用者使用的不適性。

- **現有技術系統的工具原理**：其工作原理是在驅動馬達的驅動下，在控制系統的控制下，帶動機械傳動結構動作，最終將運動傳遞給執行機構（刺布機構與送布機構），在執行機構的協同運動作用下，完成縫紉動作功能，與此同時帶動潤滑油路對相關元件進行潤滑。

- **當前系統存在的問題**：系統因刺布機構高速磨擦引起發熱，同時機器驅動部分在大電流狀態下的狀態保持造成電磁鐵發熱嚴重，造成電磁鐵吸力不夠的問題，這也是由於發熱所引起的負面危害。

- **系統出現問題的時間和條件**：在高轉速連續運轉下，經過 3 ～ 4 個小時的時間，會造成機器表層溫升 20℃左右，在大部分地區普遍室溫 30℃以上的情況下，表層溫度將會達到 50℃以上，造成使用者使用的不適性。

- **對新系統的要求**：機器無論處於何種工況，機器的溫度能夠處於操作者體驗舒適的人體適應性溫度範圍內（35℃～ 45℃）。

　　針對上述問題，進行系統功能分析，首先列出組件列表，如圖 11.5 所示。

3 問題分析

3-1 系統功能分析

3-1-1 系統組件列表

本系統的功能是：某型縫紉機改變布料的連接狀態（既SVOP形式的表述）

本系統的作用對象是：布料（既SVOP中的O）

超系統組件	組件	子組件
布料 空氣 人 冷卻液	針管	
	導向套管	
	機身	
	送布機構	
	傳動機構	
	電動機	

圖 11.5　系統功能分析中的系統組件列表

隨後根據組件間的關係繪製系統功能模型圖,如圖 11.6 所示。

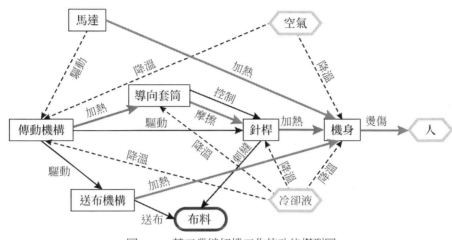

圖 11.6　某工業縫紉機工作的功能模型圖

這裡有幾個問題要注意:

(1) 因為問題描述中提到機身會把人燙傷,於是很多學員把「人」作為對象,這是絕對錯誤的。整個縫紉機系統作用的對象一定是「布料」,縫紉機是在連續工作的過程中產生熱量燙傷了人,但製造縫紉機的初衷絕對不是為了燙傷人的。所以千萬不要搞錯,對象是「布料」,而不是「人」。

(2) 因為「空氣」和「冷卻液」都分別和多個組件作用,產生「降溫」的功能,所以才作為超系統組件來納入考慮。有學員表示「空氣」的冷卻作用其實可以忽略不計,那麼也可將「空氣」去掉,以簡化分析,這個是沒有問題的。而環境中的陽光、水等組件因為和系統組件沒發生作用,依據「以我為主」原則,不去考慮。

(3) 按「兩線一件」原則,我們一般都須考慮兩個組件間的主要作用,但從圖 11.6 中可以看到,「導向套筒」和「針桿」間存在兩個作用,分別是「摩擦」和「控制」,因為這兩個是完全不同的作用,所以雖然同時存在,但是為了實現不同的目的,因此特地分開考慮。

(4) 馬達對傳動機構一定會存在一個標準作用(驅動),但功能模型繪製的「此情此景」即問題發生的一剎那,馬達是會因為過熱而驅動不足的,

所以為分析方便，這裡寫「不足」的驅動作用，而不寫「標準」的驅動作用。這也是避「常」就「害」原則的一個表現吧。

接下來是根據功能模型圖，列舉出系統中存在的所有負面功能，從而確定導致問題存在的所有功能因素。

- **負面功能 1**：針桿加熱機身──有害作用。
- **負面功能 2**：馬達加熱機身──有害作用。
- **負面功能 3**：送布機構加熱機身──有害作用。
- **負面功能 4**：傳動機構加熱導向套筒──有害作用。
- **負面功能 5**：導向套筒摩擦針桿──有害作用。
- **負面功能 6**：機身燙傷人──有害作用。
- **負面功能 7**：馬達驅動傳動機構──不足作用。
- **負面功能 8**：空氣降溫傳動機構──不足作用。
- **負面功能 9**：空氣降溫機身──不足作用。
- **負面功能 10**：冷卻液降溫機身──不足作用。
- **負面功能 11**：冷卻液降溫針桿──不足作用。
- **負面功能 12**：冷卻液降溫導向套筒──不足作用。
- **負面功能 13**：冷卻液降傳動機構──不足作用。

這裡需要注意的是，列出所有負面功能的過程中，有害、不足和過度作用都統一算作負面功能。

11.3.3　系統因果分析

系統功能分析後，我們進入第二種分析方法，系統因果分析。關於系統因果分析的詳細介紹請見第 3 章。

1. 系統因果分析圖

依照圖例（「結果」用藍色圓角框表示，「原因」用黑色框表示，「根本原因」用紅色帶陰影框表示），畫出系統的因果分析圖。為了方便分析與溝

通，我們統一要求：

(1) 畫圖的方向從上往下進行（即最上層為「結果」），所有箭頭均要求從「原因」指向「結果」。

(2) 充分考慮內因和條件（外因），盡量畫成「樹狀圖」而不是「鏈狀圖」。

(3) 因果分析的終止條件為（滿足其一即可停止）：當不能繼續找到下一層原因時；當達到自然現象時；當達到制度／法規／權利／成本／人工的極限時。

這裡有三點需要注意的問題：

(1) 建議學員在進行因果分析時，注意區分下一層的內因和條件（外因），這樣每一步分析都至少會分析出兩個以上的內因和條件，最終形成一個倒金字塔型的樹狀結構。這樣的分析有助於開拓思路，從而實現對問題全面深入細膩的分析。

(2) 一定要達到因果分析終止的三個條件之一時才能終止，只有保證達到分析終止的條件，才能確保對問題的分析達到足夠的深度和廣度，因此切不可在中途隨意終止分析。

(3) 因果分析中對原因的描述盡量使用規範語言，詳見第 3.2 節。

2. 系統因果分析結論

透過因果分析，確定本系統中導致問題產生的根本原因（可以寫多個）。所謂根本原因是指從樹狀因果分析圖的底部出發，逐層向上查找，盡可能的在底層中找到最容易施加影響，改變結果的原因。一般情況下，原因離底層越近，問題越容易根治，但另一方面，實施起來可能也更難，成本可能也更高。

仍以某型縫紉機機身發熱為例，繪製因果分析圖如圖 11.7 所示。

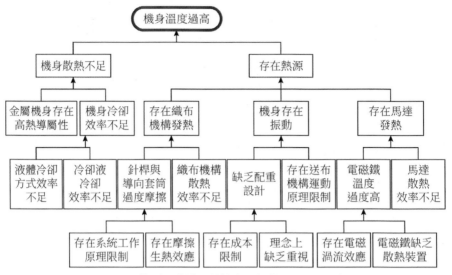

圖 11.7　某型工業縫紉機機身發熱的因果功能分析圖

　　如前所述，我們建議在進行因果分析的過程中區分內因和條件（外因），如圖 11.8 所示。這樣繪製出來的因果分析圖呈現樹狀而非鏈狀結構，便於對系統進行更深入全面的分析，從而發現可能會被遺漏之處。

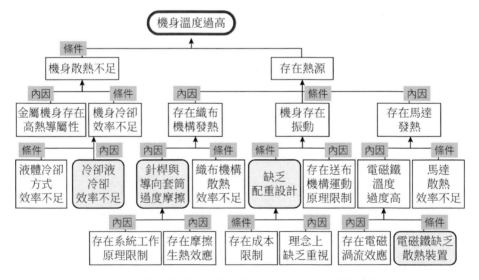

圖 11.8　某型工業縫紉機機身發熱因果分析中的條件與內因

　　透過因果分析，確定本系統中導致問題產生的根本原因為：冷卻液冷卻效率不足，針桿與導向管過度摩擦，缺乏配重設計，電磁鐵缺乏散熱裝置。

　　有學員會問，既然已經有了功能模型分析，為何還要進行因果分析，二者的區別和關聯是什麼？正好可以借助這個案例來進行比較和解讀。

　　對比功能模型圖和因果分析圖可以發現，因為功能模型圖關注的是「此時此景」，即系統出現問題一瞬間系統各組件間的關係。注意有害作用較為集中的「機身」組件，可以發現其呈現了導致機身發熱的幾個熱量來源（或者原因），分別是針桿加熱、馬達加熱、送布機構加熱以及散熱不足等。而對照因果分析圖，發現其熱量來源多了一個「機身存在振動」，這是因為因果分析圖著重從時間層面進行分析，側重考慮系統長期運行過程中出現的所有問題，尤其是隨機性的問題。在這個案例中，只有長時間的觀察機器運行才會發現，機身會隨機出現不規則的振動現象，這也是導致發熱的一個重要原因。關於這一隨機事件，側重「此時此景」的功能分析就不一定能夠及時捕捉到。因此兩種分析分別是從組件（即空間層面）以及時間層面來對系統進行分析的，兩者互相呼應，相互補充。兼顧和對照兩種方法的結論，才能對機身發熱問題進行全面深入的分析。

11.3.4　系統資源分析

　　TRIZ 提供的第三種分析方法是資源分析。所謂資源分析就是對系統現有可用資源的全面整理，力求做到「隱性資源顯性化、顯性資源系統化」。根據第 4 章將資源分為物質資源、能量資源、空間資源、時間資源、資訊資源和功能資源 6 大類。我們提供了一個表格，要求學員分別在子系統、系統和超系統層面尋找這 6 類可用的現有資源，如表 11.1 所示，為解決問題提供資源保障。

表 11.1　系統資源列表

資源類型	系統級別		
	子系統	系統	超系統
物質資源			

能量資源			
空間資源			
時間資源			
資訊資源			
功能資源			

11.3.5　確定問題解決突破點

透過展開系統三大分析（功能分析、因果分析、資源分析），明確了系統中組件之間的相互關係及存在的負面功能，深入挖掘了問題出現的多層次原因，在綜合考慮系統可用資源的基礎上，確定問題解決的突破點如下：

問題解決突破點 1：＿＿＿＿＿＿＿＿＿＿＿＿＿＿＿＿＿＿＿＿＿＿＿。

問題解決突破點 2：＿＿＿＿＿＿＿＿＿＿＿＿＿＿＿＿＿＿＿＿＿＿＿。

……

其中所謂問題突破點是指對初始問題進行綜合考慮後，需要著手解決的焦點和方向，相較於問題的初始狀態，問題突破點一般具有如下特點：

(1) 更加明確、具體。問題突破點或者是某個負面功能，或是某個根本原因，都一定比初始問題更小，更聚焦。按照慣常經驗，問題突破點以2、3 個為宜，不需要太多。

(2) 造成四兩撥千斤的作用。這是因為問題突破點的選擇是基於系統組件及功能關係整理和因果關係分析的，因此相對較小的問題突破點一旦被解決，將會對大的初始問題產生較大的影響。

(3) 問題突破點相對比較容易著手解決，因為是在明確了系統可用資源的基礎上進行的選擇。

問題突破點的選擇非常重要，因為後續問題解決步驟及工具的應用（如矛盾矩陣、質－場模型、知識庫等）都是圍繞問題突破點展開的，可以說突破點的選擇在很大程度上決定著解決方案的走勢。

此外，需要特別注意的是問題突破點描述的仍然是問題，而不是解決

方案，因此思路不要受侷限。例如：應該寫「反應釜加熱不充分」，不應該寫「提高反應釜的溫度」，後者會暗示問題解決方案應圍繞提高反應釜溫度展開，而喪失了其他的可能性，如可改變反應釜的運動方式或加熱方式等。因此，建議用盡量客觀的文字進行描述問題突破點。

　　回到縫紉機機身發熱這個案例，透過展開系統三大分析（功能分析、因果分析、資源分析），明確了系統中組件之間的相互關係及存在的負面功能，描述了系統運行過程中問題出現的多層次原因。在綜合考慮系統可用資源的基礎上，確定問題解決的突破點如下：

- **問題解決突破點 1**：針桿與導向套筒過度摩擦。
- **問題解決突破點 2**：冷卻潤滑液冷卻效率不高。
- **問題解決突破點 3**：缺乏配重設計。

　　這 3 個問題突破點在因果分析和功能分析結論中都可以找到，說明是重要的問題。此外，按照有害作用優先和根本原因層次深的原則，應將其確定為問題的突破點。需要注意的是，對於問題突破點的描述應該是客觀的，故以下提法都是不準確的：「相互接觸導致摩擦」、「因為高速運動導致」等，這些提法都預示了下一步的解題思路（消除接觸或減少相對運動等），對於創新性解決方案的提出是有限制性作用的。

11.4　問題解決

11.4.1　系統裁剪

　　至此，開始綜合運用多種創新方法工具為「問題突破點」提供解決方案。首先採用的方法是與系統組件分析緊密結合的系統裁剪法。關於確定裁剪組件的原則及裁剪方法，詳見第 2 章，這裡不再贅述。首先將原系統功能模型分析圖黏貼在相應頁，並複製上面的紅叉，將其覆蓋在待裁剪組件上，之後在下一頁重新繪製裁剪後的系統功能分析圖，之後描述形成的概

念方案，通用模板如下：

方案 *n*（解決方案的編號）：運用裁剪實施規則 ＿＿＿＿（請填寫對應的編號，如 1），＿＿＿＿（請描述概念方案的具體內容，例如具體裁剪掉了哪些組件，裁剪之後系統如何實現既定功能）。

如果產生了多種裁剪方案或連續裁剪，請將多種裁剪方案依次編號，用上述模板的語句進行描述。

下面透過兩個案例介紹實施系統裁剪的相關經驗和相關錯誤。

案例 1：消除排線和磁環的相對位移問題。通常在排線上套磁環，以降低排線在資料傳輸過程中產生的電磁輻射。而在實際使用過程中，磁環位置會因種種原因（如振動）經常發生位移，致使抑制電磁輻射的功效大打折扣。當磁環出現較大位移時甚至可能會損壞線纜。

對新系統的期望是磁環在排線上被很好的固定（不會發生位移），且磁環便於裝配。

對上述問題進行系統功能分析，首先按照流程列出組件列表，如圖 11.9 所示。隨後根據組件間相互作用關係繪製系統功能模型圖，如圖 11.10 所示。

3 問題分析

3-1 系統功能分析

3-1-1 系統組件列表

本系統的功能是：保持磁環和線纜相對位置

本系統的作用對象是：磁環

超系統組件	組件	子組件
電磁場 空氣 人 電子產品	磁環	
	膠水	
	塑料套	
	排線	
	電子線路板	電容、電阻、電感、芯片

圖 11.9　磁環保持裝置的系統組件列表

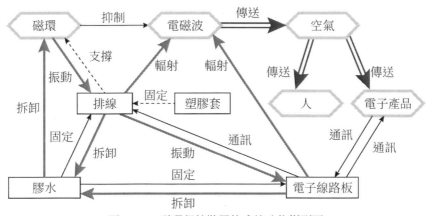

圖 11.10 磁環保持裝置的系統功能模型圖

最後，透過建構系統功能模型圖並進行分析，描述系統元件及其之間的相互關係，確定導致問題存在的功能因素。系統中存在的所有負面功能如下：

- **負面功能 1**：磁環震動對排線有損害。
- **負面功能 2**：排線震動對電路板有損害。
- **負面功能 3**：膠水固定磁環不利於磁環和線纜分離。
- **負面功能 4**：電路板向外輻射電磁場。
- **負面功能 5**：排線向外輻射電磁場。

本系統功能分析案例在分析過程中出現了多個錯誤，現嘗試圍繞功能模型圖逐一進行分析，如圖 11.11 所示。

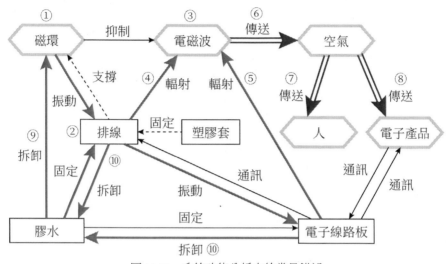

圖 11.11　系統功能分析中的常見錯誤

錯誤①──磁環不是普通超系統組件。首先在列組件列表的時候，磁環被明確為「系統作用對象」，因此按照圖例，磁環在功能模型圖中應以藍色橢圓形突出表示，且在組件列表中，磁環應被列入「超系統」中，而不是「組件」。

這裡引申出一個經驗，在閱讀系統功能模型圖的過程中，尤其是對於一個之前不熟悉的系統，首先要找到系統作用對象。因為系統直接施加在「對象」上的功能，才是系統要實現的基本功能，其他功能都是輔助或次要功能。明確系統的基本功能，才能正確的理解其他組件與功能間的作用關係。

錯誤②──磁環和排線間的作用不應為「振動」。這是一個典型的因果思維影響功能模型的例子。實際工作中，使磁環產生位移的一個主要原因就是振動。但問題是產生振動的來源很複雜，而排線沒有主動帶動磁環一起振動，所以排線不應作為「振動」這個功能的發出者。因此建議刪除這個功能。

錯誤③──電磁波不應是超系統。超系統是不能被裁剪和重新設計的，但是本系統的存在就是需要遏制甚至最好完全消除電磁波的，所以電

磁波在本系統中是能夠被控制或重新設計的。如果再繼續綜合分析電磁波的作用（結合錯誤④⑤⑥）會發現，將電磁波作為「組件」而不是「超系統」來分析更為合理一些。另外，電磁波作為一種場而不是實物，該不該作為組件來分析，有不同觀點。但本系統中，電磁波作為磁環的作用對象，以及主要有害功能的產生源，為分析方便是應該作為組件存在的。

錯誤④和⑤——功能表達錯誤。對於本系統，應該是電磁波排線和電子產品發出或產生電磁波，「輻射」不準確。另外最重要的是，這兩個功能雖然是我們不想要的，但其負面功能主要透過電磁波與電子產品間的「干擾」作用來表現，因此這兩個作用可以作為標準功能而不是有害功能來考慮。

錯誤⑥⑦⑧涉及到超系統間的相互作用，這是一個常見的錯誤。按照之前一再強調的超系統的定義，只有和系統及系統組件發生作用的環境要素才需納入超系統考慮，而錯誤⑥⑦的兩個功能，都是發生在超系統組件間的，即電磁波透過空氣傳輸再傳輸給人。先不論畫得對與不對，就這兩個功能的有無對系統來說根本無足重輕，因此完全可以刪除。而剩下的錯誤⑧，空氣「傳輸」電子產品，完全就是錯誤的表達，也是一個根本不存在的功能，也建議刪除。這三個功能都刪除之後，會發現空氣這個超系統組件與系統完全沒有關係了，因此可以乾脆刪掉。

錯誤⑨——功能表達錯誤。膠水不發出「拆卸」的功能，而是因為膠水過度「黏連」導致磁環容易損壞，建議將功能修改為「黏連」。

錯誤⑩——作用方向反了。這也是繪製功能模型時的一個常見錯誤，作用（功能）的發出者與對象經常搞反。再次明確：作用（功能）一定是從發出者指向對象。所以應該改為膠水分別「黏連」排線和電子產品。

經過上述修改，組件列表應做如圖 11.12 所示修改。

3 問題分析

3-1 系統功能分析

3-1-1 系統組件列表

本系統的功能是：保持磁環和線纜相對位置

本系統的作用對象是：磁環

超系統組件	組件	子組件
電磁場 空氣 人 電子產品	磁環	
	膠水	
	塑料套	
	排線	
	電子線路板	電容、電阻、電感、芯片

圖 11.12　磁環保持裝置系統組件列表的修改示意圖

　　正確的系統組件列表和系統功能模型圖，分別如圖 11.13 和圖 11.14
所示。

3 問題分析

3-1 系統功能分析

3-1-1 系統組件列表

本系統的功能是：保持磁環和線纜相對位置

本系統的作用對象是：磁環

超系統組件	組件	子組件
電子產品 磁環	電子線路板	電容、電阻、電感、芯片
	膠水	
	塑料套	
	排線	
	電磁場	

圖 11.13　磁環保持裝置的正確系統組件列表

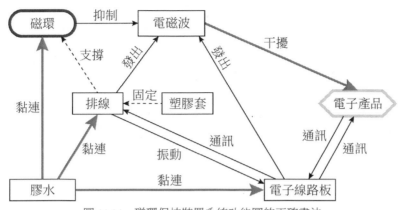

圖 11.14　磁環保持裝置系統功能圖的正確畫法

最後，根據系統功能模型圖列出系統中存在的所有負面功能，如表 11.2 所示。圖 11.14 中有害作用和不足作用一共有 6 條線，因此一共有 6 個負面功能，一定要全部列出。

表 11.2　系統負面功能修訂前後對比

修訂後的負面功能匯總	修訂前的負面功能匯總
負面功能 1：排線對磁環的支撐作用不足	負面功能 1：磁環振動對排線有損害
負面功能 2：塑膠套對排線的固定作用不足	負面功能 2：排線振動對電子線路板有損害
負面功能 3：電磁波對電子產品產生干擾	負面功能 3：膠水固定磁環不利於磁環和線纜分離
負面功能 4：膠水黏連磁環	負面功能 4：電子線路板向外輻射電磁場
負面功能 5：膠水黏連排線	負面功能 5：排線向外輻射電磁場
負面功能 6：膠水黏連電子線路板	另有 6 個負面功能未列出

經對比可以發現，修訂後的負面功能更少但更清晰，從11個減為6個，表述更準確。

關於裁剪組件的選擇，還可見另一個比較極端的案例。

案例 2：提高自動包裝機包裝合格率。

案例描述如下：某自動包裝機包裝完成後，因為進入包裝軌道的產品有可能移動，因此在產品分割時，有可能會導致切到產品，使包裝不合格，如圖 11.15 所示。

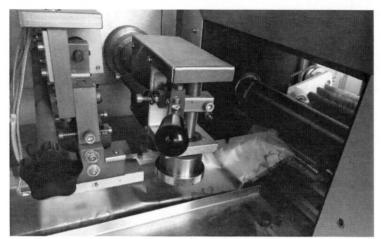

圖 11.15　自動包裝機工作實況圖

繪製系統功能模型圖，如圖 11.16 所示。

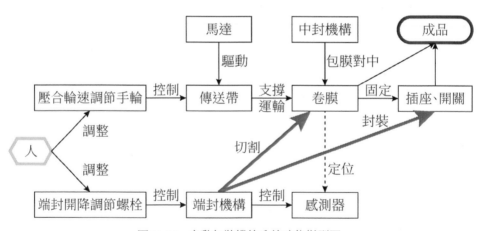

圖 11.16　自動包裝機的系統功能模型圖

　　實施裁剪過程中分別考慮過對中封機構、感測器、壓合輪速調節手輪等組件實施了裁剪，如圖 11.17 所示。

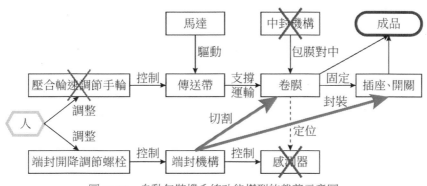

圖 11.17 自動包裝機系統功能模型的裁剪示意圖

連續實施裁剪後最終的系統功能模型圖如圖 11.18 所示。可以看到，雖然裁掉了三個組件，也產生了一些使系統更加精簡的概念方案，但系統最初的有害作用，也是我們迫切要解決的問題——端裝機構切割卷膜以及封裝插座開關，仍然存在。那麼這樣裁剪的意義就大打折扣了。僅從圖中考慮，端封機構是系統的核心組件，如果完全裁剪掉，那麼系統可能就不滿足完備性進化法則，不能用了。

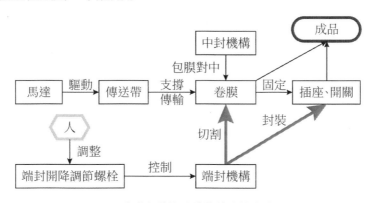

圖 11.18 自動包裝機系統裁剪後的系統功能圖

這也是個裁剪過程中的常見錯誤，部分學員對問題系統了解有限，不敢將核心組件貿然拆解（為子組件），從而使功能分析和裁剪造成影響。基於對以上問題研究，故應該將產生有害作用的端裝機構進一步拆解為若干子組件，深入分析其端裝機理，從而有針對性的產生的新裁剪方案。

1. 確定裁剪元件的原則

(1) 基於專案目標選擇裁剪對象。

　　降低成本：優選功能價值低、成本高的組件。

　　專利規避：優選專利權利聲明的相關組件。

　　改善系統：優選有主要缺點的組件。

　　降低系統複雜度：優選高複雜度的組件。

(2) 選擇「具有有害功能的組件」。
(3) 選擇「低價值的組件」。
(4) 選擇「提供輔助功能的組件」。

2. 系統裁剪的實施規則

　　實施規則 1：如圖 11.19 所示，若裁剪組件 B，隨即也就不需要組件 A 的作用，則功能載體 A 可被裁剪。

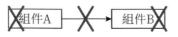

圖 11.19　系統裁剪實施規則 1 示意圖

　　實施規則 2：如圖 11.20 所示，若組件 B 能完成組件 A 的功能，那麼組件 A 可以被裁剪，其功能由組件 B 完成。

圖 11.20　系統裁剪實施規則 2 示意圖

　　實施規則 3：如圖 11.21 所示，技術系統或超系統中其他的組件 C 可以完成組件 A 的功能，那麼組件 A 可以被裁剪，其功能由組件 C 完成。組件 C 可以是系統中已有的，也可以是新增加的。

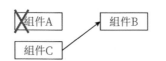

圖 11.21　系統裁剪實施規則 3 示意圖

正確繪製系統功能模型圖之後，開始實施裁剪。有學員先提出了兩個裁剪方案，分別試圖對電磁波和電子產品進行裁剪，如圖 11.22 所示。

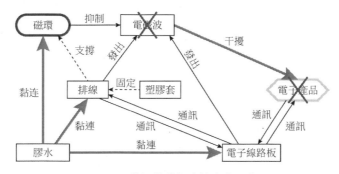

圖 11.22 錯誤裁剪超系統方案示意圖

上述裁剪方案犯了一個常見的錯誤，試圖裁剪電子產品。從系統分析和裁剪的規則上，超系統組件是不能被裁剪和重新設計的。就這個案例而言，試想一下，整個系統都為了保障電子產品不被電磁波干擾而生，如果電子產品都能被裁掉，那麼系統包括磁環在內都沒有存在和分析的必要了。

根據裁剪的原則，我們建議優先裁剪「存在有害作用」的組件，尤其是有害作用較多的組件。本案例中，發出三個負面功能的「膠水」無疑是應該優先被裁掉的，其次考慮裁剪排線和塑膠套。本課題最終運用裁剪方案 3，用排線取代「膠水」和「塑膠套」的功能，即裁剪「膠水」和「塑膠套」，如圖 11.23 所示。

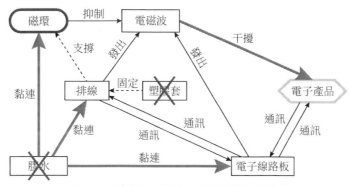

圖 11.23 從負面功能出發的裁剪方案示意圖

　　裁剪掉「膠水」和「塑膠套」兩個組件後，設計出一種新的排線結構[11]，該排線結構能夠更好的固定磁環的位置，從而保證磁環有效抑制電磁波對電子產品的干擾。因此上述裁剪方案成功解決了該技術難題。裁剪後的功能模型圖如圖 11.24 所示。

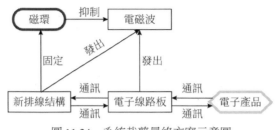

圖 11.24　系統裁剪最終方案示意圖

11.4.2　質－場模型及標準解

　　系統裁剪結束後，將使用第二個 TRIZ 解題工具質－場模型和標準解來建構解決方案。

1. 質－場模型的建構

　　首先要針對問題突破點建構質－場模型圖，圖例如圖 11.25 所示。

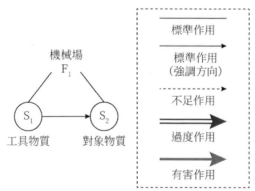

圖 11.25　質－場模型及其作圖圖例

　　隨後根據啟發性原則，尋找合適的標準解。

---

11 此處涉及案例企業的技術機密，不便展開，請讀者見諒。

2. 描述形成的概念方案

方案 **n**：運用標準解 ＿＿＿（請填寫對應的標準解編號，如 1.1.2），＿＿＿（請描述概念方案的具體內容），新的質－場模型如下所示：

下面用一個案例來描述質－場模型應用中常見的錯誤。

關於「降低網路攝影機工作溫度」的案例。某型網路攝影機在工作超過 30 分鐘後，主控周邊部分及 WiFi 周邊部分溫度超標。要求在保持設備的外觀、尺寸、傳輸資料速率及通訊距離在現有基礎不變的情況下，工作 30 分鐘後，主控及 WiFi 周邊部分溫度低於 80℃。

綜合系統功能分析、因果分析和資源分析，總結該技術難題的突破點為「主控與 WiFi 部分發熱」以及「散熱片散熱效率太低」。圍繞上述兩個突破點建構質－場模型如圖 11.26 所示。

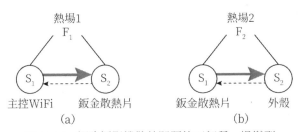

圖 11.26　網路攝影機散熱問題的兩個質－場模型

圖 11.26(a) 所示質－場模型是同時存在有害和不足作用的質－場模型，按照圖 6.11 提示可以先查找標準解 S1.1.6 ～ S1.1.8、S1.2.1 ～ S1.2.5 以及第二級標準解。圖 11.26(b) 所示質－場模型是存在不足作用的質－場模型，建議先查找第二級標準解。

接下來運用標準解建構解決方案，如對於圖 11.26(a) 所示質－場模型，運用標準解 S1.2.3，引入物質 S_3，引入導熱矽脂或導熱膠，填充電路板與鈑金、鈑金與外殼之間的空隙，提高整體導熱率。新的質－場模型如圖 11.27 所示。

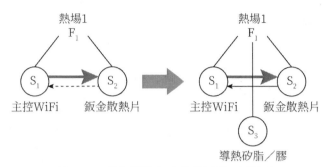

圖 11.27　運用標準解建構的新質－場模型

　　這裡犯了質－場模型應用中的一個常見錯誤，即當使用標準解建構解決方案之後，如果問題已經解決，那麼有害作用應該就不存在了。因此正確的畫法如圖 11.28 所示。

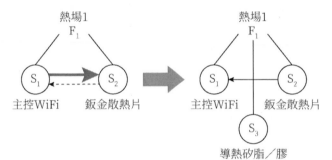

圖 11.28　運用標準解建構的正確的質－場模型

11.4.3　運用科學效應及知識庫

　　質－場模型後是第三個解題工具——知識效應庫。因案例形成時 cafetriz 網站還沒有上傳，因此目前本案例中所使用的知識效應庫，仍然是用阿奇舒勒與他的學生等 TRIZ 專家分別於 1987 年提出的物理效應庫、1988 年提出的化學效應庫以及 1989 年提出的幾何效應庫等經典的科學效應庫，簡稱學科效應庫。

1. 提煉欲改變的系統功能

　　效應庫的應用步驟非常簡單，首先圍繞問題突破點建構相對應的功

能，綜合查詢各類科學效應庫，得到可利用的效應列表，獲得相應提示，從而建構概念方案。其標準表述如下所示：

方案 *n*：運用科學效應「＿＿＿（請填寫所運用的科學效應的完整名稱）」，該效應的基本原理是 ＿＿＿（請簡介該效應）。

運用上述效應，形成新的概念方案，即 ＿＿＿（請描述概念方案的具體內容）。

2. 效應庫應用中的常見錯誤

下面應用「提高汽車蓄電池固定裝置穩定強度」的案例，來分析效應庫工具應用中的常見錯誤——功能表述不符合規範。

汽車行駛過程中因為振動或是車輛碰撞，使得蓄電池與拉桿和壓板之間存在碰撞，長時間的碰撞導致整個固定裝置變形，固定裝置中各部件的連接處發生鬆動。要求新系統對汽車蓄電池的固定牢固可靠，且不易變形，便於使用和安裝，通用性好。

綜合系統功能分析、因果分析和資源分析，總結該技術難題的突破點為「消除振動影響，蓄電池難以固定，固定裝置結構複雜」等，圍繞上述突破點提煉欲改變的系統功能，如表 11.3 第一列所示。建議功能的描述統一表述為「動詞＋名詞」的形式，這樣便於查找相關效應，如表格第 2 列所示。

表 11.3　系統功能的統一描述

修改前	修改後
減震	減小震動
加強限位	限制位置
加強穩定性	增加穩定性
控制位移	控制位移
穩定結構	穩定結構
穩定物體位置	固定位置

11.4.4　技術矛盾

如無特殊說明，本書提到的矩陣均指 Mann 於 2003 年提出的 2003 矛盾矩陣。

首先規範化表述系統中存在的技術矛盾，學員們須結合自身的課題，按以下規範標準表述本系統中存在的技術矛盾。

為了提高（改善、增強等）系統的 _____（「某個性能指標」，即改進目標），可能會導致系統的 _____（「另一個性能指標」）惡化（但不一定會惡化，卻是想盡力避免的，顯示了你的偏好）。

之後選擇合適的工程參數描述技術矛盾並查詢 2003 矛盾矩陣，將選擇的參數及查詢到的原理，填入如表 11.4 所示的矛盾矩陣與發明原理查詢表中。

表 11.4　矛盾矩陣與發明原理查詢表

改善的參數	惡化的參數	對應的發明原理編號

我們建議每次只分析一個矛盾（即一對參數），並查詢矛盾矩陣及相應發明原理，建構方案。如有多個矛盾請複製本頁及下一頁。

隨後用標準語言描述形成的概念方案如下：

方案 *n*：運用發明原理 No.____（請填寫對應的發明原理編號及名稱，如 No.34 自棄與再生元件原理），產生新的概念方案，即 ____（請描述概念方案的具體內容，建議有圖示）。

建議：①運用不同的發明原理可能產生不同的概念方案，複製本頁，將不同的概念方案列舉清楚。②選用不同的工程參數或考慮不同的矛盾，會產生不同的方案，請複製以上兩頁，重複技術矛盾解決流程。

應用技術矛盾和發明原理解題，常見的錯誤有三個。下面嘗試用案例「改善鉛酸蓄電池極板固化均勻性」來說明這三種錯誤及調整思路。

極板固化過程中，因空間限制致使極板擺放過密，導致局部（如極板間的間隙處，如圖 11.29 所示）過熱，產生副作用最終使極板間的結構不均勻，進而影響電池性能。新系統需要達到的要求是：在極板數量很多的情況下，固化的均勻程度也比較好。

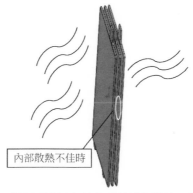

內部散熱不佳時

圖 11.29　極板固化過程的空間結構與散熱過程示意圖

(1) 常見錯誤 1：選擇的矛盾和問題不相配。

本系統中存在的技術矛盾可表述為：

為了提高（改善、增強等）<u>極板間的間距</u>（「某個性能指標」，即改進目標），可能會導致<u>極板數量的減少</u>（「另一個性能指標」）惡化（但不一定會惡化，卻是想盡力避免的，顯示了偏好）。最終選擇的技術矛盾參數組合如表 11.5 所示。

表 11.5　矛盾選擇與問題不相配的示意表

改善的參數	惡化的參數	對應的發明原理編號
4 靜止物體的尺寸	10 物質的數量	4, 3, 31, 25, 17, 14

極板間距擴大必然導致同等大小空間極板數量的減少，這個矛盾乍看起來沒有問題，但實際上犯了技術矛盾應用中的第一個常見錯誤——矛盾

與問題不相配。系統更關心的是極板結構是否均一，而不是如何擺放。

(2) 常見錯誤 2：望文生義。

以上建構矛盾犯了望文生義的錯誤（即第二個常見錯誤），即以為可以用物質的數量來描述極板數量可能減少的情況。實際上，按照定義，物質的數量指的是系統中能夠被改變的原材料或子系統數量的多少，即系統內部構成部分的數量。極板是整個固化系統的作用對象，是不能用參數「物質的數量」來描述的。

(3) 常見錯誤 3：矛盾描述反了。

本系統中存在的技術矛盾可表述為：為了提高（改善、增強等）極板的數量（「某個性能指標」，即改進目標），可能會導致極板間的間距的（「另一個性能指標」）惡化（但不一定會惡化，卻是想盡力避免的，顯示了你的偏好）。選擇的技術矛盾參數組合如表 11.6 所示。

表 11.6　錯誤的技術矛盾選擇

改善的參數	惡化的參數	對應的發明原理編號
10 物質的數量	4 靜止物體的尺寸	35, 31, 3, 17, 14, 2, 40

這個矛盾剛好把問題給說反了，改善的參數是試圖要改進的目標，改進的目標絕對不是在固化室中多塞入幾塊極板。惡化的參數是試圖避免的情況，極板間距肯定是不能太小的，這是對的，但也沒涉及到問題的本質，不讓極板間距太小是因為會導致局部過熱。所以這個矛盾也不合適。

綜合上述三個矛盾，本書比較推薦按如下方式建構技術矛盾：

為了提高（改善、增強等）極板的結構均一性（「某個性能指標」，即改進目標），可能會導致系統的生產效率的（「另一個性能指標」）惡化（但不一定會惡化，卻是想盡力避免的，顯示了你的偏好）。最終選擇的技術矛盾參數組合如表 11.7 所示。

表 11.7 改善極板固化問題的技術矛盾方案建構

改善的參數	惡化的參數	對應的發明原理編號
21 結構的穩定性	44 生產率	5, 24, 40, 3, 35, 12, 13

如前所述，本問題中最應該被注意和最應該被改善的參數無疑是極板結構的均一性。而無論是增加間距導致固化室內同時可放置的極板減少，還是放置更長時間使局部熱量完全散去，其造成的不好的結果都是導致生產率的降低。

當然矛盾建構並沒有標準答案，但確實有些矛盾相對其他矛盾能夠更精準刻劃問題並找到適用的發明原理。讀者也可以自己嘗試建構其他技術矛盾。

最終運用發明原理 13、35 和 40 建構了解決方案如下：

方案 1：運用「13　反向操作原理」。

讓原來不動的部分動起來，即將極板固定在可循環移動的傳送裝置上，不斷更換空間位置，可解決溫度與溼度不均勻的缺陷。具體方案如圖 11.30 所示。

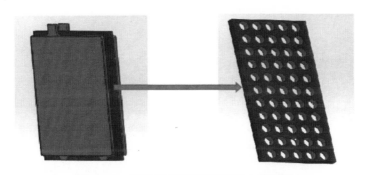

圖 11.30　固定在可循環移動裝置上的極板

方案 2：運用「35　性質轉變原理」。

極板固化不均勻也可能是由於極板過厚引起的，透過改變極板的厚度可使極板各部位固化後的溫度均勻。極板的厚度比板柵厚 0.2 ～ 0.4mm，減小板柵的厚度使極板變薄可以加快固化。目前拉網技術的極板為 Amm，但

沖網技術的極板厚度可以減到 Bmm。薄板在固化時會更均勻。圖 11.31 是板柵的示意圖。

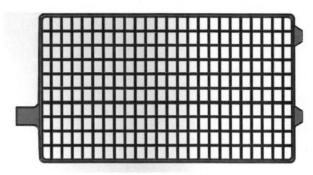

圖 11.31　板柵示意圖

方案 3：運用「40　複合材料原理」。

極板固化之後，其主要成分為 3BS 與 4BS，所以可以在極板製作過程中添加兩種複合材料，以減少鉛粉的使用，這樣可以減少固化工序，也可以減少固化時間，更能達到使結構均勻的效果。

此外，從另一個角度，本系統中存在的技術矛盾可表述為：

為了提高（改善、增強等）極板（化學）結構的穩定（「某個性能指標」，即改進目標），可能會導致系統的極板間的間距（「另一個性能指標」）惡化（但不一定會惡化，卻是想盡力避免的，顯示了你的偏好）。

選擇技術矛盾參數組合如表 11.8 所示，用工程參數描述技術矛盾並查詢 2003 矛盾矩陣。

表 11.8　改善極板固化問題中的技術矛盾

改善的參數	惡化的參數	對應的發明原理編號
21 結構的穩定性	4 靜止物體的尺寸	17, 4, 35, 37, 13, 1, 40

這樣選出的方案就既是使極板結構均一，又使極板間間距不會太小的方案。雖然沒有直接關切系統急需改善的是局部過熱引發的系列問題，但也算是從另一個角度提出了解題的思路。

　　如表 11.9 所示，我們把幾對矛盾對應的發明原理做個比較，最終選用的發明原理用粗斜體標出。

表 11.9　不同矛盾組對應的發明原理比較表

改善的參數	惡化的參數	對應的發明原理編號
4 靜止物體的尺寸	10 物質的數量	4, 3, 31, 25, 17, 14
10 物質的數量	4 靜止物體的尺寸	35, 31, 3, 17, 14, 2, 40
21 結構的穩定性	44 生產率	5, 24, 40, 3, 35, 12, 13
21 結構的穩定性	4 靜止物體的尺寸	17, 4, 35, 37, 13, 1, 40

　　由此可見，前兩對矛盾能找到的適用發明原理相對有限。最後一個矛盾中，最終應用到的發明原理基本都涵蓋了，從而從另一個側面說明，矛盾的建構並沒有標準答案。如果對問題把握不是很確定，不妨多找幾對矛盾，不確定性將可能因為在矩陣中所建議的發明原理重複出現而得以釐清。

(4) 常見錯誤 4。原理的應用錯誤。

　　對於我們推薦的矛盾「21　結構的穩定性」與「44　生產率」，也有學員試圖使用其他 4 個沒有用到的發明原理解題，如有學員運用「3　局部特性原理」，可以得到如下概念方案：

　　由於生產過程中，固化室中極板的數量過多，導致在固化過程中循環風的作用被相對密集位置阻礙，這樣影響固化過程中溫度均勻性的要求。所以需要減少循環不到位置的極板數量，來改善整個固化空間極板結構的均勻性。

　　這就表現了利用技術矛盾解題時常出現的第四個錯誤，即沒有充分領會原理的內涵，錯誤的使用了發明原理。如發明原理 3 的三個子原理分別是：將均勻結構變成均勻；使系統不同部分具有不同的功能；以及使系統不同部分都處於最佳的運行狀態。該方案說白了就是把極板數量減少，把極板間距拉大，和局部特性原理完全不沾邊。

11.4.5　物理矛盾與分離原理

對問題突破點建構技術矛盾並查詢原理後，嘗試運用第五種解題工具——物理矛盾來建構解決方案。首先規範化表述系統中存在的物理矛盾如下：

為了 ＿＿＿＿（請填寫系統想要達到的效果 A），要求 ＿＿＿＿（請填寫對某性能指標的要求）；與此同時，為了 ＿＿＿＿（請填寫系統想要達到的效果 B），要求 ＿＿＿＿（請填寫對某性能指標的互斥要求）。因此，本系統中存在對同一個參數「＿＿＿＿（請填寫相對應的工程參數）」的互斥要求，即存在物理矛盾。後續嘗試使用四大分離原理（空間分離、時間分離、系統分離、條件分離）解決系統中存在的物理矛盾。

之後規範描述形成的概念方案如下：

方案 **n**：運用 ＿＿＿＿（請填寫使用的分離原理，如空間分離原理）產生新的概念方案，即 ＿＿＿＿（請描述概念方案的具體內容，建議有圖示）。

如果運用不同的分離原理產生了不同的概念方案，可複製上面這段話，將不同的概念方案列舉清楚。

使用物理矛盾解題常見的錯誤有以下三種：

1. 第一常見錯誤是選擇的參數不是同一個

繼續討論「改善電池極板固化均勻性」案例，在極板固化過程中會因擺放過密而導致局部過熱，從而產生不利於電池結構的副作用。

針對上述問題，圍繞突破點建構物理矛盾如下：

為了產生足夠的溫度、溼度調節固化空間（請填寫系統想要達到的效果 A），要求固化室空間要足夠大（請填寫對某性能指標的要求）；與此同時，為了溫度能均勻的分散在固化空間中（請填寫系統想要達到的效果 B），要求極板要足夠小（請填寫對某性能指標的互斥要求）。因此，本系統中存在對同一個參數「靜止物體的體積（即極板的固化空間）（請填寫相對應的工程參數）」的互斥要求，即存在物理矛盾。後續嘗試使用四大分離原理（空

間分離、時間分離、系統分離、條件分離）解決系統中存在的物理矛盾。

以上表述中，非常明顯，要求足夠大的是「固化室的空間」，要求足夠小的是「極板的體積」，最後選擇產生互斥需求的同一個參數又變成「極板的固化空間」。一共出現了三個參數，完全不是物理矛盾。

仔細分析上述文字，發現效果 A 和 B 都和溫度有關，一個是產生足夠的「溫度」，一個是使「溫度」均勻分布。因此我們可以設想，是不是可以把「溫度」作為產生互斥需求的同一個參數來考慮呢？

進一步分析得知，在極板固化過程中是需要在一定的溫度條件下以保證特定產物的形成的，但局部溫度過高又會導致該產物大量分解。因此建構物理矛盾如下：

為了在極板固化過程中形成特定產物（請填寫系統想要達到的效果 A），要求溫度要高（請填寫對某性能指標的要求）；與此同時，為了避免導致該產物含量急遽變化（分解）（請填寫系統想要達到的效果 B），要求溫度不能太高（請填寫對某性能指標的互斥要求）。因此，本系統中存在對同一個參數「溫度（請填寫相對應的工程參數）」的互斥要求，即存在物理矛盾。後續嘗試使用四大分離原理（空間分離、時間分離、系統分離、條件分離）解決系統中存在的物理矛盾。

此處要注意，在滿足效果 B 時，這裡填寫的是要求「溫度不能太高」，而不是要求「溫度要低」。這就涉及到對「互斥」的理解。如果對參數的需求一方面是 X，另一方面是 -X 才叫互斥，而 -X 不一定意味著反義詞。在本案例中，一方面為形成特定產物，要求溫度要高到一定程度，但另一方面，要求溫度不能過高，而不是低，溫度低就得不到特定產物了。這個「互斥」一定要特別的注意。

最終運用時間分離原理，將極板固定在可循環移動的傳送裝置上，定時更換空間位置，可解決溫度與溼度不均勻的缺陷。

此處回憶一下，上一節應用技術矛盾解題的過程中，選擇的技術矛盾是（改善）「10　結構的穩定性」與（惡化）「44　生產率」。而事實上，「10

結構的穩定性」和溫度有關，溫度過高，特定產物分解，極板結構（主要是化學構成）就不穩定了，兩個參數是反向變化的。而另一方面，「生產率」也與溫度有關，溫度低，特定產物不產生，極板固化所需的時間就長，生產率就低，二者是同向變化的。所以上節中的技術矛盾是可以轉化為以溫度為統一參數的物理矛盾的。

2. 第二個經典錯誤是用術語代替參數

如之前提到過的案例「提升輔助觸頭系統動作精確性」，當手柄合閘後，經常發生輔助觸頭系統常閉動、靜觸頭並未擠壓接觸，兩者存在一定的縫隙，從而導致線路未有效接通的問題。

針對上述問題，有學員嘗試用本專業術語來定義物理矛盾如下：

為了使動靜觸頭擠壓接觸（請填寫系統想要達到的效果 A），要求超程要大（請填寫對某性能指標的要求）；與此同時，為了動靜觸頭分離（請填寫系統想要達到的效果 B），要求開距也要大（請填寫對某性能指標的互斥要求）。因此，本系統中存在對同一個參數「超程與開距（請填寫相對應的工程參數）」的互斥要求，即存在物理矛盾。後續嘗試使用四大分離原理（空間分離、時間分離、系統分離、條件分離）解決系統中存在的物理矛盾。

在電工領域，觸頭開距是指觸頭處於完全斷開位置時，動、靜觸頭間的最短距離，其作用是保證觸頭斷開之後有必要的安全絕緣間隔。超程是指接觸器觸頭完全閉合後，假設將靜觸頭移開時，動觸頭能繼續移動的距離。其作用是保證觸頭磨損後仍能可靠的接觸，即保證觸頭壓力的最小值。

物理矛盾的定義是要找出對同一個參數的互斥要求。但無論如何，超程和開距這兩個物理量（或叫專業術語）都不是同一個工程參數，這個物理矛盾找得是有問題的。此外，系統所要達到的效果，如果僅限於使動靜觸頭擠壓接觸或分離，雖沒有錯誤，但未免太侷限，目的性也不夠強。

仔細思考一下，兩個變量其實都和動靜觸頭間的距離有關，因此對上述物理矛盾表述修改如下：

為了當手柄閉合時，使動靜觸頭閉合，接通電路（請填寫系統想要達到

的效果 A），要求<u>動靜觸頭間距離要盡量小，小到擠壓接觸</u>（請填寫對某性能指標的要求）；與此同時，為了<u>當手柄斷開時，使動靜觸頭分離，切斷電路</u>（請填寫系統想要達到的效果 B），要求<u>動靜觸頭間距離要盡量大</u>（請填寫對某性能指標的互斥要求）。因此，本系統中存在對同一個參數「<u>靜止物體的尺寸</u>（請填寫相對應的工程參數）」的互斥要求，即存在物理矛盾。後續嘗試使用四大分離原理（空間分離、時間分離、系統分離、條件分離）解決系統中存在的物理矛盾。

最終利用空間分離原理建構了解決方案，即盡量增大滑塊行程，採用直上直下的銅片運行軌跡，確保手柄斷開和閉合時滿足相應的觸點斷開和閉合要求。

這裡再次提一下，本案例中為達到效果 A 接通電路，要求兩觸頭間距要小；為達到效果 B，要求兩觸頭間距要大，而非不小。因為這裡分別用「大」和「小」是合適的。回顧上一個案例，溫度只能寫「高」和「不那麼高」，而不能寫「低」，到底什麼時候可以寫反義詞呢？

這裡有個簡單的技巧，那就是問題情境能不能接納極端情況。能，就可以用反義詞，不能，就盡量用 -X 的形式，而不要直接寫反義詞。對於本案例，「小」到極致就是兩觸點間距為零，這沒有錯，電路接通時希望看到這樣的情況；「大」到極致就是兩觸點間距為無限大，也沒有錯，電路切斷時希望兩者完全沒有接觸，離得越遠越好。所以本案例用反義詞「大」和「小」表述互斥的需求沒問題。但前一個案例，溫度低到絕對零度可以嗎？不可以，那樣就不反應、不能生成特定產物了。溫度高到上千攝氏度甚至更高可以嗎？當然也不可以，那樣產物都分解掉了。所以對上個案例，不能用反義詞，只能用「高」和「不那麼高」來描述互斥的需求。對互斥需求的描述，直接影響最後解決方案的產出和遴選，因此請學員不要掉以輕心。

3. 第三個常見錯誤是以組件來代替參數

如案例「提高鏍桿輸料筒運行穩定性」，輸料筒在排出混凝土物料過程中，經常會出現混凝土中的硬顆粒物卡在閥片與閥體之間的問題，使馬達

不能轉動，導致無法正常排料。

對於上述問題，有學員嘗試建構物理矛盾如下：

為了達到系統氣密性良好，要求採用剛性閥片；與此同時，為了不使小石塊卡阻閥片，要求採用彈性閥片。因此，本系統中存在對同一個參數「運動閥片材質」的互斥要求，即存在物理矛盾。

運動閥片的材質不是工程參數，這樣建構的物理矛盾是有問題的。建議將其修改為「運動閥片的適應性」比較合適。

11.4.6　九宮格法

下面進入第六個解題工具——改進的「九宮格法」的講解。傳統九宮格法在實際解題過程中往往會出現難以產出解決方案，思維過於發散、難以聚焦等問題，為此我們從解決問題的需求，推出了改進的「九宮格法」。

在改進型的「九宮格法」中，首先要填寫「擴展型資源列表」，如表 11.10 所示。要注意，「擴展型資源列表」與前面「問題分析」部分的「資源列表」是有很大區別的。

在「資源列表」中，我們要求學員分別從子系統、系統和超系統層面全面挖掘「現在」可用的資源，即側重從系統層面挖掘現有資源。而「擴展型資源列表」強調從時間的層面來探索資源，即分別從過去、現在和未來獲取所需的資源。

其中「過去」指的是問題發生之前，能否搜尋某些資源預防問題的發生或者提前做好應對措施，目的是預防問題的發生，類似於「未雨綢繆」的操作和所表達的內涵；「現在」指的是問題發生時，能否搜尋某些資源阻止問題的發展和進一步惡化，目的是救急，類似於「懸崖勒馬」的操作和所表達的內涵；「未來」指的是問題發生後，能否搜尋某些資源進行補救，從而盡量減少問題帶來的損失以及問題產生的負面（長期）影響，目的是減少損失，類似於「亡羊補牢」的操作和所表達的內涵。

為幫助學員更仔細全面的尋找資源，我們把資源分為六類，如表 11.10

表示,鼓勵學員把所有表格都盡量填滿。

表 11.10　擴展型資源列表

時間層面	過去	現在	未來
物質資源			
能量資源			
空間資源			
時間資源			
資訊資源			
功能資源			

隨後要求學員綜合資源列表和擴展型資源列表,選擇可用資源,將可能產生方案的資源名稱填入九宮格表格中,如表 11.11 所示。

表 11.11　九宮格法資源方案表

時間層面	過去	現在	未來
子系統			
系統			
超系統			

最後,根據可用資源建構並描述所形成的概念方案,標準語言如下。

方案 n:運用 ____(請填寫運用的資源名稱)產生新的概念方案,即 ____(請描述概念方案的具體內容)。

如在九宮格法中,運用不同的資源產生了不同的概念方案,那麼複製上面這段話,將不同的概念方案列舉清楚。

11.4.7　S 曲線及進化法則

九宮格法後進入第七種解題工具——S 曲線和進化法則。細心的讀者可能會發現從第六個解題工具開始,後面連續幾個解題工具(S 曲線和進化法則、STC 算子和 IFR)都是關於創新思維方面的。

首先從以下四個層面對系統所處 S 曲線階段進行判斷。

- 性能描述
- 發明級別描述
- 發明數量描述
- 經濟收益描述

綜合考慮以上四方面指標，判斷本系統處於 ＿＿＿（請描述系統所處階段，如成熟期、成長期向成熟期過渡等）。

系統所處 S 曲線階段的定性判斷可參照圖 11.32。這裡需要強調的一點是，學員只需要判斷系統所處階段，而不是系統中的某個組件所處的階段。

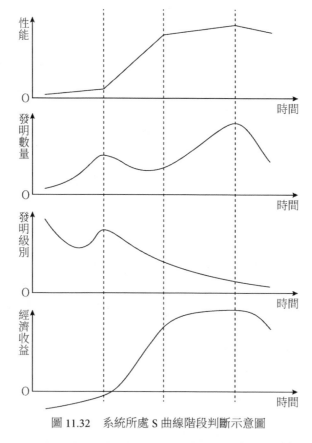

圖 11.32　系統所處 S 曲線階段判斷示意圖

為何需要先確認系統在 S 曲線中所處的階段呢？這主要是為提高進化曲

線的應用效率。系統 S 曲線所處階段與進化法則之間的對應關係有一條經驗曲線，如圖 11.33 所示。在特定的階段均有若干常用的進化法則，可優先考慮。但我們認為，這僅僅是為提高進化曲線使用效率的經驗總結，在解題過程中不必完全拘泥於此曲線。換句話說，如果學員覺得有必要，對於處於成熟期的系統，也不是完全不能使用動態性進化法則來解題。

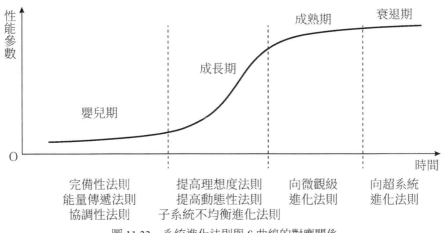

圖 11.33　系統進化法則與 S 曲線的對應關係

隨後規範描述所形成的概念方案如下：

方案 *n*：運用 ＿＿＿＿（請填寫使用的進化法則，如向超系統進化法則）產生新的概念方案，即 ＿＿＿＿（請描述概念方案的具體內容）。

如果運用不同的進化法則產生不同的概念方案，請複製上面這段話，將不同的概念方案列舉清楚。

11.4.8　創新思維之 STC 算子

進化法則之後，採用 STC 算子作為解題工具建構解決方案。關於 STC 算子的介紹詳見第 10 章，這裡不再贅述。只須將系統或其某一組件在尺寸、空間和成本三個層面的極限變化情況填入如表 11.12 所示的表格，即可建構解決方案。

表 11.12　STC 算子中三種極限情況描述的示意表

項目	改變方向	
	趨近於零／→ 0	趨近於無窮／→ ∞
尺寸（size）		
時間（time）		
成本（cost）		

描述形成的概念方案的模板如下：

方案 *n*：在 ____（請填寫使用的 STC 算子，如尺寸趨近於零）的條件下，產生新的概念方案，即 ____（請描述概念方案的具體內容）。

如果針對不同的組件使用 STC 算子會產生不同的概念方案，複製上面這段話，將不同的概念方案分別列舉清楚。

應用 STC 算子易發生的典型錯誤是不針對同一對象進行極限分析，如下面的案例所示。

案例：提升輔助觸頭系統導通精確性

電路中輔助觸頭系統的作用是當主斷路器的手柄合上時，帶動輔助觸頭系統手柄合上，進而帶動傳動機構抬升滑塊，滑塊抬高銅片，使得動、靜觸點擠壓接觸，實現該線路接通，如圖 11.34 所示。

圖 11.34　輔助觸頭系統工作原理圖

但實際中當手柄合閘後，經常發生常閉動、靜觸頭並未擠壓接觸，兩

者存在一定的縫隙，從而導致線路未有效接通的情況，因此要求（新系統）手柄合閘時，常閉觸頭的動、靜觸頭有效閉合，線路正常接通的機率不低於99%。

　　針對上述問題運用 STC 算子建構解決方案，首先填入如表 11.13 所示的表格。

表 11.13　運用 STC 算子建構解決方案引導表

項目	改善方向	
	趨近於零／→ 0	趨近於無窮／→ ∞
尺寸 （size）	**動、靜觸點間距離**無窮小，只要能讓它們產生微小位移就能有效接通	當手柄閉合時，觸點尺寸無窮大，就不存在動、靜觸點間閉合時有間隙的問題
時間 （time）	**輔助觸頭系統裝配、測試時間**無窮小，則可能會出現很多不合格品	**輔助觸頭系統裝配、調試時間**無窮大，則能篩選出所有合格的產品
成本 （cost）	將不合格品的動觸頭上的銅片進行一定彎曲，增加動觸頭一定的超程，來滿足有效接通	所有零部件**模具**採用高精度要求製作，**材料**都不顧成本選擇最優異的，這樣機構動作就會很接近原設計模擬的結果

　　如表 11.13 所示，在對尺寸層面進行極限分析的時候，趨近於零選擇的分析對象是「動、靜觸點間距離」，趨近於無窮選擇的分析對象是「觸點」（尺寸），兩個對象不統一。類似的，在成本層面，成本趨近於無窮選擇的是系統製造的成本，如模具精度和材料選擇都選最好的；但在成本趨近於零根本沒選擇分析對象，只是客觀描述現有的解決方案，可能想表達的意思是不改變現有做法，所以成本為零。但這樣不算是進行極限思考，用現有做法還是有成本，沒真正做到「成本趨於零」的極限思考，失去了運用 STC 算子的意義。相對來說，在時間層面，趨近於零和趨近於無窮都選擇了相同的對象「系統裝配、測試時間」，做得相對較好。

　　修改後的表格如表 11.14 所示。修改後的表格中各層面所選擇的對象都統一了，如尺寸層面都選擇的是「觸點」（尺寸）、時間層面還是「系統裝配、測試時間」，成本層面選擇系統製造的成本（含模具精度和原材料成本），但遺憾的是只在成本趨近於無窮這裡產生了一個概念解。究其原

因是，個別層面的極限思考還不夠深入，改善空間還很大。如成本趨近於零的情況，應該在最經濟零部件的基礎上，再考慮成本更低甚至為零的情況。這其實也是使用 STC 算子常見的另一個錯誤，就是沒有考慮到極限情況就匆促的停止思考。

表 11.14　運用 STC 算子產生概念方案示意表

項目	改善方向	
	趨近於零／→ 0	趨近於無窮／→ ∞
尺寸 （size）	當手柄閉合時，觸點無窮小，動、靜觸頭就無法接觸了	當手柄閉合時，觸點無窮大，不存在動、靜觸點間閉合時有間隙的問題
時間 （time）	輔助觸頭系統裝配、測試時間無窮小，則可能會出現很多不合格品	輔助觸頭系統裝配、調試時間無窮大，則能篩選出所有合格的產品
成本 （cost）	零部件按最經濟的方案製作，節約成本，系統運作發生錯誤的機率高	零部件模具採用高精度要求製作，原材料選擇最優異

11.4.9　最終理想解 (IFR)

解題部分的最後一個工具是改進的最終理想解。與九宮格法類似，我們發現當前大家多根據 Moehrle（2005 年）的流程（如圖 11.35 所示）來應用最終理想解。但這個流程不太符合亞洲人的思維習慣，在實際解題過程中往往會出現因為回答不出問題而卡住，導致難以產出及解決方案的問題。為此我們針對解決問題的需求，推出了改進的「最終理想解」，即新流程。

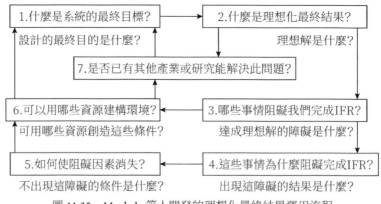

圖 11.35　Moehrle 等人開發的理想化最終結果運用流程

新的流程主要包含五個問題，詳細介紹見第 9 章。

- **流程 1**：精確的描述系統中現存的問題和矛盾。
- **流程 2**：明確系統所要實現的功能（SVOP）。
- **流程 3**：思考實現（這些）功能的理想情況。
- **流程 3-1**：需要／存在這種功能的終極目的到底是什麼？是否可以透過其他方式達成同樣目的，而使得這種功能不再被需要（有害功能和成本降為零）。
- **流程 3-2**：是否可不需要系統（有害功能和成本降為零）。

 （a）是否可讓對象自服務，自己實現所需功能。

 （b）是否所需功能可由超系統實現。

 （c）所需功能由更廉價的其他系統實現。

- **流程 3-3**：去除有害功能。

 是否可利用系統內部的剩餘資源或引入系統外部的「免費」資源，來幫助消除有害功能或實現有用功能。

- **流程 3-4**：**降低成本。**

 是否可利用系統內部的剩餘資源或引入系統外部的免費資源來實現有用功能。

- **流程 4**：看其他行業是否已有解決方案。
- **流程 5**：建構解決方案。

 這裡需要強調的是，不要只在最後寫解決方案，其實對每個問題的答案，都可以考慮設計出一個解題概念方案來。

11.5　方案匯總

11.5.1　方案匯總

下面介紹方案的匯總與評價部分。

首先將所有產生的概念方案匯總到表 11.16 中。

表 11.15　工程問題解決概念方案匯總表

序號	方案名稱	所用 TRIZ 工具	方案簡要描述
1			
2			
3			
4			
5			
…			

這裡要將前面問題解決過程中產生的所有方案匯總。使用不同的 TRIZ 工具，可能會產生相同的解決方案，但此處不用管重複與否的問題，只管把按順序產生的解決方案都按要求填入到表格中即可。

關於方案的命名，建議使用名詞短語或動賓短語，以簡潔清楚為原則，要求能夠呈現出解決方案的主要思路和創新之處。

11.5.2　產生的概念方案評價

開始對方案進行評價。在這時，需要對重複的解決方案進行去重，即重複的方案只評價一次。另外本頁的序號僅做計數用，當提及解決方案時，仍然可以用最初按順序產生的序號。例如方案 3 和方案 7 是重複的，這時只須評價一個就可以，後面再提到就可以只說方案 3，方案 7 就不再提了。

根據工程問題的定義，即「經濟、可靠和容易實現」，我們分別對解決方案從成本、可行和可靠三個層面進行評價，如表 11.16 所示。為簡化起

見，對每個層面劃分為高、中、低三種進行定性評價。如果該問題涉及其他重要層面，例如環保、美觀等，可以再根據需求自行增加評價層面。

表 11.16　工程問題概念解決方案綜合評價表

序號	方案名稱	成本	可行	可靠	綜合評價
1					
2					
3					
4					
5					
…					

最後對最終實施方案進行規範描述如下：

綜合考慮成本、難易、可靠以及 ＿＿＿＿（如果有，請添加補充層面）等多個層面，最終採納由「＿＿＿＿（填寫若干優選的方案名稱）」所組成的綜合方案，即 ＿＿＿＿＿＿（請對最終的綜合方案進行描述），如圖所示。（強烈建議添加圖示，如位置不夠則複製本頁即可）

縫紉機機身發熱燙人的問題，產生了如下 7 個概念解。根據上述概念解列表，學員將概念解列表如表 11.17 所示。

表 11.17　改善某型工業縫紉機機身發熱問題的概念解列表

序號	解決方案	創新方法	解評價
1	在套環內壁添加滾珠，撞桿上預留導槽，這樣變滑動摩擦為滾動摩擦，從而減少摩擦，進而降溫	原理 15（動態化原理）	可能會導致產品體積增大
2	氣管裡加噴霧裝置，透過潤滑冷卻液的噴霧實現散熱	原理 35（性質轉變原理）	確保液體不會對設備造成生鏽磨蝕，且去汙防滑，還可降噪，這樣可能系統的解決所有問題
3	利用超導液降溫	原理 36（相變化原理）	效率高，無腐蝕；但須注意滲漏隱患
4	換潤滑冷卻液	標準解 S2.2.6 構造物質	簡單

序號	解決方案	創新方法	解評價
5	在套環內壁加摩擦係數較小的墊子實現降溫，如聚四氯乙烯	標準解 S2.1.1 引入物質向串聯式複合質－場模型轉換	易實施，但須考慮使用壽命、耐磨性，及可能會熔化等問題
6	在外壁上噴陶瓷，應用粉末鑄造技術	標準解 S2.2.2 加大對工具物質的分割程度向微觀控制轉換	可能從根本上解決這個問題，但對技術和工藝要求較高，需要一定投入
7	創造一個磁懸浮狀態，讓撞桿和套環內壁不產生接觸	標準解 S2.4.1 引入固體鐵磁物質，建立原鐵磁場模型	理想狀態

綜合考慮成本、可行、可靠等多個層面，最終採納由「2、6（填寫若干優選的方案名稱）」所組成的綜合方案，即使用冷卻噴霧及粉末鑄造技術，首先將冷卻液狀態轉換為噴霧，應用粉末鑄造技術在導向管外壁上噴鑄陶瓷，從而從根本上解決機身發熱的問題。

第六部分是對最終實施方案的經濟及社會效益進行分析，規範表述如下：

該方案 _____（請對該方案的優點進行描述，尤其著重描述新方案是如何克服原有難題的），_____（簡述新方案帶來的經濟效益或社會效益），已申請專利或發表文章 ____（如果有請填寫，如果沒有請刪除）。

第七部分是羅列用創新方法解決過的問題，不再贅述。

需要指出的是，對經濟和社會效應的評價要遵循兩個原則，一是要客觀，不要誇大其詞。二是要全面，不僅要考慮方案帶來的直接收益，如銷售的成長、成本的降低，還應考慮一些間接的社會效益，例如實現了進口替代、提升了品牌聲譽等，進而綜合計算新方案帶來的效益。

後文將透過若干個學員的真實案例及講評，進一步加深讀者對創新方法各工具及整個綜合解題流程的掌握。

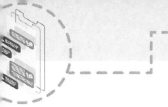

第 12 章　應用 TRIZ 解題流程綜合案例

12.1　降低智慧鎖電容式觸控按鍵故障率 [12]

12.1.1　工程問題解答摘要與整體描述

1 專案摘要

　　本專案致力於解決「降低電容式觸控按鍵故障率」問題，運用 TRIZ 工具後產生了 23 個概念方案，最終採用了 3、7、8 方案，即帶感應 PAD 的絕緣面板、提高材料的強度、支援智慧型手機操作的按鍵，來實現「降低電容式觸控按鍵故障率」的目的。

　　該方案透過組件化設計，消除了感應 PAD 位移和氧化問題，極大的改善了由於感應 PAD 出現位移造成按鍵故障的問題，同時輔以智慧型手機 App 功能，進一步降低了因按鍵故障造成用戶體驗不佳等不良影響。目前智慧鎖市場的需求量較大，銷量成長較快，而按鍵功能屬於智慧鎖的標準配置功能。

　　該方案可有效降低產品售後維修保障成本，同時可提高用戶對公司品牌的認可度，進而提高產品銷量，預計每年可產生 5,000 萬元左右的經濟效益。

　　講評：摘要言簡意賅，尤其在綜合解決方案的介紹方面值得借鑑。同時，「開關失效」也確是工程領域一個常見的棘手問題。

2 問題背景及描述

---

12 在本章的大案例介紹中，正文為學員閱讀的初始內容，講評部分用楷體。本章帶有下畫線的編號（如 4-3-2）為學員使用流程模板解題時的章節號，這樣便於讀者對照流程模板進行學習，以免與書中正式的章節號混淆。

2-1 問題背景描述

2-1-1 規範化表述技術系統實現的功能

- **技術系統 (S)**：智慧門鎖按鍵系統
- **施加動作 (V)**：改變／保持
- **作用對象 (O)**：離合器
- **作用對象的參數 (P)**：位移變化

因此，本技術系統的功能可以表達為「智慧門鎖按鍵系統改變／保持離合器位移變化」。

點評：系統的 SVOP 功能定義非常準確，動詞改變／保持其實可以只保留「改變」即可。

2-1-2 現有技術系統的工作原理

如圖 12.1 所示，在智慧門鎖應用中，當用戶透過觸控按鍵系統輸入正確的密碼後，控制系統會控制電子離合器，使鎖芯和門鎖的把手連接在一起，此時用戶可透過轉動門鎖把手打開門。相反，若輸入的密碼不正確，如圖 12.2 所示，則控制系統不會操作離合器，此時鎖芯和門鎖把手處於分離狀態，轉動把手無法打開門。

圖 12.1　智慧門鎖

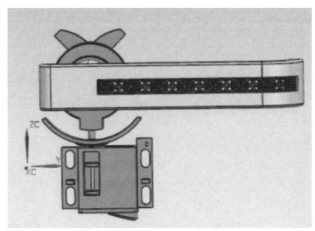

圖 12.2 智慧門鎖工作原理圖

任何兩個導電的物體之間都存在著感應電容，一個按鍵即一個焊盤與大地也可構成一個感應電容。在周圍環境不變的情況下，該感應電容值是固定不變的微小值。當有人體手指靠近觸控按鍵時，人體手指與大地構成的感應電容並聯焊盤與大地構成的感應電容，會使總感應電容值增加。

如圖 12.3 所示，其中電容式觸控按鍵原理是透過專用晶片檢測感應 PAD 電容值變化，來判斷用戶的操作。

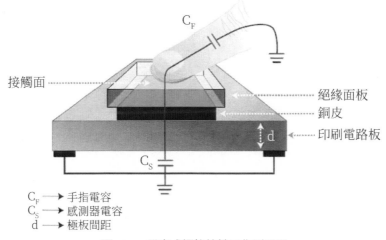

圖 12.3 電容式觸控按鍵工作原理圖

2-2 問題現狀描述

2-2-1 當前技術系統存在的問題

如圖 12.4 所示，當導電橡膠墊與觸控 PAD 和絕緣面板的連接出現間隙時，觸控按鍵就會出現故障。

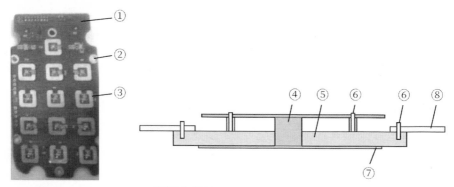

1. PCB
2. 固定螺絲孔
3. 觸控PAD（銅皮）
4. 導電橡膠墊
5. 塑膠支撐墊
6. 螺絲
7. 絕緣面體（手指接觸面）
8. 鎖體金屬外殼

圖 12.4　智慧門鎖的內部結構圖

2-2-2 問題出現的條件和時間

設備均為正常使用一段時間後，出現故障，出現故障的時間有長有短。此外，維修更換過觸控按鍵板的設備，更容易出現故障。

2-2-3 問題或類似問題的現有解決方案及其缺陷

(1) 生產時，嚴格控制螺絲力矩，降低損壞螺柱風險——增加管控成本，且無法有效解決故障隱患。

(2) 維修退回重做，需要更換新的塑膠支架——增加維修成本，且無法有效解決故障隱患。

2-3 對新系統的要求

不影響結構外觀，在 2 年以上使用過程中，智慧門鎖的按鍵系統不出故障，且後續便於維修更換。

　　講評：整個問題描述部分圖文並茂，非常清楚。對現有解決方案的幾種不同思路也進行了介紹，最後定量描述了對新系統的要求。整個部分堪稱經典。

12.1.2　三大問題分析工具——功能分析、因果分析、資源分析

3 問題分析

3-1 系統功能分析

3-1-1 系統組件列表

本系統的功能是：智慧門鎖按鍵系統改變／保持離合器位移變化。

本系統的作用對象是：離合器。

填寫本系統的組件列表如表 12.1 所示。

表 12.1　智慧門鎖按鍵系統組件列表

超系統組件	組件	子組件
人、供電系統、空氣、離合器、門	PCB	感應 PAD、檢測 IC 電路、控制電路
	導電橡膠墊	
	塑膠支撐墊	
	螺絲	
	絕緣面板	
	鎖體金屬外殼	

3-1-2 系統功能模型圖

繪製智慧門鎖按鍵系統功能模型圖，如圖 12.5 所示。

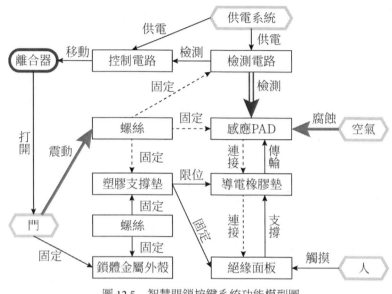

圖 12.5　智慧門鎖按鍵系統功能模型圖

3-1-3 系統功能分析結論

透過建構系統功能模型圖並進行分析，描述了系統元件及其相互關係，確定導致問題存在的功能因素，列舉出系統中存在的所有負面功能如下：

- **負面功能 1**：空氣對感應 PAD 存在腐蝕氧化作用——有害作用。
- **負面功能 2**：門對固定螺絲產生震動——有害作用。
- **負面功能 3**：螺絲對 PCB 和塑膠支撐墊之間的固定不足——不足作用。
- **負面功能 4**：檢測電路對於感應 PAD 參數變化太敏感——過度作用。
- **負面功能 5**：導電橡膠墊對於連接 PCB 和絕緣面板的連接不足——不足作用。

上述負面功能中，負面功能 3 分別對應系統功能模型圖中螺絲對 3 個對象的固定不足的描述，負面功能 5 分別對應系統功能模型圖中導電橡膠墊對 2 個對象的連接不足的描述。

　　講評：系統功能分析中的組件列表非常完整，功能模型圖也畫得十分準確和美觀。唯一美中不足的地方是，功能模型中存在兩個「螺絲」組件，一個是固定 PCB 的，一個是將塑膠支撐墊固定在外殼上的。這是兩個完全不同的組件，因此建議在名稱上加以區分，如螺絲 1、螺絲 2 等。此外在總結系統功能分析結論的時候，原圖中其實共有 8 個負面功能，而原作者只列出了 5 個負面功能，但在最後進行了解釋，即負面功能 3 和負面功能 5 都分別包含了多個負面功能。這樣處理出於簡化分析的考慮，是可以的，但為了表述清楚，還是建議把 8 個負面功能分別列出，而不要合併。

3-2 系統因果分析

3-2-1 系統因果分析圖

　　繪製智慧門鎖系統因果分析圖，如圖 12.6 所示。

3-2-2 系統因果分析結論

　　透過因果分析，確定本系統中導致問題產生的根本原因為：增加螺柱材料強度、降低開關門震動影響、改善螺絲和螺柱緊固力不足、減緩感應 PAD 氧化、減小導電橡膠墊收縮、晶片性能不足。

3-2-3 系統因果分析產生的概念方案

　　方案 1：根據原因感應 PAD 接觸空氣氧化，產生新的概念方案，即可用與空氣不易發生化學反應的導電材料代替，或覆蓋在現有的感應 PAD 表面。

　　方案 2：根據原因導電橡膠墊受熱收縮，產生新的概念方案，即將導電橡膠墊更換為不受溫度影響的導電材料，如金屬彈簧。

　　方案 3：根據原因螺柱材料強度不足，產生新的概念方案，即採用韌性、強度更好的塑膠材質。

　　方案 4：根據原因開關門碰撞，產生新的概念方案，即在門的轉軸部位設計減震結構，降低開關門時門與門框的碰撞強度。

　　方案 5：根據原因螺絲和螺柱的緊固力不足，產生新的概念方案，即增

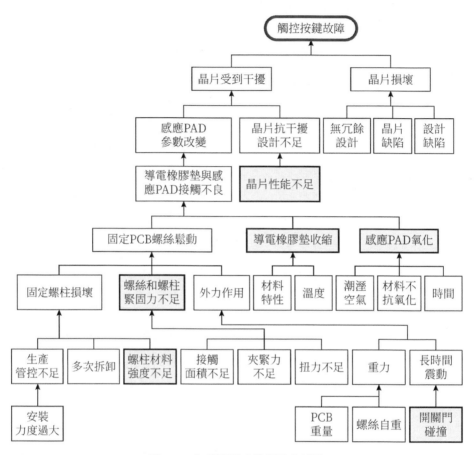

圖 12.6　智慧門鎖系統因果分析圖

加螺柱數量，提高螺紋整體的接觸面積，從而提高固定強度。

　　方案 6：根據原因晶片性能不足，產生新的概念方案，即更換性能更好的晶片，能夠過濾各種干擾。

　　講評：整個系統因果分析圖整體呈樹狀結構，分析得很深入，甚至在因果分析結束後就產生了 6 個解決方案，這一點也不稀奇（但是在問題解決流程裡，因果分析之後並不產生解決方案）。全面深入的因果分析，的確能夠有效幫助我們整理產生問題各要素間的邏輯（因果）關係，從而產生解題思路。

但仔細看該因果分析的細節，還是存在一些小的缺陷：

首先，因果分析雖然強調要全面，但為提高效率也需要策略性的捨棄一些不是很有必要或者影響不是很大的「因果關係」。例如本案例中，從整體上看，「晶片產生干擾——晶片抗干擾設計不足——晶片設計不足」這條因果鏈其實不是特別有必要（最終產生的解決方案 6 即更換晶片，只是一個第一級的發明），「晶片存在干擾」固然對按鍵故障產生影響，但從之前的問題描述來看，核心問題應該還是橡膠墊與 PAD 接觸不良，因此可以不必繞圈子，直接將「觸控按鍵故障」與「橡膠墊與 PAD 接觸不良」連接起來，其他可簡化。

其次，在進行因果分析的過程中，沒有嚴格遵照第 3 章標準動詞選擇的原則來描述因果關係，這樣就導致有些關係不夠準確。

由此帶來的第三個問題是，在根本原因選擇的過程中，所選擇的個別「根本原因」沒有做到客觀描述，帶有主觀色彩，例如增加螺柱材料強度、降低開關門震動影響等，這些「因果關係」都暗示著特定的解題思路，從而限制了解題思路，降低了產生更多全新解題思路的可能。

最後，在因果分析中，還是沒有一直堅持區分「內因」和「條件」的思路，所以導致個別因果鏈分析思路受到侷限。改進後的因果分析圖如圖 12.7 所示。

3-3 系統資源分析

填寫智慧門鎖的系統資源分析列表，如表 12.2 所示。

表 12.2　智慧門鎖的系統資源分析列表

資源類型	系統級別		
	子系統	系統	超系統
物質資源	絕緣面板、PCB、螺絲、導電橡膠墊、塑膠支撐墊、外殼、電路	智慧門鎖	人、門、空氣
能量資源	電能、機械能、磁能	電能、機械能、磁能	機械能、化學能、熱能

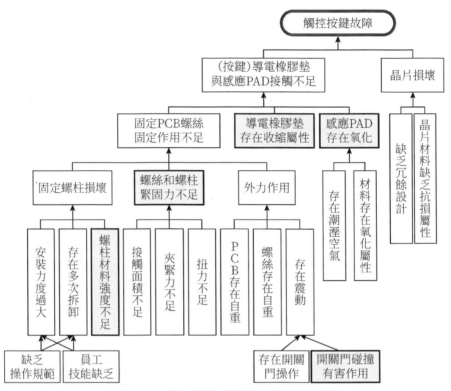

圖 12.7　改進後的智慧門鎖系統因果分析圖

資源類型	系統級別		
	子系統	**系統**	**超系統**
空間資源	電磁輻射的電磁場覆蓋空間、觸摸面板空間、絕緣面板和塑膠支撐墊結合面空間、PCB 的正反面空間	智慧門鎖內部空間	門正面空間、人手操作的空間、人聲音傳播的空間
時間資源	離合器動作時間、PCB 安裝前時間	門鎖休眠時間、門鎖轉動時間	開關門過程時間、人準備開鎖前的時間
資訊資源	電容觸控按鍵原理、離合器工作原理、無線通訊工作原理	智慧門鎖的工作方式	寄生電容效應、槓桿原理
功能資源			控制程序

　　講評： 該資源分析整體上非常完整，雖還存在部分空格。但有兩個資源找得不太準確，一是將資訊資源直接寫成效應的形式，這個恐怕有問題。

效應是將資訊開發利用成資訊資源的有效途徑，但資訊資源應該寫成「資訊」的形式。二是功能資源應該表述為功能的形式，本案例中「控制程序」改為「控制功能」更為合理。

3-4 確定問題解決突破點

透過展開系統三大分析（功能分析、因果分析、資源分析），明確了系統中組件之間的相互關係及存在的負面功能，描述了系統運行過程中問題出現的多層次原因。在綜合考慮系統可用資源的基礎上，確定問題解決的突破點如下。

問題解決突破點 1：螺柱材料強度不足。

問題解決突破點 2：導電橡膠墊收縮。

問題解決突破點 3：開關門震動（有害）影響。

問題解決突破點 4：螺絲和螺柱的緊固力不足。

問題解決突破點 5：感應 PAD 氧化。

問題解決突破點 6：檢測電路對 PAD 參數變化過於敏感（過度作用）。

講評：問題解決突破點的確定選擇得非常好，表述也很客觀。但問題解決突破點 2，建議更客觀的表述為「導電橡膠墊與感應 PAD 接觸不足」，而不是僅僅圍繞橡膠墊的收縮問題做文章，這樣可以有更多的可能性。此外得到的問題解決突破點有點多了，一般建議聚焦 3～5 個就夠了。在後面會看到，所有的工具都是圍繞問題解決突破點使用的。原作者在後續的解題過程中，只選擇性的針對部分突破點使用創新方法工具，而沒有對所有 6 個突破點進行分析，大概也是感到工作量太大的緣故吧。

12.1.3　問題解決——系統裁剪、質−場與知識庫

4 問題轉化與解決

4-1 系統裁剪

4-1-1 確定裁剪元件的原則

①基於專案目標選擇裁剪對象。

降低成本：優選功能價值低、成本高的組件。

專利規避：優選專利權利聲明的相關組件。

改善系統：優選有主要缺點的組件。

降低系統複雜度：優選高複雜度的組件。

②選擇「具有有害功能的組件」。

③選擇「低價值的組件」。

④選擇「提供輔助功能的組件」。

4-1-2 系統裁剪實施規則

實施規則 1：若裁剪組件 B，隨即也就不需要組件 A 的作用，則功能載體 A 可被裁剪。

實施規則 2：若組件 B 能完成組件 A 的功能，那麼組件 A 可以被裁剪，其功能由組件 B 完成。

實施規則 3：技術系統或超系統中其他的組件 C 可以完成組件 A 的功能，那麼組件 A 可以被裁剪，其功能由其他組件 C 完成。組件 C 可以是系統中已有的，也可以是新增加的。

三種裁剪規則的示意圖如圖 12.8 所示。

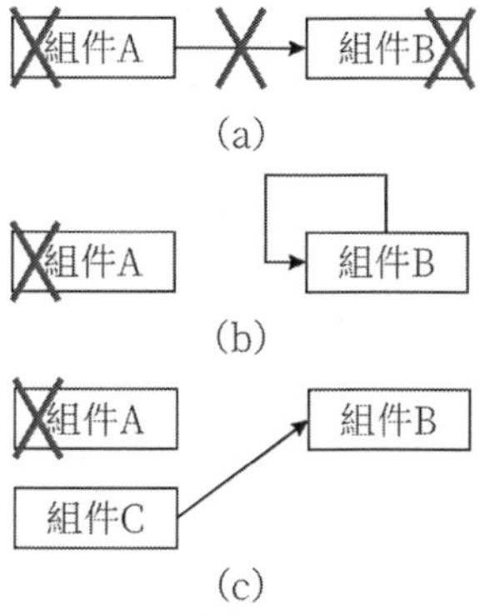

4-1-3 系統裁剪過程

系統裁剪方案一

（1）初始系統功能分析圖

圖 12.8　組件裁剪規則示意圖

確定待裁剪元件，繪製系統的功能模型圖裁剪方案，如圖 12.9 所示。

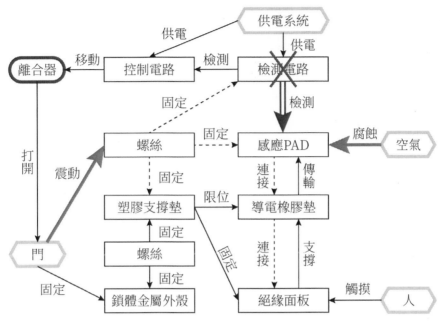

圖 12.9　智慧門鎖系統裁剪示意圖

（2）裁剪後系統功能分析圖

裁剪後的智慧門鎖系統功能模型圖如圖 12.10 所示。

（3）描述形成的概念方案

方案 7：運用裁剪實施規則 3，裁剪原有的控制電路的晶片，採用更先進的晶片，過濾感應 PAD 上的各種干擾。

系統裁剪方案二

（1）初始系統功能分析圖

形成的智慧門鎖系統裁剪方案如圖 12.11 所示。

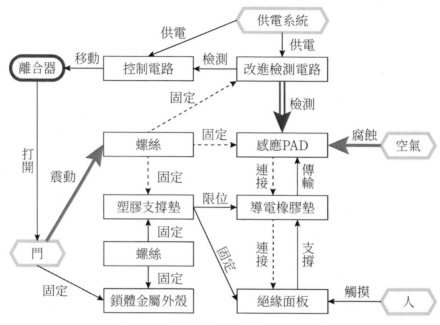

圖 12.10　智慧門鎖系統裁剪後系統功能圖

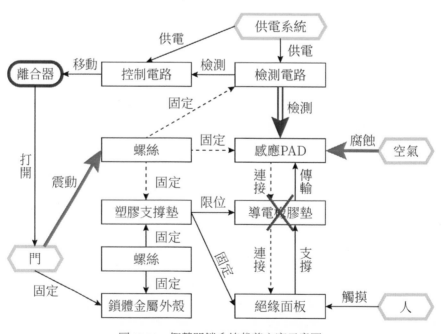

圖 12.11　智慧門鎖系統裁剪方案示意圖

(2) 裁剪後系統功能分析圖

裁剪後的系統功能模型圖如圖 12.12 所示。

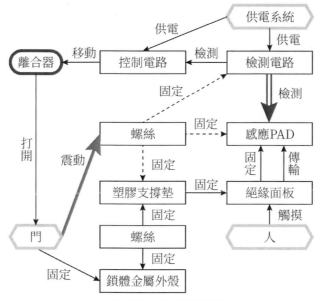

圖 12.12 智慧門鎖系統裁剪後的系統功能圖

(3) 描述形成的概念方案

方案 8：運用裁剪實施規則 2，裁剪原有用於連接絕緣面板和感應 PAD 的導電橡膠墊，直接將感應 PAD 和絕緣面板使用膠水連接在一起。

系統裁剪方案三

(1) 初始系統功能分析圖

確定裁剪方案，繪製系統裁剪方案圖如圖 12.13 所示。

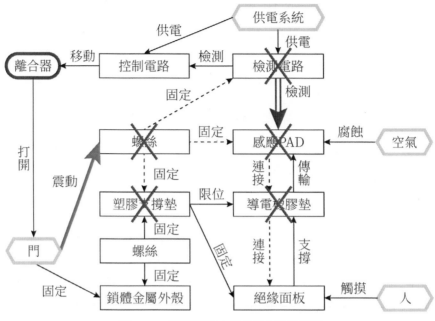

圖 12.13　智慧門鎖系統裁剪方案示意圖

(2) 裁剪後系統功能分析圖

實施裁剪後，最終的智慧門鎖系統功能模型圖如圖 12.14 所示。

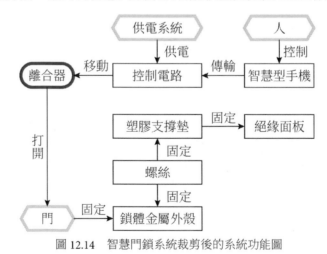

圖 12.14　智慧門鎖系統裁剪後的系統功能圖

(3) 描述形成的概念方案

　　方案9：運用裁剪實施規則3，裁剪原有透過觸控感應 PAD 的方式來控制門鎖離合器，透過引入智慧型手機，利用智慧型手機中的無線通訊功能和控制電路中的無線通訊功能建立連接後，進行資料交換，以實現原有觸控按鍵系統的功能。

　　講評：透過使用裁剪工具產生了三個解決方案，尤其是方案9，針對有害作用最集中最突出的螺絲（固定 PCB 板的螺絲）進行裁剪，結果裁掉了整個 PCB 板，形成了一個全新的突破性解決方案，將觸控感應控制轉變爲智慧型手機無線通訊控制。非常棒的思路。

4-2 質－場模型及標準解

4-2-1 質－場模型的建構

　　針對問題解決突破點，建構系統的初始質－場模型圖，如圖 12.15 所示。

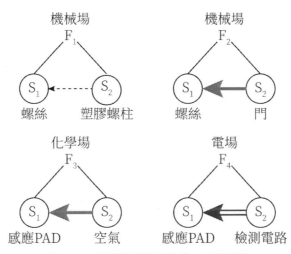

圖 12.15　智慧門鎖問題的質－場模型圖

4-2-2 根據啟發性原則尋找合適的標準解

4-2-3 描述形成的概念方案

　　方案 10：運用標準解 S5.1.1.5（在特定區域引入小劑量活性附加物 S_3），

螺絲表面浸潤少量的膠水，再旋入螺柱，從而增強螺絲和螺柱之間的機械場。新的質－場模型如圖 12.16 所示。

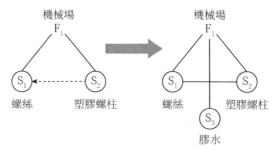

圖 12.16　引入活性附加物後的質－場模型

方案 11：運用標準解 S2.2.6（構造物質 S_2），將塑膠螺柱更換為內嵌金屬螺柱的新螺柱，增加塑膠螺柱的強度和螺絲之間機械場。新的質－場模型如圖 12.17 所示。

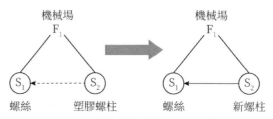

圖 12.17　構造新物質後的質－場模型

方案 12：運用標準解 S2.4.2（引入鐵磁顆粒，建立鐵磁場模型），將塑膠螺柱內混入磁性材料，增加螺絲和螺柱之間的緊固力。新的質－場模型如圖 12.18 所示。

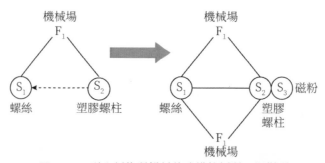

圖 12.18　引入新物質鐵粉後建構的新質－場模型

方案 13：運用標準解 S1.2.3（引入第二物質 S₂），在感應 PAD 表面覆蓋一層導電且抗氧化塗層。新的質—場模型如圖 12.19 所示。

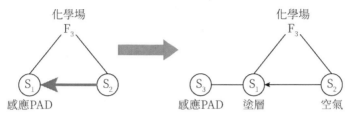

圖 12.19　引入第二物質後的質—場模型

方案 14：運用標準解 S1.2.4（引入場 F₃），引入一個與螺絲鬆動相反的作用力，抵消門的有害震動，新的質—場模型如圖 12.20 所示。

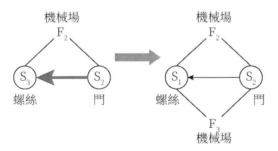

圖 12.20　引入一個新的場後的質—場模型

方案 15：運用標準解 S1.2.1（在系統的兩個物質間引入外部現成的物質 S₃），在門上安裝一個減震裝置，降低門碰撞產生的震動。新的質—場模型如圖 12.21 所示。

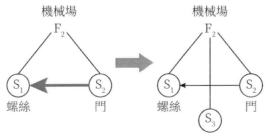

圖 12.21　引入新物質後的質—場模型

方案 16：運用標準解 S2.2.6（構造物質 S₂），改進檢測電路性能，使其

更大程度的過濾感應 PAD 周圍因環境的變化而產生的干擾。新的質－場模型如圖 12.22 所示。

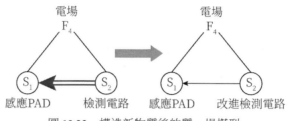

圖 12.22　構造新物質後的質－場模型

講評：針對問題分析部分總結的後 4 個問題解決突破點，將其轉化為質－場模型，透過標準解得到了 7 個解決方案。整個過程非常完善準確，值得學習借鑑。略顯遺憾的是沒有對前兩個問題解決突破點，螺柱材料強度不足以及導電橡膠墊收縮（後者建議修改為「橡膠墊與感應 PAD 存在間隙」）建構質－場模型。不過從原有的表述來看，前兩個問題的表述如果不加轉化，直接轉化為質－場模型確實還是有難度的。

4-3 運用科學效應及知識庫

4-3-1 提煉欲改變的系統功能

(1) 減緩和阻止化學變化。
(2) 控制對象的運動。
(3) 穩定對象的位置。

4-3-2 查詢知識庫並獲得結果

綜合查詢各類科學效應庫，得到可利用的效應列表如下。

(1) 減緩和阻止化學變化：

　　阻化劑；使用惰性氣體；使用保護層物質；改變表面性質。

(2) 控制對象的運動：

　　將對象連上有影響的鐵或磁鐵；引入磁場；運用另外的對象傳遞壓力；機械震動；慣性力；熱膨脹；浮力；壓電效應；馬格納斯效應。

(3) 穩定對象的位置：

電場和磁場；利用在電場和磁場的作用下固化定位液態的對象；吸溼效應；往復運動；相變（再造型）；熔煉；擴散熔煉。

4-3-3 描述形成的概念方案

方案 17：運用科學效應「使用保護層物質」。該效應的基本原理是透過在被保護物質表面增加特殊塗層，以隔絕被保護物質發生不期望的物理或化學變化。

運用上述效應，形成新的概念方案，即在感應 PAD 表面塗覆導電塗層（如金、石墨）以消除空氣腐蝕作用。

方案 18：運用科學效應「使用惰性氣體」。該效應的基本原理是使用惰性氣體代替容易發生化學反應的氣體。

運用上述效應，形成新的概念方案，即將感應 PAD 做在密封裝置內，內部填充惰性氣體（如氦氣）以隔離空氣，消除感應 PAD 被氧化的問題。

方案 19：運用科學效應「熱膨脹」。該效應的基本原理是物體溫度變化引起其大小（長度、面積和體積）發生變化的現象。通常是指外壓強不變的情況下，大多數物質在溫度升高時體積增大，溫度降低時體積縮小。

運用上述效應，形成新的概念方案，即螺絲在旋進螺柱內之前，先低溫處理，旋入螺柱內後，恢復常溫，螺絲體積變大，螺紋與螺柱的接觸面積及壓力增加，有利於增加螺絲和螺柱緊固力。

方案 20：運用科學效應「電場和磁場」。該效應的基本原理是，磁場是電流、運動電荷、磁體或變化電場周圍空間存在的一種特殊形態的物質，是磁體間相互作用的媒介；電場是電荷或變化磁場在其周圍空間裡激發的一種特殊形態的物質。

運用上述效應，形成新的概念方案，即將門的開關由手動變成電動，可以控制開關門速度，進而控制碰撞的力度。

方案 21：運用科學效應「熱膨脹」。該效應的基本原理是物體溫度變化

引起其大小（長度、面積和體積）發生變化的現象。通常是指外壓強不變的情況下，大多數物質在溫度升高時體積增大，溫度降低時體積縮小。

運用上述效應，形成新的概念方案，即在導電橡膠材料內增加具有受熱膨脹的材料，以抵消橡膠材料的熱收縮特性。

講評：同樣圍繞後 4 個問題解決突破點，將其轉化為所要實現的功能。例如問題解決突破點「螺絲和螺柱的緊固力不足」對應「穩定對象的位置」，問題解決突破點「開關門震動（有害）影響」對應「控制對象的運動」，問題解決突破點「感應 PAD 氧化」對應「減緩和阻止化學變化」，遺憾的是問題解決突破點「檢測電路對 PAD 參數變化過於敏感（過度作用）」在傳統的 TRIZ 學科效應庫中難以找到對應的功能。與質－場模型一樣，前兩個問題沒有被轉化功能，沒有查詢知識庫，比較遺憾。有興趣的學員可以採用最新的牛津大學知識庫重新定義功能和屬性，查找更多的科學效應並產生相應的概念解。

12.1.4　問題解決——技術矛盾與物理矛盾

4-4 技術矛盾解決

技術矛盾一

(1) 規範化表述系統中存在的技術矛盾

本系統中存在的技術矛盾可表述為：為了改善「螺柱材料強度不足」，導致系統的「可製造性」惡化。

(2) 用工程參數描述技術矛盾並查詢 2003 矛盾矩陣

選擇技術矛盾參數組合以及查詢所得發明原理如表 12.3 所示。

表 12.3　技術矛盾查詢與對應的發明原理

改善的參數	惡化的參數	對應的發明原理編號
強度	可製造性	35, 10, 3, 40, 14, 4, 37, 24

注：35：性質轉變原理　14：球面化原理
　　10：預先行動原理　04：非對稱性原理
　　03：改進局部性質原理　37：熱膨脹原理
　　40：複合材料原理　24：中介物質原理

（3）描述形成的概念方案

方案 22：運用發明原理 40（複合材料原理），產生新的概念方案，即將塑膠支撐墊整體使用強度更大的複合材料。

方案 23：運用發明原理 4（非對稱性原理），產生新的概念方案，即將塑膠螺柱內的開孔上部做成一個錐形的導軌槽，降低因螺絲自攻方向偏差造成的螺柱開裂風險。

方案 24：運用發明原理 3（改進局部性質原理），產生新的概念方案，即在塑膠螺柱的外部套金屬環，限制塑膠柱變形的程度，降低塑膠柱開裂風險。

技術矛盾二

（1）規範化表述系統中存在的技術矛盾

本系統中存在的技術矛盾可表述為：為了提高「螺絲和螺柱的緊固力」，導致系統的「易維護性」惡化。

（2）用工程參數描述技術矛盾並查詢 2003 矛盾矩陣

選擇技術矛盾參數組合以及查詢所得發明原理列表，如表 12.4 所示。

表 12.4　技術矛盾查詢與對應的發明原理

改善的參數	惡化的參數	對應的發明原理編號
可靠性	易維護性	1, 11, 15, 27, 25, 7

注：11：預先防範原理　25：自助原理
　　15：動態化原理　7：套疊結構原理
　　1：分割原理　27：可拋棄原理

(3) 描述形成的概念方案

方案 25：運用發明原理 25（自助原理），產生新的概念方案，即增加一個裝置，使螺絲具有自旋緊功能。

方案 26：運用發明原理 11（預先防範原理），產生新的概念方案，即設計一個與螺帽配套的限位扣，當螺絲旋緊後，套上限位扣進行限位，防止螺絲鬆動。

方案 27：運用發明原理 27（可拋棄原理），產生新的概念方案，即將方案 24 中的限位扣，做成拋棄式元件，維修時可直接破壞掉，降低設計難度和維護成本。

點評：整個技術矛盾分析流程和產生解的過程都無懈可擊，可惜的是只對兩個（即第一和第三個）問題解決突破點來建構技術矛盾了。但整個分析過程建議都圍繞所選擇的問題解決突破點來進行，因此應該對其他 4 個問題突破點再建構矛盾進行分析。

4-5 物理矛盾解決

物理矛盾一

(1) 規範化表述系統中存在的物理矛盾

為了感應 PAD 不產生間隙，要求 PCB 板（含檢測電路和感應 PAD）與結構件做成一體；與此同時，為了生產和維修方便，要求 PCB 板與結構件是可拆卸可更換的。因此，本系統中存在對同一個參數「易維護性」的相反要求，即存在物理矛盾。後續嘗試使用四大分離原理（空間分離、時間分離、系統分離、條件分離）解決系統中存在的物理矛盾。

(2) 描述形成的概念方案

方案 28：運用空間分離產生新的概念方案，即將不容易損壞的感應 PAD 從 PCB 板中分離出來，將感應 PAD 單獨設計成一個 PCB 板，將該 PCB 板與結構件（絕緣面板和塑膠支撐墊）固定在一起，做成不可拆卸方式，而將容易損壞的檢測電路單獨設計一個 PCB 板，透過可拆卸方式固定。

物理矛盾二

(1) 規範化表述系統中存在的物理矛盾

　　為了降低開關門時對門鎖的震動影響，要求開關門的速度不能快；與此同時，為了節省開關門時間，要求開關門的速度快。因此，本系統中存在對同一個參數「開關門速度」的相反要求，即存在物理矛盾。後續嘗試使用四大分離原理（空間分離、時間分離、系統分離、條件分離）解決系統中存在的物理矛盾。

(2) 描述形成的概念方案

　　方案 29：運用時間分離產生新的概念方案，即將門增加一個阻尼控制裝置，在開關門初期，阻尼很小，開關門很方便。當門開關至一定角度後，阻尼增大，降低門體和門框（或其他物體）碰撞的強度，從而達到降低鎖體震動的目的。

　　講評：物理矛盾的整個建構和分析過程非常經典。但與技術矛盾類似，物理矛盾的建構應該是圍繞問題解決突破點進行，所以除了這兩個突破點（第二和第三個），還有其他 4 個問題解決突破點，也要考慮是否能夠建構物理矛盾從而產生解決方案。

12.1.5　問題解決——系統進化與創新思維方法

4-6 九宮格法

4-6-1 擴展型資源列表

填寫擴展性資源列表如表 12.5 所示。

表 12.5　智慧門鎖系統擴展型資源列表

時間層面	過去	現在	未來
物質資源	金屬鎖、門閂	機械鎖、智慧門鎖、人工智慧門鎖、機械離合器、電子離合器、膠水、複合材料、鎖芯、控制電路、按鍵電路、生物辨識電路、RFID 辨識電路、供電電路	虹膜辨識、智慧設備、人工智慧設備
能量資源	機械能	電能、機械能、磁能	機械能、化學能、磁能、熱能
空間資源	鎖的內部空間、門周圍的空間、屋內空間	門鎖前後殼側面、門鎖把手空間、門轉動空間、鎖芯的內部空間、RFID 輻射的電磁場覆蓋空間、觸控面板空間、離合器位移空間、門正面空間、人手操作的空間、人聲音傳播的空間	虛擬門
時間資源	開鎖時間、生產鎖時間、維修鎖的時間	門鎖安裝時間、門鎖休眠時間、門鎖轉動時間、門鎖維修時間、生產裝配時間、控制電路休眠時間、RFID 的工作時間、按鍵的休眠時間、開關門過程時間、人準備開鎖前的時間	生產鎖的時間、無須維修的鎖、開門時間極短
資訊資源	鎖的鏽蝕、鎖的腐爛、鎖的損壞等	智慧門鎖的安裝環境、電容觸控按鍵原理、離合器工作原理、RFID 的工作原理、寄生電容效應、化學反應、槓桿原理	聲光電提示
功能資源	鎖門	門鎖實現門鈴功能、膠水作為填充劑、控制程序、美觀	全智慧化

4-6-2 根據資源列表提示，選擇可用資源，列在九宮格中

用九宮格法填寫資源列表，如表 12.6 所示。

表 12.6　九宮格法資源列表

系統級別	時間		
	問題發生前	問題發生時	問題發生後
子系統	機械按鍵	電容式按鍵	生物辨識按鍵
系統	機械鎖	智慧電子門鎖	人工智慧門鎖
超系統	人	人、智慧設備	人、人工智慧設備

4-6-3 描述形成的概念方案

方案 30：運用智慧型設備產生新的概念方案，即可以使用智慧型手機利用無線通訊技術代替現有的觸控按鍵功能。

方案 31：運用生物辨識按鍵產生新的概念方案，即使用語音代替手動輸入訊息。

4-7 系統進化法則及 S 曲線

4-7-1 對系統所處 S 曲線時期的判斷

- **性能描述**：局部最佳化
- **發明級別描述**：級別較低
- **發明數量描述**：專利數量逐年增加
- **經濟收益描述**：經濟逐年增加

綜合考慮以上四方面指標，判斷本系統處於成長向成熟過渡期。

4-7-2 系統所處階段與進化法則的對應關係

4-7-3 描述形成的概念方案

方案 32：運用向超系統進化法則產生新的概念方案，即將按鍵功能轉移至智慧型手機來實現。

方案 33：運用提供理想度法則產生新的概念方案，即將感應 PAD 和絕緣面板直接固定在一起，省掉中間傳導訊號的導電橡膠墊。

方案 34：運用提供理想度法則產生新的概念方案，即螺絲具有自鎖緊功能、抗震動功能。

方案 35：運用子系統不均衡進化法則產生新的概念方案，即檢測電路能夠對各種干擾自適應。

講評：幾乎運用了所有進化法則來建構解決方案，非常好。

4-8 創新思維之 STC 算子

4-8-1 對 STC 算子中三種極限情況的描述

運用 STC 算子描述三種極限條件下的情況，如表 12.7 所示。

表 12.7　STC 算子及三種極限條件下的情況描述

項目	改變方向	
	趨近於零／→ 0	趨近於無窮／→ ∞
尺寸 （size）	螺絲無窮小，發揮不了固定作用 感應 PAD 無窮小，無法檢測到手指	螺絲和螺柱的直徑足夠大，接觸面積足夠大，固定牢固
時間 （time）	開關門速度太快，震動強度增加，對系統不利；螺絲安裝速度太快，容易造成螺柱損壞，對系統不利	開關門的速度足夠的慢，則震動影響可以忽略
成本 （cost）	使用系統內部或超系統功能代替現有按鍵功能	將感應 PAD 直接嵌入到絕緣材料內

4-8-2 描述形成的概念方案

方案 36：在尺寸趨近於無窮的條件下，產生新的概念方案，即增加螺絲和螺柱的固定數量，提高固定強度。

方案 37：在時間趨近於無窮的條件下，產生新的概念方案，即開關門使用電動控制，開關門速度可控，以有效降低震動。

方案 38：在成本趨近於零的條件下，產生新的概念方案，即將按鍵功能使用智慧型手機代替。

方案 39：在成本趨近於無窮的條件下，產生新的概念方案，即可將感應 PAD 與絕緣面板貼合在一起，不會產生間隙，也不會有 PAD 氧化問題。

講評：這個 STC 算子雖然產生了四個概念方案，但是分析過程是有問題的，使用 STC 算子一定要每次聚焦同一個參數來思考。例如對於尺寸（size）層面，如果趨近於無窮大的是螺絲和螺柱的直徑，那麼對應的，趨近於零的參數也應該是螺絲和螺柱的直徑，而提到感應 PAD 的尺寸是不合適的。其他兩個層面都有類似的問題。

4-9 最終理想解（IFR）

①系統的最終目標是什麼？

將觸控按鍵系統的故障率降低至零。

②理想化最終結果是什麼？

無須實體按鍵系統也能夠實現相應的功能。

③達到理想化狀態的障礙是什麼？

處理器和軟體運算法的性能不足。

④這些障礙為什麼阻礙理想化狀態的實現？

處理器和軟體運算法的性能不足，則無法準確及時的辨識使用者輸入訊息，使用者體驗差。

⑤不出現這些障礙的條件是什麼？

生物辨識運算法足夠成熟完善；處理器的性能足夠強大。

⑥可用哪些資源創造這些條件？

可以利用雲端運算彌補處理器性能不足的問題。

⑦是否有其他產業已實現類似的理想化結果的實施方案？

亞馬遜智慧音響，利用雲端運算來實現對人的語義辨識；虛擬投影鍵盤。

由 IFR 分析得到的方案如下：

方案 40：取消觸控按鍵系統，使用語音輸入。

方案 41：取消觸控按鍵系統，使用智慧型手機代替。

方案 42：將實體按鍵替換成虛擬按鍵，如雷射投影按鍵。

講評：當時原作者應用的是 IFR 的傳統流程，最終只得出一個概念解。如果使用本書前文所提供的改進型的 IFR 流程，則應如下：

- **流程 1：**精確的描述系統中現存的問題和矛盾——觸控按鍵會出現故障。
- **流程 2：**明確系統所要實現的功能（SVOP）——智慧門鎖按鍵系統改變離合器位移變化。
- **流程 3：**思考實現（這些）功能的理想情況。

- **流程 3-1：**需要／存在這種功能的原因是什麼？是否可以透過消除這個原因使得這種功能不再被需要（有害功能和成本降為零）。

存在智慧門鎖按鍵系統改變離合器位移變化功能（即俗稱的「按鍵」功能）的根本原因是存在「鎖門」的需求。由此產生一個思路，如果社會發展進步，就能夠路不拾遺，門不閉戶，根本不需要鎖門，當然這是一個非常理想的情況。退一步說，存在「按鍵」功能的直接原因是智慧門鎖需要由按鍵控制。如果不需要機械控制的智慧門鎖，改由其他系統完成「鎖門」的需求，由此會產生概念方案指紋鎖、眼紋鎖、手機鎖等，不再需要按鍵系統對門鎖進行控制。

- **流程 3-2：**不需要系統（有害功能和成本降為零）。

（1）對象自助，自己實現所需功能。

本系統的對象本應是「離合器」，自助即離合器自動調節位移變化，這個是有點難度的。可以換個思路，離合器自動調節位移變化的目的，說到底還是為了控制鎖，因此產生概念方案，即門鎖自動辨識主人（如臉部辨識），自動開門。

（2）所需功能由超系統實現。

所需功能「控制鎖」由超系統實現，於是產生概念方案，即不加門鎖，身分辨識任務統一由中央控制室完成。

（3）所需功能由更廉價的其他系統實現。

「控制鎖」功能由更廉價的傳統「鑰匙＋機械鎖」實現，這是一個思路但不能算概念方案。

- **流程 3-3：**去除有害功能。

（1）裁剪產生有害功能的組件或子系統。

產生有害功能的組件是導電橡膠墊，將其裁剪產生的概念方案，即裁剪原有用於連接絕緣面板和感應 PAD 的導電橡膠墊，直接將感應 PAD 和絕緣面板使用膠水連接在一起。

(2) 將有害功能配置到超系統中去。

將有害功能「按鍵故障」配置到超系統中，由此想到概念方案，即單元鎖＋呼叫器，出入控制統一在社區大門門鎖的按鍵上輸入密碼或者呼叫語音協助，跟現在很多住宅大樓門禁系統一樣。

- **流程 3-4：降低成本**。

利用系統內部的剩餘資源或引入系統外部的「免費」資源來幫助實現有用功能。想到概念方案：請退休人士義務幫忙看門或寄存鑰匙，不需要門鎖。

- **流程 4：** 看其他行業是否已解決本問題。

單身公寓鑰匙託管，單身宿舍數位鎖，中控室統一管理；此外監獄每個牢房的門開關都由中控室統一控制。

- **流程 5：** 建構解決方案。

概念方案 1：指紋鎖、眼紋鎖等生物特徵辨識，非機械智慧門鎖。

概念方案 2：手機鎖。

概念方案 3：臉部辨識智慧門鎖。

概念方案 4：中央控制室統一控制門鎖。

概念方案 5：裁剪導電橡膠墊。

概念方案 6：單元鎖＋呼叫器。

概念方案 7：退休人士義務看門或寄存鑰匙。

因此使用新的流程，共產生了 7 個概念方案，另還有兩個思路（不可行）。與原流程相比，解的數量和品質都有了極大提升，而且還產生了 5 個原案例沒有得到的方案（方案 1、3、4、6、7）。以上方案很多都脫離了智慧門鎖的範疇，提供了突破性的解題思路。

12.1.6　概念方案匯總、評價與總結

5 方案匯總及評價

5-1 產生的概念方案匯總

將產生的全部概念方案匯總如表 12.8 所示。

表 12.8　概念方案匯總

序號	方案名稱	所用 TRIZ 工具	方案簡要描述
1	抗氧化的感應 PAD	因果分析	將感應 PAD 使用抗氧化材料或使用導電塗層保護
2	金屬彈簧墊	因果分析	使用金屬彈簧代替導電橡膠墊
3	提高材料強度	因果分析	螺柱採用韌性、強度更大的塑膠材質
4	帶減震的門	因果分析	在門的轉軸部位設計減震結構，降低開關門時門與門框的碰撞強度
5	增加固定位置	因果分析	增加固定螺柱的數量
6	自適應的晶片	因果分析	更換性能更好的晶片，能夠過濾感應 PAD 周圍因環境的變化而產生的干擾
7	自適應的晶片	裁剪	更換性能更好的晶片，能夠過濾感應 PAD 周圍因環境的變化而產生的干擾
8	帶感應 PAD 的絕緣面板	裁剪	直接將感應 PAD 和絕緣面板使用膠水連接在一起
9	支援智慧型手機操作的按鍵	裁剪	利用智慧型手機實現原有觸控按鍵系統的功能
10	帶膠水的螺絲	質－場模型標準解	螺絲表面浸潤少量的膠水，再旋入螺柱，從而增強螺絲和螺柱之間的機械場
11	內嵌金屬螺柱	質－場模型標準解	將塑膠螺柱更換為內嵌金屬螺柱的新螺柱，增加塑膠螺柱的強度和螺絲之間機械場
12	磁性螺柱	質－場模型標準解	塑膠螺柱內混入磁性材料，增加螺絲和螺柱之間的緊固力
13	抗氧化的感應 PAD	質－場模型標準解	直接將感應 PAD 和絕緣面板使用膠水連接在一起
14	自鎖緊螺絲	質－場模型標準解	螺絲產生一個與鬆動相反的作用力，抵消門的有害震動
15	帶減震的門	質－場模型標準解	在門上安裝一個減震裝置，降低門碰撞產生的震動

序號	方案名稱	所用 TRIZ 工具	方案簡要描述
16	自適應的晶片	質—場模型標準解	更換性能更好的晶片，能夠過濾感應 PAD 周圍因環境的變化而產生的干擾
17	抗氧化的感應 PAD	科學效應	在感應 PAD 表面塗覆導電塗層（如金、石墨）以消除空氣腐蝕作用
18	隔離空氣的密封結構	科學效應	感應 PAD 做在密封裝置內，內部填充惰性氣體（如氦氣）以隔離空氣，消除感應 PAD 被氧化的問題
19	熱膨脹記憶螺絲	科學效應	螺絲先低溫處理使其體積縮小，旋入螺柱後，溫度回升，體積恢復，即可增加緊固力
20	電控門	科學效應	將門的開關由手動變成電動，可以控制開關門速度，進而控制碰撞的力度
21	無熱縮效應的導電橡膠墊	科學效應	在導電橡膠材料內增加具有受熱膨脹的材料，以抵消橡膠材料的熱收縮特性
22	提高材料強度	矛盾分析	塑膠支撐墊整體使用強度更強的複合材料進行強化
23	導軌槽	矛盾分析	螺柱內開孔上部做成一個錐形的導軌槽，降低因螺絲自攻方向偏差造成的螺柱開裂風險
24	金屬限位套	矛盾分析	在塑膠螺柱的外部套金屬環，限制塑膠柱變形的程度，降低塑膠柱開裂風險
25	自鎖緊螺絲	矛盾分析	增加一個裝置，使螺絲具有自旋緊功能
26	螺絲限位扣	矛盾分析	設計一個與螺帽配套的限位扣，當螺絲旋緊後，套上限位扣進行限位，防止螺絲鬆動
27	拋棄式螺絲限位扣	矛盾分析	將限位扣做成塑膠拋棄式元件，維修時可將之破壞掉後，再拆卸螺絲
28	帶絕緣感應 PAD 的面板	矛盾分析	將感應 PAD 從電路中獨立出來，與絕緣面板做成一個獨立組件
29	智慧減震門	矛盾分析	根據門軸夾角智慧控制器阻尼大小，兼顧關門速度和減震效果
30	支援智慧型手機操作的按鍵	九宮格法	利用智慧型手機實現原有觸控按鍵系統的功能
31	語音辨識按鍵	九宮格法	使用語音代替手輸入訊息
32	支援智慧型手機操作的按鍵	進化法則	利用智慧型手機實現原有觸控按鍵系統的功能
33	帶絕緣感應 PAD 的面板	進化法則	將感應 PAD 從電路中獨立出來，與絕緣面板做成一個獨立組件

序號	方案名稱	所用 TRIZ 工具	方案簡要描述
34	自鎖緊螺絲	進化法則	增加一個裝置，使螺絲具有自旋緊功能
35	自適應的晶片	進化法則	更換性能更好的晶片，能夠過濾感應 PAD 周圍因環境的變化而產生的干擾
36	增加固定位置	STC 算子	增加固定螺柱的數量
37	電控門	STC 算子	將門的開關由手動變成電動，可以控制開關門速度，進而控制碰撞的力度
38	支援智慧型手機操作的按鍵	STC 算子	利用智慧型手機實現原有觸控按鍵系統的功能
39	帶絕緣感應 PAD 的面板	STC 算子	將感應 PAD 從電路中獨立出來，與絕緣面板做成一個獨立組件
40	語音辨識按鍵	IFR	增加一個裝置，使螺絲具有自旋緊功能
41	支援智慧型手機操作的按鍵	IFR	利用智慧型手機實現原有觸控按鍵系統的功能
42	虛擬投影按鍵	IFR	用虛擬投影按鍵代替實體按鍵

5-2 產生的概念方案評價

對產生的全部概念方案（去掉重複方案後重新編號）進行評價，如表 12.9 所示。

表 12.9　概念方案評價匯總

序號	方案名稱	成本	難易	可靠	綜合評價
1	抗氧化的感應 PAD	中	中	中	中
2	金屬彈簧墊	高	中	中	中
3	提高材料強度	中	中	中	中
4	帶減震的門	高	高	低	低
5	增加固定位置	中	低	中	中
6	自適應的晶片	高	高	中	低
7	帶感應 PAD 的絕緣面板	中	中	高	高
8	支援智慧型手機操作的按鍵	低	低	中	中
9	帶膠水的螺絲	中	高	高	低
10	內嵌金屬螺柱	高	中	中	中
11	磁性螺柱	高	高	低	低

序號	方案名稱	成本	難易	可靠	綜合評價
12	自鎖緊螺絲	中	低	高	中
13	導軌槽	低	低	低	中
14	金屬限位套	中	低	低	低
15	隔離空氣的密封結構	高	高	低	低
16	熱膨脹記憶螺絲	高	高	低	低
17	電控門	高	高	高	低
18	無熱縮效應的導電橡膠墊	高	高	低	低
19	螺絲限位扣	高	高	高	低
20	拋棄式螺絲限位扣	低	高	高	中
21	智慧減震門	高	高	中	低
22	語音辨識按鍵	高	高	低	低
23	虛擬投影按鍵	高	高	中	低

5-3 最終實施方案描述

綜合考慮成本、難易性、可靠性以及不良影響等多個層面，最終採納由「帶感應 PAD 的絕緣面板、提高材料的強度、支持智慧型手機操作的按鍵」所組成的綜合方案，即：將感應 PAD 從 PCB 板中分離出來，單獨製作在一個彈性 PCB 板上，再將彈性 PCB 板固定在塑膠支撐墊和絕緣面板之間，將三者做成一個一體化組件。同時，更換抗干擾能力更好的晶片，提高塑膠支撐墊的強度和韌性，綜合方案結果如圖 12.23 所示。最後又開發了一款適配智慧型手機的 App，透過手機藍牙和控制電路通訊，利用手機代替按鍵功能，即使按鍵出現故障，仍可保證用戶可以透過手機來完成相應的操作，方案結果如圖 12.24 所示。

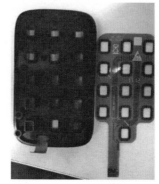

圖 12.23　適配智慧型手機的門鎖方案圖

　　講評： 綜合採用多種創新工具，案例原作者一共產生了 42 個概念解，透過對去重後的 23 個概念解進行逐一分析，最終作者選用了綜合評價較高的前 3 個方案，即評價最高的方案 7、3 和 8，建構了綜合性的解決方案，即彈性面板加手機控制。通常綜合運用 TRIZ 的多個工具都會產生多個概念方案，需要在進行綜合評價的基礎上，考慮方案間的相容性和互補性，最終建構綜合性的解決方案。本案例就是一個很好的例子。

圖 12.24　智慧門鎖手機 App

6 經濟及社會效益分析

6-1 最終實施方案的經濟及社會效益分析

　　本方案透過組件化設計，消除了感應 PAD 位移和氧化問題，極大的改善了由於感應 PAD 出現位移造成按鍵故障的問題，同時輔以智慧型手機 App 功能，進一步降低因按鍵故障造成的使用者體驗不佳等不良影響。

　　目前智慧鎖市場的需求量較大，銷量成長較快，而按鍵功能屬於智慧鎖的標準配置功能。該方案可有效降低產品售後維修保障成本，同時可提高使用者對公司品牌的認可度，進而提高產品銷量，預計每年可產生 5,000 萬元左右的經濟效益。

6-2 產生專利或文章情況

略。

講評：

略。

12.2 改善縫紉機牙架處漏油問題

12.2.1 工程問題解答摘要與整體描述

1 專案摘要

本專案致力於解決縫紉機牙架處漏機油問題；運用 TRIZ 工具後產生了 17 個概念方案；最終採用了牙架自潤滑（主牙架和輔助牙架採用自潤滑材料，去除獨立供油系統，由油潤滑變為無油潤滑）的方案，為公司進入中高階市場打下了堅實的技術基礎，直接經濟價值 1,500 萬元／年以上。

講評：摘要部分簡潔清晰，尤其對最終方案的解釋，一語中的，其核心原理就是用「自潤滑」代替「油潤滑」，極大提升了原系統的理想度。

2 問題背景及描述

2-1 問題背景描述

2-1-1 規範化表述技術系統實現的功能

- **技術系統 (S)**：送布機構
- **動詞 (V)**：改變
- **作用對象 (O)**：縫布
- **參數 (P)**：位置

因此，本技術系統的功能可以表達為「送布機構改變縫布的位置」。

講評：SVOP 定義很準確。

<u>2-1-2 現有技術系統的工作原理</u>

縫紉機的送布系統是由馬達主軸提供動力，由主牙架和輔助牙架進行週期性沿一定軌跡運動，進而實現送布的。送布機構的結構圖如圖 12.25所示。

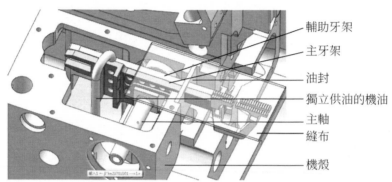

圖 12.25　某型號的工業縫紉機工作原理示意圖

講評：工作原理介紹準確清楚，配圖非常合理。工作原理的介紹最好能夠有圖，一目瞭然。

<u>2-2 問題現狀描述</u>

<u>2-2-1 當前技術系統存在的問題</u>

目前送布系統可以實現有效的送布。由於輔助牙架和主牙架間要進行相對運動，進而產生摩擦，因此為了提高牙架的使用壽命，用機油進行潤滑。但輔助牙架和主牙架的接觸面對機油密封不足，導致機油從接觸面中漏出來，汙染縫布。漏油位置如圖 12.26 所示。

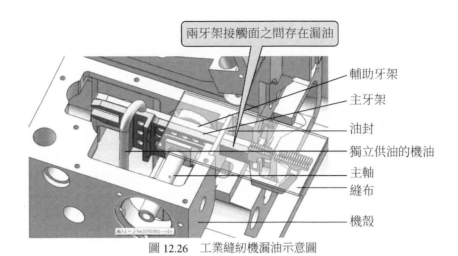

圖 12.26 工業縫紉機漏油示意圖

圖中標註：
- 兩牙架接觸面之間存在漏油
- 輔助牙架
- 主牙架
- 油封
- 獨立供油的機油
- 主軸
- 縫布
- 機殼

2-2-2 問題出現的條件和時間

當縫紉機主軸轉速達到 3,000r/min 時，或當縫紉機連續運行 1 小時後或同時達到兩個條件時，機油開始汙染縫布。

2-2-3 問題或類似問題的現有解決方案及其缺陷

（1）例如一些日本企業採用提高牙架接觸面精度的方法來防止漏油。

缺點：牙架加工成本成倍增加，且不能完全防止漏油，只能相對降低漏油的程度。

（2）例如中國的一些企業採用降低獨立供油系統中的供油量來防止漏油。

缺點：輔助牙架和主牙架的接觸面摩擦加劇，故輔助牙架和主牙架使用壽命縮短。

講評：對問題的描述很清晰，圖示也很清晰，對問題出現的條件和時間描述得十分精確。對當前解決方案的描述略顯簡單了一些，但也基本介紹清楚了改進的思路和效果。

2-3 對新系統的要求

在主軸轉速不低於8,000r/min 及連續運行時間不低於12 小時的情況下，送布系統可以有效的移動縫布，而不出現機油汙染縫布的情況。

講評：對新系統的要求採用定量的指標描述，非常準確具體。值得一提的是，在強調解決問題的同時，沒有忘記強調要保持系統原有功能（移動縫布），這一點想得非常周到。

12.2.2　三大問題分析工具——功能分析、因果分析、資源分析

3 問題分析

3-1 系統功能分析

3-1-1 系統組件列表

本系統的功能是：送布機構改變縫布位置。

本系統的作用對象是：縫布。

送布結構的系統組件列表如表 12.10 所示。

表 12.10　送布機構系統組件列表

超系統組件	組件	子組件
縫布	主軸	
	主牙架	
	輔助牙架	
	油封	
	獨立供油系統中的機油	

3-1-2 系統功能模型圖

繪製某型工業縫紉機系統功能模型圖如圖 12.27 所示。

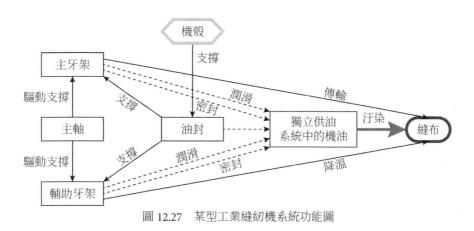

圖 12.27 某型工業縫紉機系統功能圖

3-1-3 系統功能分析結論

透過建構系統功能模型圖並進行分析，描述了系統元件及其之間的相互關係，確定了導致問題存在的功能因素，列舉出系統中存在的所有負面功能如下：

負面功能 1：輔助牙架和主牙架的接觸面對機油密封作用不足——不足作用。

負面功能 2：油封對機油的密封作用不足——不足作用。

講評：先列出組件列表再畫功能模型圖，這裡容易犯錯的地方是有學員常常忘記把「對象」填入超系統，本案例的原作者沒有忘記，非常好。但原作者在功能分析這部分犯了 3 個小錯誤：從圖 12.27 中可以發現，超系統組件「機殼」對油封有支撐作用，而組件列表中的超系統卻只有對象「縫布」，因此應該把「機殼」填入表格的超系統中去。這是第一個錯誤。其次，應該是「獨立供油系統中的機油」對主牙架和輔助牙架有潤滑作用，箭頭應該由「獨立供油系統中的機油」指向「主牙架」和「輔助牙架」，圖中畫反了，正確功能模型圖如圖 12.28 所示。第三，系統功能分析結論要求把所有的負面功能都寫上，圖中共存在一個有害作用，三個不足作用，應該都列上。漏掉的兩個作用分別是「獨立供油系統中的機油」對主牙架潤滑不足，「獨立供油系統中的機油」對輔助牙架潤滑不足。

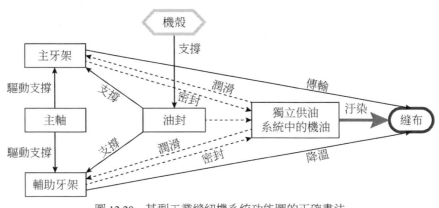

圖 12.28　某型工業縫紉機系統功能圖的正確畫法

3-2 系統因果分析

3-2-1 系統因果分析圖

對系統產生的「機油汙染布料」的結果進行因果分析，如圖 12.29 所示。

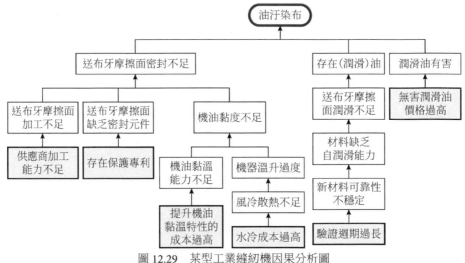

圖 12.29　某型工業縫紉機因果分析圖

3-2-2 系統因果分析結論

透過因果分析，確定本系統中導致問題產生的根本原因為：供應商加工能力不足、存在保護專利、提升機油黏溫特性的成本過高、水冷成本過

高、驗證週期過長、無害潤滑油價格過高。

講評：做好因果分析是不容易的，整體來說原作者的因果分析完成品質已非常高，比如從上到下第一層因果關係中，「存在（潤滑）油」是內因，「送布牙摩擦面密封不足」是條件（外因）。同時在對「送布牙摩擦面密封不足」這條因果鏈上也一直在堅持進行內因和外因的分析，所以左側的因果圖是樹狀的，很好。另外基本每條因果鏈都達到因果分析的終止條件才停止分析，例如「水冷成本過度高」是到了成本的極限，「存在保護專利」到達了制度的極限，說明分析得很到位。

但也存在一些瑕疵。首先，「潤滑油有害」和結果「油汙染布」並無必然因果關係，因此可以不考慮。第二，在「存在（潤滑）油」這半邊因果鏈上，沒有堅持進行內因和條件的分析，呈鏈狀結構，思路較為侷限。例如在從上到下第二層因果關係中，「送布牙摩擦面潤滑不足」是條件，內因應該是「油存在潤滑的屬性」；再進一步分析，「材料缺乏自潤滑能力」是內因，這是由材料屬性決定的，但還可以找條件，例如「送布牙存在不合理結構」，不合理結構導致摩擦面增加、摩擦力增加等。第三，將所有最底層原因都設為根本原因，一來6個根本原因顯得數量太多（一般選3～5個就夠了），二來有些原因根本無法解決（如驗證週期過度，供應商加工能力不足等），將其選為根本原因是沒有意義的。

3-3 系統資源分析

對整個系統的可用資源進行分析，如表 12.11 所示。

表 12.11　某型工業縫紉機系統資源分析列表

資源類型	系統級別		
	子系統	系統	超系統
物質資源	主牙架、輔助牙架、油封	送布機構	縫布
能量資源	熱場、機械場	機械場、重力場	重力場、磁場
空間資源	主牙架、輔助牙架、運動範圍	送布機構所在空間	機器外部
時間資源	牙架前後運動時間	送布時間	移動時間

資訊資源	運行速度	送布效率	縫布的磁性
功能資源	牙架運動	送布運動	移動能力

　　講評：此處的系統資源分析側重的是全面搜尋系統現有可用資源，力求做到「隱性資源顯性化、顯性資源系統化」，原作者把所有表格項都填全了，已難能可貴。不過個別資源仍有待商榷，如「縫布的磁性」作為資訊資源恐怕不妥，作為能量資源可能合適一些，超系統功能資源只講了「移動能力」，不夠明確等等。

3-4 確定問題解決突破點

　　透過展開系統三大分析（功能分析、因果分析、資源分析），明確了系統中組件之間的相互關係及存在的負面功能，深入挖掘了問題出現的多層次原因。在綜合考慮系統可用資源的基礎上，確定問題解決的突破點如下：

　　問題解決突破點 1：主牙架和輔助牙架的接觸面無法有效的密封機油。

　　問題解決突破點 2：主牙架和輔助牙架的接觸面需要潤滑油潤滑。

　　講評：這兩個問題突破點選得還是很準確、很犀利的。唯獨建議對突破點 2 稍加改進，「主牙架和輔助牙架的接觸面需要潤滑」，只留「需要潤滑」，去掉「潤滑油」，以免思路受限，因為潤滑方式不只潤滑油一種。而為更準確，同時和後續的解題過程更好的結合，個人建議可將問題突破點 2 改為：「機油」對主輔牙架潤滑不足。後續提到問題突破點 2 將簡述為「潤滑不足」，問題突破點 1 將簡述為「密封不足」。

12.2.3　問題解決──系統裁剪、質─場與知識庫

4 問題轉化及解決

4-1 系統裁剪

4-1-1 確定裁剪元件的原則

①基於專案目標選擇裁剪對象。

- **降低成本**：優選功能價值低、成本高的組件
- **專利規避**：優選專利權利聲明的相關組件
- **改善系統**：優選有主要缺點的組件
- **降低系統複雜度**：優選高複雜度的組件

②選擇「具有有害功能的組件」。

③選擇「低價值的組件」。

④選擇「提供輔助功能的組件」。

4-1-2 系統裁剪實施規則

實施規則 1：若裁剪組件 B，隨即也就不需要組件 A 的作用，則功能載體 A 可被裁剪。

實施規則 2：若組件 B 能完成組件 A 的功能，那麼組件 A 可以被裁剪，其功能由組件 B 完成。

實施規則 3：技術系統或超系統中其他的組件 C 可以完成組件 A 的功能，那麼組件 A 可以被裁剪，其功能由組件 C 完成。組件 C 可以是系統中已有的，也可以是新增加的。三種裁剪規則的示意圖如圖 12.30 所示。

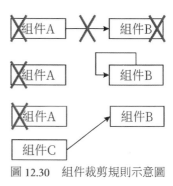

圖 12.30　組件裁剪規則示意圖

4-1-3 系統裁剪過程

系統裁剪方案一

（1）初始系統功能分析圖

確定待裁剪元件，繪製系統功能模型圖的裁剪方案，如圖 12.31 所示。

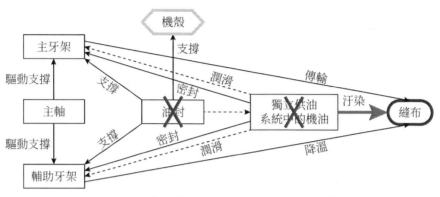

圖 12.31　對工業縫紉機系統實施裁剪的示意圖

（2）裁剪後系統功能分析圖

實施裁剪，最終得到的系統功能模型圖如圖 12.32 所示。

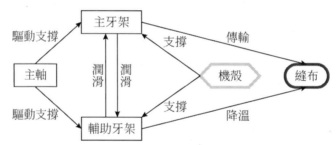

圖 12.32　對工業縫紉機實施系統裁剪後的方案示意圖

（3）描述形成的概念方案

方案 1：當機油不存在而又不影響送布組件移動縫布時，即可解決本問題。利用裁剪方案，將獨立供油系統中的機油裁剪掉。由於機油被裁剪，故油封不起作用，也可裁剪掉。裁剪後，機油的潤滑作用由主牙架和輔助牙架採用自潤滑材料替代，油封對牙架的支撐作用由機殼替代。

系統裁剪方案二

（1）初始系統功能分析圖

確定待裁剪元件後，形成系統裁剪方案，如圖 12.33 所示。

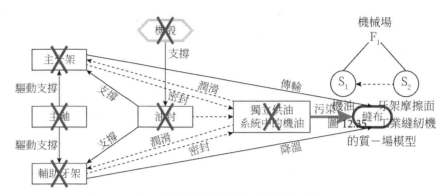

圖 12.33 對工業縫紉機系統實施裁剪的示意圖

(2) 裁剪後系統功能分析圖

裁剪後的系統功能分析模型圖如圖 12.34 所示。

圖 12.34 使用裁剪規則 3 對工業縫紉機實施系統裁剪後的功能圖

方案 2：送布系統的主要功能是送布，但目前整套送布系統過於複雜。故透過裁剪規則 3，將整套送布系統刪除，引入磁場進行送布。

講評：第一次裁剪直奔產生有害作用的組件獨立供油系統中的「機油」，開門見山，充分展現了裁剪工具的威力。非常好。第二次裁剪更是產生了很突破的解決方案。原作者對裁剪工具的使用，整體上是非常成功的。

4-2 質－場模型及標準解

4-2-1 質－場模型的建構

針對問題解決突破點，建構系統的初始質－場模型圖，如圖 12.35 所示。

4-2-2 根據啟發性原則尋找合適的標準解

4-2-3 描述形成的概念方案

方案 3：在縫紉機內部靠近油封的牙架上增加一個熱場，當機油經過這

裡時被蒸發。

　　講評：案例對問題突破點 2 潤滑不足建構質－場模型，但針對存在不足作用的質－場模型，至少可以嘗試標準解 S1.1.1 ～ S1.1.5，此處出解數量較少，可進一步深入考慮。同時也可考慮對突破點 1 密封不足建構質－場模型，從而產生更多解決方案。

4-3 運用科學效應及知識庫

4-3-1 提煉欲改變的系統功能

控制液體或氣體運動：

4-3-2 查詢知識庫並獲得結果

　　白努利定律、電泳現象、慣性力原理、毛細管現象、滲透原理、韋森堡效應。

4-3-3 描述形成的概念方案

　　方案 4：利用毛細管原理，增加一種毛氈，毛氈一端連接油封外側的牙架部分，另一端與縫紉機內腔相通，形成回油。具體方案示意圖如圖 12.36 所示。

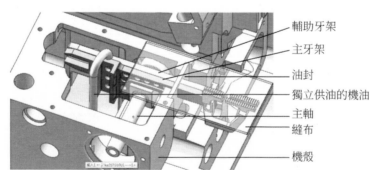

輔助牙架
主牙架
油封
獨立供油的機油
主軸
縫布
機殼

圖 12.36　利用毛細管原理形成回油的示意圖

　　方案 5：利用電泳原理，在機油中加入一種膠體粒子，並通入外電源，使膠體粒子堆積在牙架摩擦面漏油處，防止漏油。概念方案原理如圖 12.37 所示。

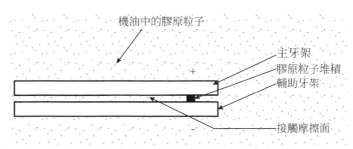

機油中的膠原粒子

主牙架
膠原粒子堆積
輔助牙架

接觸摩擦面

圖 12.37 利用電泳原理防止漏油的概念方案示意圖

　　講評：知識庫是產生高級別發明的利器，原作者利用毛細管和電泳效應產生了兩個高水準的解決方案，非常好。但本案例，針對已漏油如何控制油運動的問題來提煉要實現的功能，似乎沒有圍繞兩個問題突破點來提煉，這使得查詢的解決方案與其他解決方案看起來不太成體系。再次強調，所有工具一定都應圍繞問題突破點來使用，因此應考慮分別對「密封不足」和「潤滑不足」來提煉系統要改變的功能。有興趣的學員可以採用最新的牛津大學知識庫重新定義功能和屬性，查找更多的科學效應並產生相應的概念解。

4-4 技術矛盾解決

4-4-1 規範化表述系統中存在的技術矛盾

　　本系統存在的技術矛盾可表述為：為了改善「送布機構中運動的主牙架和輔助牙架的耐久性」，導致系統的「縫紉機的縫布品質」惡化。

4-4-2 用工程參數描述技術矛盾並查詢 2003 矛盾矩陣

　　選擇技術矛盾參數組合以及查詢所得發明原理如表 12.12 所示。

表 12.12　技術矛盾查詢與對應的發明原理

改善的參數	惡化的參數	對應的發明原理編號
運動物體的耐久性	有害的副作用	40, 3, 37, 6, 11, 30, 4, 39

注：40：複合材料原理　3：改進局部性質原理
37：熱膨脹原理　6：萬用性原理
11：預先防範原理　30：彈性膜與薄膜原理
4：非對稱性原理　39：惰性環境原理

4-4-3 描述形成的概念方案

運用以上發明原理，可以得到如下概念方案。

方案 6：運用發明原理 40（複合材料原理），得到新方案，即：輔助牙架和主牙架採用鋼材料＋自潤滑材料的複合材料來替代原來純鋼鐵材料。鋼材料保證零件的剛度，自潤滑材料保證零件的潤滑性。因此可以去除機油，從根本上解決漏油。

方案 7：運用發明原理 3（改進局部性質原理），得到新方案，即：在獨立供油管上增加一個小型油氣發生器，使主牙架和輔助牙架之間的接觸面為氣體潤滑，使之均勻有效的潤滑摩擦面，減少機油單位體積的質量。縫紉機其他接觸面為液體潤滑。

方案 8：運用發明原理 37（熱膨脹原理），得到新方案，即：主牙架或輔助牙架接觸面的出口處為高熱膨脹率材料，其他部位為低膨脹率材料，當溫度升高時，因熱膨脹率不同，高熱膨脹率材料處的牙架緊緊低靠，防止機油洩漏。

方案 9：運用發明原理 6（萬用性原理），得到新方案，即：自潤滑材料防油，主牙架和輔助牙架採用自潤滑材料，使之具備送布功能的同時，具備潤滑功能，而無須機油潤滑。

方案 10：運用發明原理 11（預先防範原理），得到新方案，即：預先增加一種強制回油裝置，它的一端連接油封外側的牙架部分，另一端與縫紉機內腔相通，將漏出來的機油透過強制回油裝置引流到縫紉機內部供循環使用。

方案 11：運用發明原理 30（彈性膜與薄膜原理），得到新方案，即：鍍自潤滑薄膜防油，在主牙架和輔助牙架接觸面上鍍上一種減摩性優、耐磨性強的物質，使其自潤滑而無須機油。（例如：表面鍍陶瓷技術，如金屬表面鍍上一種氧化矽薄膜）

方案 12：運用發明原理 4（非對稱性原理），得到新方案，即：主牙架和輔助牙架摩擦面為一整塊光滑平面，為了阻止機油漏出，可以將靠近

油封的摩擦面由光滑平面改為臺階面，增加對機油漏出的阻礙。（迷宮式防油）

講評：技術矛盾分析和矩陣是較為常用的創新工具，是比較容易產生概念解的工具，但學員使用時，常因未充分理解和應用原理，從而導致解的數量受限。本案例作者針對問題突破點2潤滑不足建構矛盾，幾乎針對每個查到的創新原理都產生了案例，非常出色。如果能夠再對問題突破點1密封不足建構矛盾，分析和解題就更完整了，相信能產生更多方案。

12.2.4 問題解決──技術矛盾與物理矛盾

4-5 物理矛盾解決

4-5-1 規範化表述系統中存在的物理矛盾

縫紉機的主軸轉速存在物理矛盾，當主軸轉速變高時，縫紉機的縫紉效率變高，由於獨立供油系統是由主軸提供動力，故轉速變慢時，供油量減小，油洩漏量減少。因此本系統中存在對相同參數「轉速」的相反要求，轉化成參數的語言描述為：運動物體的轉速既要快，也要慢。

4-5-2 描述形成的概念方案

方案13：利用空間分離原理，對獨立供油系統的機油流量進行單獨控制，不受馬達轉速的影響，具體方案如圖12.38所示。

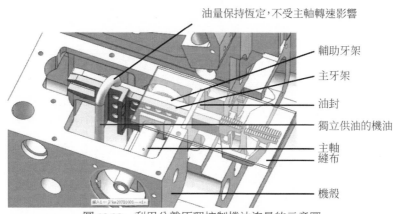

圖12.38　利用分離原理控制機油流量的示意圖

　　講評： 本案例針對問題突破點 1 密封不足，發現了一個非常典型的物理矛盾，即本質上主軸的轉速決定著生產效率，也決定著供油情況。技術矛盾中找到的所有參數，如移動物體耐久性和有害的副作用，都和主軸的轉速有關，準確的找到物理矛盾，能夠為深入理解和分析整個系統提供便利。略微可惜的是，原作者僅利用了空間分離原理（解決方案很精彩），但對時間、系統和條件分離未深入探索產生概念解的可能性。

4-6 九宮格法

4-6-1 擴展型資源列表

填寫擴展型資源列表如表 12.13 所示。

表 12.13　工業縫紉機系統擴展型資源列表

時間層面	過去	現在	未來
物質資源	人、布料、針、線	壓腳裝置、控制機構、調節裝置、連桿機構、傳動機構、運動機、牙架、輔助牙架、密封機構、齒輪機構、彈簧、控制機構、刺料機構、挑線機構、鉤線機構、送料機構、人、智慧設備、人工智慧設備、供電系統、外部供油系統	電磁控制設別、紅外線設備、線、布料
能量資源	機械能、動能	機械能、磁能、動能、彈性位能、化學能、熱能	電能、磁能
空間資源	布料間隙	系統間間隙、機械結構內部空間、彈簧內部空間、機械結構縫隙、外部廠房、設備外空間	設備間隙
時間資源	縫線時間、裁剪布料時間、維護工具時間	送線機構運動時間、挑線時間、送料時間、鉤線時間、連桿運動時間、彈簧壓縮時間、生產裝配時間、控制電路休眠時間、按鍵的休眠時間、系統反應時間、開關門過程時間、人準備時間	調試設備時間、安裝設備時間、開機啟動時間、裝備材料時間
資訊資源	裁剪的紋路、縫紉線路	刺料機構運動速度、送線機構工作情況、牙架運動噪音、機械結構運動噪音、機械結構部件碎屑、彈簧恢復能力、設備告警訊息、化學反應、供油系統供油速率	儀器運行指示燈、自動控制設備警告
功能資源	裁剪功能、縫紉功能	送料機構實現其他功能、牙架可以密封、連桿機構可以帶動或支撐、控制功能	裁剪功能、縫紉功能、控制功能

<u>4-6-2 根據資源列表提示，選擇可用資源，列在九宮格中</u>

用九宮格法填寫資源列表，如表 12.14 所示。

表 12.14　用九宮格法進行可用資源分析

時間	系統級別		
	子系統	系統	超系統
過去	輔助牙架和主牙架間無漏油	送布機構正常工作	縫布
現在	輔助牙架和主牙架間漏油	漏油的送布機構	被汙染的縫布
未來	輔助牙架和主牙架間無油	無油的送布機構	無汙染帶磁性的縫布

<u>4-6-3 描述形成的概念方案</u>

方案 14：透過資源分析，引入磁場，在縫布上加入磁性物質，將縫紉機置於可以調節強度的磁場環境中，用磁場力的大小控制縫布移動的速度，具體方案如圖 12.39 所示。

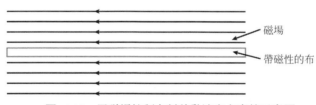

圖 12.39　用磁場控制布料移動速度方案的示意圖

點評：九宮格法側重於從時間層面考慮可用資源。原作者透過引入磁場，提出了一個理想度很高的解決方案。其實還可以進一步深入挖掘。

12.2.5　問題解決——系統進化與創新思維方法

<u>4-7 系統進化法則及 S 曲線</u>

<u>4-7-1 對系統所處 S 曲線時期的判斷</u>

- **性能描述**：較穩定
- **發明級別描述**：一級或二級為主
- **發明數量描述**：數量多

- **經濟收益描述**：較好

綜合考慮以上四方面指標，判斷出本系統處於成長期末期，向成熟期過渡。

4-7-2 系統所處階段與進化法則的對應關係

（略）

4-7-3 描述形成的概念方案

方案 15：本系統處於成長末期，向成熟期過渡，利用向微觀級進化法則，主牙架和輔助牙架之間採用磁場力，故兩平面不接觸，無摩擦，無須潤滑。

講評：利用進化法則建構解決方案，首先確定系統當前所處的階段，然後預測系統未來可能演化的方向。此處雖然利用進化法則建構了解決方案，但似乎可以再進一步深入思考和應用其他進化法則。

4-8 創新思維之 STC 算子

4-8-1 對 STC 算子中三種極限情況的描述

運用 STC 算子描述三種極限條件下的情況如表 12.15 所示。

表 12.15　STC 算子及三種極限條件下的情況描述

項目	改變方向	
	趨近於零／→ 0	趨近於無窮／→ ∞
尺寸（size）	主牙架和輔助牙架摩擦面距離無限小	主牙架和輔助牙架摩擦面距離無限大
時間（time）	當牙架送布時間無限短時，無須移動縫布	主牙架和輔助牙架摩擦面距離無限小
成本（cost）	手替代送布機構進行送布	當成本無限大時，可以用機械手臂替代送布機構進行送布

4-8-2 描述形成的概念方案

形成的概念方案描述如下：

　　方案 16：在尺寸趨近於無窮的條件下，產生新的概念方案，即主牙架和輔助牙架摩擦面距離無限大，相當於兩平面不發生摩擦，故無須潤滑油。(如牙架磁懸浮)

　　方案 17：在尺寸趨近於零的條件下，產生新的概念方案，即主牙架和輔助牙架摩擦面距離無限小，故潤滑油無法透過摩擦面，故無洩漏。(無限提高牙架表面精度，降低表面粗糙度，機油只有冷卻作用，但無法進入摩擦表面)

　　方案 18：在時間趨近於無窮的條件下，產生新的概念方案，即當牙架送布時間無限長時，相當於主牙架和輔助牙架之間摩擦面不產生運動，故無洩漏。

　　方案 19：在時間趨近於零的條件下，產生新的概念方案，即當牙架送布時間無限短時，無須移動縫布，即縫布不動，採用縫針運動的方式。(如多功能花樣機)

　　方案 20：在成本趨近於無窮的條件下，產生新的概念方案，即當成本無限大時，可以用機械手臂替代送布機構進行送布。

　　方案 21：在成本趨近於零的條件下，產生新的概念方案，即當成本無限小時，可以用手替代送布機構進行送布。

　　講評：使用 STC 算子時有兩個難點，一是不聚焦於同一個參數來思考，二是不思考到極限情況就中途停止。這兩點原作者都處理得非常好，針對尺寸、時間和成本三個層面，分別選擇了合適的參數來進行極限思考。這是目前為止使用 STC 算子分析得最好的一個例子。

4-9 最終理想解 (IFR)

　　說明：透過對最終理想解的描述，在問題分析的最初階段，明確整個系統理想化的方向，為後續問題分析及解決打下基礎。

　　①系統的最終目標是什麼？

　　改變縫布的位置。

②理想化最終結果是什麼？

縫布實現自移動。

③達到理想化狀態的障礙是什麼？

縫布無自我移動能力。

④這些障礙為什麼阻礙理想化狀態的實現？

縫布是一種彈性物質，它不具備自我產生動力的能力，故只能慣性的留在原始位置。

⑤不出現這些障礙的條件是什麼？

賦予縫布某些磁性物質，使縫布在磁場環境中能實現自移動。

⑥可用哪些資源創造這些條件？

磁場或電場。

⑦是否有其他產業已實現類似的理想化結果的實施方案？

磁懸浮列車是一種現代高科技軌道交通工具，它透過電磁力實現列車與軌道之間的無接觸的懸浮和移動。圖 12.40 所示為採用了類似的理想化結果的實施方案。

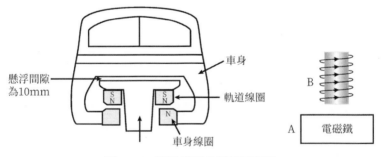

圖 12.40　磁懸浮列車原理示意圖

講評：當時原作者應用的是 Moehrle（2005 年）的傳統流程，最終只得出一個概念解。如果使用本書前文所提供的改進型的 IFR 流程，可以得到如下結果：

- **流程 1**：精確的描述系統中現存的問題和矛盾。

  輔助牙架和主牙架的接觸面對機油密封不足，會漏油。

- **流程 2**：明確系統所要實現的功能（SVOP）。

  送布機構改變縫布的位置。

- **流程 3**：思考實現（這些）功能的理想情況。

- **流程 3-1**：需要／存在這種功能的原因是什麼？是否可以透過消除這個原因使得這種功能不再被需要（有害功能和成本降為零）。

  如果要實現機器縫布，就必須移動布，因此機器是不動的。由此產生了兩個思路，一是布不動，縫布機構運動，這個思路因為不太經濟所以不高。二是不用縫布，而是由各個織點組成布，類似於畫素組成圖像的思路。由此產生一個解決方案：數位紡織，即類似於針式影印機的工作原理，利用電腦透過智慧控制每個針頭進行紡織（印花）。

- **流程 3-2**：不需要系統（有害功能和成本降為零）。

  （1）對象自助，自己實現所需功能。

  對象「布」會自動移動，自動實現「改變位置」的功能。這個思路產生的解與第一個概念解「磁力送布」類似，即在布中加入磁性材料，使布在磁場中自行運動。

  另一個思路就是布料不怕機油汙染，但這涉及到改變對象的性質似乎不可行。

  （2）所需功能由超系統實現。

  即由超系統移動布。系統所在的超系統中，有風、水、重力等資源，上述資源的可控性太差，都不能有效的移動布。

  （3）所需功能由更廉價的其他系統實現。

  自動送布機構已比較廉價，難以找到更廉價的系統實現移動布的功能。

- **流程 3-3**：去除有害功能。

（1）裁剪產生有害功能的組件或子系統。

產生有害作用的組件是「機油」，由此產生方案：裁剪機油，即主牙架和輔助牙架採用自潤滑材料，不需要機油潤滑。這個方案與概念方案 2 相同。

（2）將有害功能配置到超系統中去。

即產生有害作用的供油系統置於超系統中實現獨立供油，與方案 11 相同。

- **流程 3-4**：降低成本。

利用系統內部的剩餘資源或引入系統外部的「免費」資源來幫助實現有用功能。

系統內部暫時無法找到剩餘或免費資源。因此無方案。

- **流程 4**：看其他行業是否已解決本問題。

磁懸浮列車。

- **流程 5**：建構解決方案。

綜上所述，產生了如下解決方案：

概念方案 1：數位紡織。

概念方案 2：磁力送布（與方案 1 相同）。

概念方案 3：裁剪機油（與方案 2 相同）。

概念方案 3：獨立供油（與方案 11 相同）。

因此使用新的流程，共產生了 4 個概念方案，另外還有兩個思路，與原流程相比，解的數量和品質都有了提升，而且還產生了一個原案例沒有得到的方案：數位紡織。

12.2.6　概念方案匯總、評價與總結

<u>5 方案匯總及評價</u>

5-1 初步概念方案匯總

將產生的全部概念方案匯總如表 12.16 所示。

表 12.16　初步概念方案匯總表

序號	方案名稱	所用 TRIZ 工具	方案簡要描述
1	自潤滑材料防油	裁剪法	主牙架和輔助牙架採用自潤滑材料
2	磁力送布	裁剪法	用磁場力移動有磁性的縫布
3	蒸發防油	質－場模型標準解	在漏油處增加一個熱場，使其蒸發
4	強制回油	科學效應及知識庫	在機油未到達縫布前，透過毛細管原理，將機油強制回油到機殼內
5	電泳防油	科學效應及知識庫	在漏油處，利用電泳原理堆積膠體粒子進行防油
6	複合材料防油	矛盾矩陣（複合材料）	牙架採用鋼材料＋自潤滑材料
7	氣體潤滑	矛盾矩陣（改進局部性質）	使機油氣化潤滑牙架
8	無間隙防油	矛盾矩陣（熱膨脹）	出口處，採用不同膨脹係數的材質來進行封油
9	自潤滑材料防油	矛盾矩陣（萬用性）	主牙架和輔助牙架採用自潤滑材料
10	強制回油	矛盾矩陣（預先防範）	透過回油裝置將漏出來的機油引流回機殼內
11	鍍自潤滑薄膜防油	矛盾矩陣（彈性膜與薄膜）	在接觸面上鍍上一種陶瓷薄膜
12	迷宮式防油	矛盾矩陣（非對稱性）	以迷宮方式增加對機油流動的阻礙
13	可控流量防油	空間分離原理	獨立供油系統中的流量保持不變
14	磁力送布	九宮格法	用磁場力移動有磁性的縫布
15	牙架磁懸浮	STC 算子（尺寸無限大）	牙架接觸面間隙無限大，使兩牙架作用面為慈力作用
16	鏡面防油	STC 算子（尺寸無限小）	牙架接觸面間隙無限小，兩平面摩擦力幾乎為零，無須潤滑
17	縫布靜止	STC 算子（時間無限小）	縫布保持不動，而以機針進行移動
18	機械手臂送布	STC 算子（成本無限大）	用機械手臂移動縫布

序號	方案名稱	所用 TRIZ 工具	方案簡要描述
19	手送布	STC 算子（尺寸無限小）	用手移動縫布
20	牙架磁懸浮	進化法則及 S 曲線	兩牙架作用面為磁力作用

5-2 初步概念方案評價

對產生的全部概念方案進行評價如表 12.17 所示。

表 12.17　初步概念方案匯總評價表

序號	名稱	成本	難易	可靠	綜合評價
1	磁力送布	高	較難	較低	一般
2	自潤滑材料防油	低	低	高	高
3	複合材料防油	低	低	高	高
4	氣體潤滑	中	低	高	中
5	無間隙防油	高	低	高	中
6	強制回油	低	低	高	高
7	鍍自潤滑薄膜防油	低	低	高	高
8	迷宮式防油	低	低	高	高
9	可控流量防油	高	低	低	低
10	蒸發防油	高	高	低	低
11	電泳防油	高	高	低	低
12	牙架磁懸浮	高	高	低	低
13	鏡面防油	高	高	低	低
14	縫布靜止	低	低	高	高
15	機械手臂送布	高	高	高	低
16	手送布	低	低	高	高
17	牙架磁懸浮	高	高	低	中

5-3 最終實施方案描述

最終實施方案綜合了以下幾個方面：首先是主牙架和輔助牙架用具有自潤滑功能的材料（如粉末冶金材料）製造；其次是去掉了獨立供油系統中的機油；再將油封對牙架的支撐作用改由機殼提供。綜合改進方案如圖 12.41 所示。

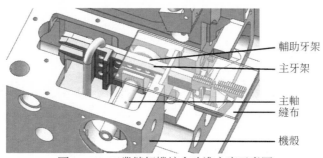

輔助牙架
主牙架
主軸
縫布
機殼

圖 12.41　工業縫紉機綜合改進方案示意圖

講評：案例原作者綜合運用多種創新方法工具一共產生了 20 個解決方案，去掉重複的剩下 17 個，最終綜合考慮成本、可靠性和可行性等因素，採用了由裁剪方法得來的解決方案，並嘗試申請了專利。

6 經濟及社會效益分析

6-1 最終實施方案的經濟及社會效益分析

隨著人們生活水準的提高，對衣服的要求越來越高。機油汙染縫布是一個急需解決的問題，但牙架防油對縫紉機來說是一個技術難點。透過 TRIZ 理論，產生的自潤滑方案可以有效解決牙架漏油問題。為公司進入中高階市場打下堅實的技術基礎，直接經濟價值 1,500 萬元／年以上（不包含技改費用）。

6-2 產生專利或文章情況

本研究產生的專利或研究論文等成果列表如表 12.18 所示。

表 12.18　利用 TRIZ 方法改進工業縫紉機產生的專利

專利名稱及編號	專利類型 （實用新型／發明）	專利狀態 （申請／授權）	備註
縫紉機牙架組件	發明專利	申請中	已公開
可控流量防油	發明專利	申請中	撰寫中
一種新型潤滑及防油方式	發明專利	申請中	撰寫中
負壓防油	發明專利	申請中	審核中

講評：略

12.3　降低自動分揀機大轉盤線性馬達的溫度

12.3.1　工程問題解答摘要與整體描述

1 專案摘要

本專案致力於解決線性馬達在室溫下連續運行時溫度過高的問題；運用 TRIZ 工具後產生了 20 個概念方案；最終採用了第 6、21、22 號綜合的方案，使用達標線性馬達，同時去除非接觸保護棉，在直線鋁板兩側都黏上長方體泡棉，增加大轉盤與圓導軌之間的潤滑度，多加一個備用馬達進行輪換，不但順利解決了問題，還能大大增加整個系統的持續使用時長。

2 問題背景及描述

2-1 問題背景描述

2-1-1 規範化表述技術系統實現的功能

線性馬達系統 (S) 的功能是保持 (V) 直線鋁板 (O) 的速度 (P)，從而帶動大轉盤平穩轉動。

2-1-2 現有技術系統的工作原理

線性馬達系統由接入導線、金屬線圈、金屬外殼、非接觸保護棉、下方及兩邊散熱風扇與溫度感測器組成。

線性馬達接入變頻後的工業交流電壓後，金屬線圈中電流的變化產生變化的磁場，變化的磁場引起中間直線鋁板產生渦流，鋁板在電磁作用下定向移動，帶動大轉盤定向轉動。其工作原理和實物分別如圖 12.42 和圖 12.43 所示 [13]。

---

13 作者注：文中相關圖片和資料均由學員提供，僅供參考。

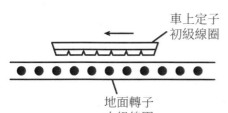

車上定子
初級線圈

地面轉子
次級線圈

圖 12.42 線性馬達工作原理圖

圖 12.43 線性馬達實物圖

線性馬達風扇有 5 個，左右各兩個，下方一個大的，用來對線性馬達進行散熱。溫度感測器是用來監控線性馬達即時溫度的。非接觸保護棉附在馬達中空處，用來防止直線鋁板觸碰到線性馬達。分揀線性馬達實物如圖 12.44 所示。

2-2 問題現狀描述

2-2-1 當前技術系統存在的問題

圖 12.44 分揀機用線性馬達

線性馬達負載能力不足，需要更大頻率的電壓，而頻率大導致線性馬達在室溫下連續運行 30 分鐘後，外殼溫度高達 90℃並有繼續上升的趨勢。圖 12.45 是線性馬達溫控表持續上升的工作實況圖。

2-2-2 問題出現的條件和時間

圖 12.45 分揀機系統溫控表

　　線性馬達溫度過度升高的問題，出現在線性馬達以高頻電壓室溫條件下連續運行超過 30 分鐘後出現。

2-2-3 問題或類似問題的現有解決方案及其缺陷

增加散熱風扇個數，但效果不明顯。

2-3 對新系統的要求

　　新系統連續運行，拉動鋁板帶動大轉盤穩定轉動，而將溫度穩定在 75℃以下（安全溫度）。

12.3.2　三大問題分析工具——功能分析、因果分析、資源分析

3 問題分析

3-1 功能模型分析

3-1-1 系統組件列表

- **本系統的功能是**：線性馬達系統保持直線鋁板速度。
- **本系統的作用對象是**：直線鋁板。

　　填寫本系統的組件列表如表 12.19 所示。

表 12.19　自動分揀機系統組件列表

超系統組件	組件	子組件
工業電源 溫控表 大轉盤 圓導軌 空氣 直線鋁板 "	線圈繞組	金屬線圈、絕緣漆
	散熱風扇	
	溫度感測器	
	金屬外殼	
	非接觸式保護棉	

3-1-2 系統功能模型圖

　　繪製系統功能模型圖如圖 12.46 所示。

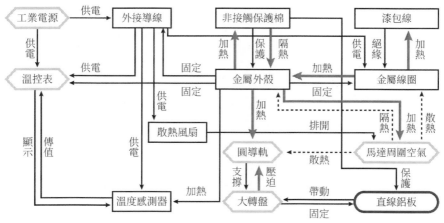

圖 12.46　自動分揀機系統功能模型圖

3-1-3 系統功能分析結論

透過建構系統功能模型圖並進行分析，描述了系統元件及其相互關係，確定了導致問題存在的功能因素。列舉系統中存在的負面功能如下。

- **負面功能 1**：線圈繞組對絕緣漆的過度加熱——有害作用。
- **負面功能 2**：金屬線圈對金屬外殼的加熱——有害作用。
- **負面功能 3**：非接觸式保護棉對金屬外殼的隔熱——有害作用。
- **負面功能 4**：金屬外殼對接觸式保護棉的加熱——有害作用。
- **負面功能 5**：金屬外殼對圓導軌的加熱——有害作用。
- **負面功能 6**：大轉盤對圓導軌的壓迫——有害作用。
- **負面功能 7**：金屬外殼對空氣的加熱——有害作用。
- **負面功能 8**：空氣對圓導軌的散熱——不足作用。
- **負面功能 9**：空氣對周圍線圈的散熱——不足作用。
- **負面功能 10**：馬達周圍空氣對金屬外殼的散熱——不足作用。

講評：系統負面功能的列舉要全面，且表述要清楚。

3-2 因果分析

3-2-1 因果分析圖的繪製

繪製系統因果分析圖如圖 12.47 所示。

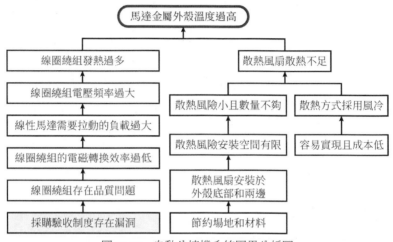

圖 12.47　自動分揀機系統因果分析圖

3-2-2 系統因果分析結論

透過建構系統因果分析圖，描述了系統運行過程中原因和結果之間的相互關係，結合系統功能分析確定的問題區域，選擇問題解決的突破點：線圈繞組的電磁轉換效率過低；散熱效率不高；線性馬達需要拉動的負載過大。

3-2-3 系統因果分析產生的概念方案

由以上問題突破點可以啟發性得出如下方案：

- **方案 1**：更換成品質達標的線圈繞組。
- **方案 2**：更換成品質達標的線性馬達。
- **方案 3**：使用水冷方式來進行降溫。
- **方案 4**：使用負載能力更強的線性馬達。
- **方案 5**：增加同時工作線性馬達個數。
- **方案 6**：充分潤滑圓導軌，減小線性馬達負荷。

3-3 系統資源分析

填寫系統資源分析列表如表 12.20 所示。

表 12.20　自動分揀機系統資源分析列表

資源類型	系統級別		
	子系統	系統	超系統
物質資源	金屬線圈、線圈絕緣漆	線圈繞組、金屬外殼、外接導線、溫度感測器、散熱風扇、非接觸保護棉	直線鋁板、大轉盤、電源、溫控表、控制系統、上件臺、下件臺、小車
能量資源	電能、磁能、熱能	電能、電磁能、熱能、機械能	電能、空氣能、熱能、機械能
空間資源	線圈中心孔	馬達內部空隙、馬達外部表面、非接觸保護棉內部空間	廠房、大轉盤所繞空間、大轉盤周圍空間等
時間資源			直線鋁板運動時間
資訊資源		溫度感測器	溫控表
功能資源	變化的電磁場	保溫	轉移貨物、自動分揀貨物

12.3.3　問題解決——系統裁剪、質－場與知識庫

4 問題轉換及解決

4-1 系統裁剪

4-1-1 確定裁剪元件的原則

①基於專案目標選擇裁剪對象。

- **降低成本**：優選功能價值低、成本高的組件。
- **專利規避**：優選專利權利聲明的相關組件。
- **改善系統**：優選有主要缺點的組件。
- **降低系統複雜度**：優選高複雜度的組件。

②選擇「具有有害功能的組件」。

③選擇「低價值的組件」。

④選擇「提供輔助功能的組件」。

4-1-2 系統裁剪實施規則

實施規則 1：若裁剪組件 B，隨即也就不需要組件 A 的作用，則功能載體 A 可被裁剪。

實施規則 2：若組件 B 能完成組件 A 的功能，那麼組件 A 可以被裁剪，其功能由組件 B 完成。

實施規則 3：技術系統或超系統中其他的組件 C 可以完成組件 A 的功能，那麼組件 A 可以被裁剪，其功能由其他組件 C 完成。組件 C 可以是系統中已有的，也可以是新增加的。

4-1-3 初始系統功能分析圖

確定待裁剪元件，繪製系統功能模型圖裁剪方案如圖 12.48 所示。

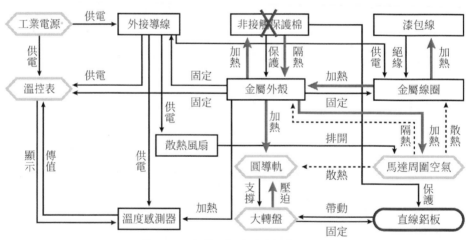

圖 12.48　自動分揀機系統裁剪方案圖

4-1-4 裁剪後系統功能分析圖

裁剪後的系統功能模型圖如圖 12.49 所示。

4-1-5 描述形成的概念方案

方案 7：把非接觸保護棉裁剪掉。超系統中大轉盤上每個小車的兩個水

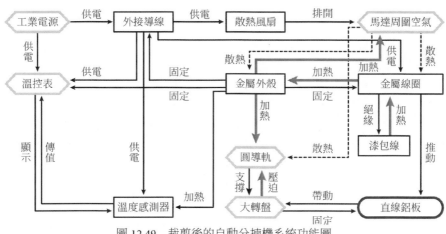

圖 12.49 裁剪後的自動分揀機系統功能圖

平緊貼圓導軌的滑輪足以保證直線鋁板不與金屬外殼接觸。

講評：本案例中存在大量不足和負面功能，可以選擇的問題突破點較多，應當繼續深入遍歷三個裁剪規則，盡可能的消除有害或不足作用，並簡化系統，提升組件價值，降低系統耦合程度，提高系統可靠性。案例中的裁剪還有繼續改進的空間，讀者可自行考慮深入分析。

4-2 質－場模型及標準解

4-2-1 質－場模型的建構

針對問題解決突破點，建構系統的初始質－場模型圖，如圖 12.50 所示。

4-2-2 根據啟發性原則尋找合適的標準解

4-2-3 描述形成的概念方案

方案 8：運用標準解 S2.2.5 構造一個新的熱場，利用水冷方式來進行降溫散熱，如圖 12.51 所示。

方案 9：運用標準解 S2.1.2，引入新的物質特殊結構鋁板，將鋁板改為外凸內凹空心結構，鋁板被推動運動時，也會加快空氣的流動，增加金屬

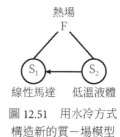

圖 12.50 散熱風扇對線性馬達作用的質－場模型圖

圖 12.51 用水冷方式構造新的質－場模型

外殼的散熱效果。

講評：標準解 S2.1.2 是「引入場向並聯式複合質－場模型轉換」，強調在不能引入新物質或引入新物質受限的情況下，將原有的單一的場轉變為並聯式複合質－場模型。方案 9 應當屬於標準解 S2.2.3「利用毛細管和多孔結構的物質」，該標準解強調改變物質結構，使其成為多孔或毛細結構以此來增強系統功能效應。讀者在使用標準解時要注意深入理解每個標準解的具體含義，切忌混淆。此外要注意配圖來加強理解並對方案作出解釋。

4-3 運用科學效應及知識庫

4-3-1 提煉欲改變的系統功能

降低溫度。

4-3-2 查詢知識庫並獲得結果

綜合查詢各類科學效應庫，得到可利用的效應如下：

二級相變原理；熱電現象；焦耳 - 湯姆孫效應；帕爾帖效應；熱電子發射原理；湯姆森效應；一級相變原理。

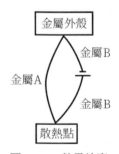

圖 12.52　熱電效應示意圖

4-3-3 描述形成的概念方案

方案 10：熱電效應（包括帕爾帖效應和湯姆森效應）：兩根不同金屬導體相互連接在一起，形成一個閉合電路，一端放在金屬外殼通以直流電，其中一個連接點就會變熱，另一個連接點變冷。直流電負極接金屬外殼，散熱點放低溫物體，會使金屬外殼較快速降溫。熱電效應的工作原理如圖 12.52 所示。

講評：科學效應庫的運用對於產生概念解幫助頗大，這裡只利用熱電效應產生了一個概念解，有興趣的讀者可以繼續查找其他科學效應嘗試產出更多的概念解，也可以利用最新的牛津大學知識庫重新定義功能和屬性，嘗試得出更多的參考效應和概念解。

12.3.4 問題解決——技術矛盾與物理矛盾

4-4 技術矛盾解決

4-4-1 規範化表述系統中存在的技術矛盾

本系統存在的技術矛盾可表述為：為了改善「（增強）線性馬達系統對直線鋁板的電磁力」，導致系統的「線性馬達系統的溫度（升高）」惡化。

4-4-2 用工程參數描述技術矛盾並查詢 2003 矛盾矩陣

選擇技術矛盾參數組合以及查詢所得發明原理如表 12.21 所示。

表 12.21 技術矛盾查詢與對應的發明原理

改善的參數	惡化的參數	對應的發明原理編號
力	溫度	35, 36, 21, 10, 24, 31

注：35：性質轉變原理　36：相變化原理
21：快速原理　10：預先行動原理
24：中介物質原理　31：孔隙物質原理

4-4-3 描述形成的概念方案

方案 11：運用發明原理 35（性質轉變原理），可以得到如下概念方案，即使用散熱性能更好的其他金屬材料作為線性馬達的金屬外殼。

方案 12：運用發明原理 35（性質轉變原理），可以得到如下概念方案，即使用發熱少且產生電磁力更強的金屬線圈。

方案 13：運用發明原理 35（性質轉變原理），可以得到如下概念方案，即使用能產生更強渦流或者受電磁感應力更強的金屬材料代替直線鋁板，從而增大線性馬達對該材料的推動力。

方案 14：運用發明原理 35（性質轉變原理），可以得到如下概念方案：將直線鋁板做成不規則、利於通風狀，使得鋁板在被推動過程中能同時帶動馬達周圍空氣的流動，從而加強散熱效果。

方案 15：運用發明原理 36（相變化原理），可以得到如下概念方案，即使用水冷方式進行散熱。水相變為水蒸氣時會吸收大量的熱量，從而大

大提高了散熱效果。

方案 16：運用發明原理 24（中介物質原理），可以得到如下概念方案，即將非接觸保護棉轉移到直線鋁板上，減小保護棉對金屬外殼的隔熱作用，同時增大直線鋁板運動時與空氣的接觸面積，從而增加馬達周圍空氣的流動，增強馬達的散熱效果。

方案 17：運用發明原理 31（孔隙物質原理），可以得到如下概念方案，即將金屬外殼做成孔狀結構，以利於散熱。

4-5 物理矛盾解決

4-5-1 規範化表述系統中存在的物理矛盾

在分揀機系統中，當電磁驅動力小時，線性馬達無法帶動大轉盤的轉動；當電磁驅動力大時，所需電源電壓頻率高，金屬線圈產生的熱量過多，導致線性馬達溫度過高。所以線性馬達對直線鋁板的電磁驅動力存在一個相反的要求，即存在物理矛盾。

4-5-2 描述形成的概念方案

方案 18：運用時間分離原理，在啟動線性馬達帶動大轉盤時增大電源電壓頻率，以啟動線性馬達。具體方案為：在大轉盤轉動過程中，由於維持大轉盤運動所需要的電磁力小於帶動大轉盤轉動所需要的電磁力，所以此時可以減小電磁驅動力，適當降低電源電壓頻率，從而減少線性馬達的發熱。

12.3.5　問題解決——系統進化與創新思維方法

4-6 九宮格法

4-6-1 擴展型資源列表

填寫擴展型資源列表如表 12.22 所示。

表 12.22　自動分揀機系統擴展型資源列表

時間層面	過去	現在	未來
物質資源	直線鋁板、人、手套	線圈繞組、金屬外殼、外接導線、溫度感測器、散熱風扇、非接觸保護棉、金屬線圈、線圈絕緣漆、直線鋁板、大轉盤、電源、溫控表、控制系統、上件臺、下件臺、小車	感測器、電磁設備、直線鋁板、自動控制設備
能量資源	機械能	電能、磁能、熱能、機械能	電能、磁能、機械能
空間資源	工作空間	馬達內部空隙、馬達外部表面、非接觸保護棉內部空間、線圈中心孔、線圈周圍空間、廠房、大轉盤所繞空間、大轉盤周圍空間等	設備內部空間、工作空間等
時間資源	分揀時間	系統運行預熱時間、更換設備時間、停機時間、直線鋁板運動時間	設備運行時間、設備維護時間
資訊資源	絕緣漆包裹程度、直線鋁板的外觀和顏色	溫度感測器、機器工況、保護棉品質、外殼發熱情況、絕緣漆包裹程度、金屬線圈發熱情況、溫控表、系統運行噪音、形同運行載荷、機器耗電量	儀器運行指示燈、自動控制設備警告
功能資源	分揀功能	保溫、隔熱功能、產生變化的電磁場、大轉盤圓周運動、轉移貨物、自動分揀貨物	轉移貨物、自動分揀貨物

4-6-2 根據資源列表提示，選擇可用資源，列在九宮格中

用九宮格法填寫資源列表如表 12.23 所示。

表 12.23　用九宮格法進行可用資源分析

資源類型	時間		
	問題發生前	問題發生時	問題發生後
子系統	無電阻金屬線圈、發熱少金屬線圈	自動快速散熱馬達、非馬達驅動裝置	局部低溫環境
系統		耐熱金屬線圈、快速散熱金屬外殼	快速散熱裝置、水
超系統	熔斷器	溫度感測器	溫度閾值控制系統、緊急報警急停裝置

4-6-3 描述形成的概念方案

方案 19：引入外凸內凹中空鋁板，使線性馬達在推動鋁板運動的同時，利用鋁板的運動，增加馬達周圍空氣的流動，從而進一步達到散熱降溫的效果。方案示意圖如圖 12.53 所示。

圖 12.53　中空凹鋁板示意圖

方案 20：引入水冷裝置或空調式壓縮機裝置，使用水冷方式或者壓縮機冷卻方式散熱。

方案 21：引入無電阻金屬線圈，如利用超導技術在較低溫度下使金屬電阻為零。

方案 22：引入非電力驅動裝置驅動大轉盤，如使用機械驅動方式或重力驅動方式。

方案 23：引入耐熱性能好的金屬線圈，如鈦合金等。

4-7 系統進化法則及 S 曲線

4-7-1 對系統所處 S 曲線時期的判斷

- **性能描述**：線性馬達性能很好，但仍有改進空間。
- **發明級別描述**：線性馬達發明級別較低。
- **發明數量描述**：線性馬達發明數量很多。
- **經濟收益描述**：線性馬達經濟收益很好，且逐漸趨近穩定。

綜合考慮以上四方面指標，判斷本系統處於成熟期。

4-7-2 系統所處階段與進化法則的對應關係

4-7-3 描述形成的概念方案

方案 24：運用向微觀級進化法則，產生方案：使用體積更小且功能齊全的線性馬達，使得線性馬達發熱更少，且對系統及超系統的熱輻射傷害更小。

4-8 創新思維之 STC 算子

4-8-1 對 STC 算子中三種極限情況的描述

運用 STC 算子描述三種極限條件下情況，如表 12.24 所示。

表 12.24　STC 算子及三種極限條件下的情況描述

項目	改進方向	
	趨近於零／→ 0	趨近於無窮／→ ∞
尺寸（size）	直線鋁板無限小：電磁推動力很小，且無法帶動大轉盤運動 散熱風扇無限小：沒有散熱效果，高溫容易損害系統 金屬線圈無限小：幾乎不發熱，但是也產生不了大的電磁力	直線鋁板無限大：嚴重增加拉動大轉盤的負載 散熱風扇無限大：散熱效果極好 金屬線圈無限大：如果匝數足夠多，電磁轉換效率就很高，在保證能夠拉動大轉盤的負載的條件下，產生熱量會很少
時間（time）	線性馬達運行時間無限短：無法完成帶動大轉盤運動功能 線性馬達散熱時間無限短：熱量將快速積聚 線性馬達發熱時間無限短：幾乎不發熱	線性馬達運行時間無限長：熱量積聚過多，高溫使系統崩潰 線性馬達散熱時間無限長：溫度在正常範圍內 線性馬達發熱時間無限長：熱量積聚過多，高溫使系統崩潰
成本（cost）	替線性馬達金屬外殼澆水，水用來儲存或者加熱其他物體（如加熱洗澡水等等），利用直線鋁板的運動完成散熱	採用超導技術，使線圈電阻為零，不會發熱 使用多個線性馬達，減少每個線性馬達分擔的拉動大轉盤負載 使用電磁轉換效率很高的線性馬達 使用散熱性能極好的線性馬達

4-8-2 描述形成的概念方案

形成的概念方案歸納如下：

方案 25：（鋁板尺寸）調節直線鋁板的大小和形狀至最佳，使得直線鋁板受到的電磁力與對大轉盤增加的額外負載均衡。

方案 26：（散熱時間）在線性馬達前開啟一個強力落地風扇。

方案 27：（成本增加）改善金屬線圈性能，如增加匝數、減小電阻，使電磁轉換效率達到最優。

方案 28：（成本增加）增加備用線性馬達用來輪換，使得三個線性馬達工作時，另外一個停止工作以便散熱。

方案 29：（散熱時間）鋁板面附上小段泡棉，使其運動時為線性馬達散熱。

方案 30：（增加成本）增加同時運行線性馬達的個數，減少單個線性馬達負載。

方案 31：（增加成本）使用電磁轉換效率更高的線性馬達。

方案 32：（散熱時間）使用散熱性能更好的線性馬達。

方案 33：（降低成本）使用水冷方式進行散熱。

4-9 最終理想解（IFR）

說明：透過對最終理想解的描述，在問題分析的最初階段，明確整個系統理想化的方向，為後續問題分析及解決打下基礎。

①系統的最終目標是什麼？

大轉盤的正常穩定轉動。

②理想化最終結果是什麼？

大轉盤自行穩定正常轉動。

③達到理想化狀態的障礙是什麼？

線性馬達持續運行後發熱過多。

線性馬達自身散熱性能不夠好。

大轉盤現今的動力驅動方式及動力驅動裝置宜選線性馬達。

④這些障礙為什麼阻礙理想化狀態的實現？

發熱過度以及散熱不夠都會導致線性馬達溫度的持續升高。

大轉盤的轉動是環形轉動，且大轉盤緊貼圓軌，動力傳遞方式較適合電磁推動，且馬達的體積不應過大。

⑤不出現這些障礙的條件是什麼？

線性馬達持續運行時不發熱或者發熱較少。

線性馬達持續運行時的散熱性能十分強。

線性馬達持續正常運行所需要的電源電壓頻率不能過高。

⑥可用哪些資源創造這些條件？

使用無電阻線圈。

電磁轉換效率更高的線性馬達。

線性馬達持續運行時的散熱性能十分強。

⑦是否有其他產業已實現類似的理想化結果的實施方案？

使用水冷式線性馬達進行散熱降溫。

講評：工具運用不夠徹底，概念方案描述還應更加細膩。讀者可自行運用新的 IFR 流程嘗試得出更多的概念解。

13.3.6　概念方案匯總、評價與總結

5 方案評價及匯總

5-1 初步概念方案匯總

略。

5-2 初步概念方案評價

略。

5-3 最終實施方案描述

　　將線性馬達更換為品質達標、電磁轉換效率更高的線性馬達；同時去除非接觸保護棉，在直線鋁板兩側都黏上長方體泡棉，讓直線鋁板運動時能替線性馬達散熱；增加大轉盤與圓導軌之間的潤滑度，減小兩者間的摩擦，降低線性馬達的負荷；多加一個備用馬達，使得每個線性馬達都能夠在大轉盤工作中輪流冷卻散熱，大大增加大轉盤持續工作的時長。

6 經濟及社會效益分析

6-1 產生專利或文章情況

略。

6-2 產生的經濟和社會效益

　　透過對線性馬達發熱過度問題的深究，得到的解決方案不僅能夠解決當前問題，還造成了增加大轉盤持續工作時長的作用，增強了系統的可持續工作能力，提升了系統的市場競爭力。根據測算，預計每年可節省運行、養護成本約 600 萬元。

附錄

附錄 A　學科效應庫效應列表

　　學科效應庫將許許多多科學原理和效應,按照物理、化學、幾何等學科分門別類(最新的研究成果也包括生物學科)。在每一學科中,根據效應能夠實現的典型功能加以歸類,製成表格。使用者根據所需實現的功能查詢不同學科門類下的效應。以下將介紹具體學科的效應庫。

A.1　物理效應庫

　　物理效應與實現功能對照表如表 A.1 所示。

表 A.1　物理效應與實現功能對照表

編號	實現功能	物理效應
1	測量溫度	熱膨脹和由此引起的固有振動頻率的變化;熱電現象;光譜輻射;物質光學性能及電磁性能的變化;居禮效應(居禮點);霍普金森效應;巴克豪森效應;熱輻射
2	降低溫度	傳導;對流;輻射;一級或二級相變;焦耳 - 湯姆孫效應;帕爾帖效應;磁熱效應;熱電效應
3	提高溫度	傳導;對流;輻射;電磁感應;熱電介質;熱電子;電子發射(放電);材料吸收;熱電效應;對象的壓縮;核反應
4	穩定溫度	相變(例如超越居禮點);熱絕緣
5	檢測對象的位置和運動	引入容易檢測的標識;變換外場(發光體)或形成自場(鐵磁體);光的反射和輻射;光電效應;相變(再成型);X 光或放射性;放電;都卜勒效應;干擾
6	控制對象的運動	將對象連上有影響的鐵或磁鐵;引入磁場;運用另外的對象傳遞壓力;機械振動;慣性力;熱膨脹;浮力;壓電效應;馬格納斯效應
7	控制氣體或液體的運動	毛細管現象;滲透;電滲透(電泳現象);湯姆森效應;白努利效應;各種波的運動;離心力(慣性力);韋森堡效應;液體中充氣;寬德效應(也稱附壁效應)
8	控制懸浮體(粉塵、煙、霧等)的運動	起電;電場;磁場;光壓力;冷凝;聲波;亞聲波
9	充分攪拌(混合)對象	形成溶液;超高音頻;氣穴現象;擴散;電場;用鐵－磁材料結合的磁場;電泳現象;共振

編號	實現功能	物理效應
10	分解混合物	電和磁分離；在電場和磁場作用下，改變液體的密度；離心力（慣性力）；相變；擴散；滲透
11	穩定對象的位置（定位對象）	電場和磁場；利用在電場和磁場的作用下固化定位液態的對象；吸溼效應；往復運動；相變（再造型）；熔煉；擴散熔煉
12	產生力或控制力	用鐵－磁材料形成有感應的磁場；相變；熱膨脹；離心力（慣性力）；透過改變磁場中的磁性液體和導電液體的密度來改變流體靜力；超越炸藥；電液壓效應；光液壓效應；滲透；吸附；擴散；馬格納斯效應
13	控制摩擦力	約翰遜－拉別克效應；輻射效應；KparnbcKHH 現象；振動；利用鐵磁顆粒產生磁場感應；相變；超流體；電滲透
14	破壞或分解對象	放電；電－水效應；共振；超高音頻；氣穴現象；感應輻射；相變熱膨脹；爆炸；雷射電離
15	積蓄機械能或熱能	彈性形變；飛輪；相變；流體靜壓；熱電現象
16	傳輸能量（機械能、熱能、輻射能和電能）	形變；AnexcaHAPoe 效應（亞歷山大佐夫效應）；運動波（包括衝擊波）；導熱性；對流；廣反射（光導體）；輻射感應；賽貝克效應；電磁感應；超導體；一種能量形式轉換成另一種便於傳輸的能量形式；亞聲波（亞音頻）；形狀記憶效應
17	建立移動對象與固定對象的相互作用	利用電－磁場（運動的「對象」向著「場」的連接）由物質耦合向場耦合過渡；應用液體流和氣體流；形狀記憶效應
18	測量對象的尺寸	測量固有振動頻率；標記和讀出磁性參數和電參數；全像攝影
19	改變對象的尺寸或形狀	熱膨脹；雙金屬結構；形變；磁電致伸縮（磁－反壓電效應）；壓電效應；相變；形狀記憶效應
20	檢測對象表面的狀態或性質	放電；光反射；電子發射（電輻射）；波紋效應；輻射；全像攝影
21	改變對象表面的狀態或性質	摩擦力；吸附作用；擴散；包辛格效應；放電；機械振動和聲振動；照射（反輻射）；冷作硬化（凝固作用）；熱處理
22	檢測對象內部的狀態或性質	引入轉換外部電場（發光體）或形成與研究對象的形狀和特性有關的自場（鐵磁體）的標識物；根據對象結構和特性的變化改變電阻率；光的吸收、反射和折射；電光學和磁光現象；偏振光（極化的光）X 光和輻射線；核磁共振超越居禮點；霍普金森效應和巴克豪森效應；測量對象固有振動頻率；超音波（超高音頻）；亞聲波（亞音頻）；Mossbauer 效應；霍爾效應；全像攝影；聲發射（聲輻射）
23	改變對象內部的狀態或性質	在電場和磁場作用下改變液體性質（密度、黏度）；引入鐵磁顆粒和磁場效應；熱效應；相變；電場作用下的電離效應；紫外線輻射；X 光輻射；放射性輻射；擴散；電場和磁場；包辛格效應；熱電效應；熱磁效應；磁光效應（永磁－光學效應）；氣穴現象；彩色照相效應；內光效應；液體充氣（用氣體、泡沫「替代」液體）；高頻輻射

編號	實現功能	物理效應
24	令對象形成期望的結構	電波干涉（彈性波）；衍射；駐波；波紋效應；電場和磁場；相變；機械振動和聲振動；氣穴現象
25	檢測電場和磁場	滲透；對象帶電（起電）；放電；放電和壓電效應；駐極體；電子發射；電光現象；霍普金森效應和巴克豪森效應；霍爾效應；核磁共振；流體磁現象和磁光現象；電致發光（電－發光）；鐵磁性（鐵－磁）
26	檢測輻射	光－聲學效應；熱膨脹；光－可範性效應（光－可塑性效應）；放電
27	產生輻射	Josephson 效應；感應輻射效應；隧道（tunnel）效應；發光；耿氏效應；契林柯夫效應；塞曼效應
28	控制電磁場	遮蔽，改變介質狀態，如提高或降低其導電性（例如增加或降低它在變化環境中的導電率）；在電磁場相互作用下，改變與磁場相互作用對象的表面形狀（利用場的相互作用，改變對象表面形狀）；引縮（pinch）效應
29	控制光	折射光和反射光；電現象和磁－光現象；彈性光；克耳效應和法拉第效應；耿氏效應；弗朗茲 · 凱爾迪什效應；光通量轉換成電訊號或反之；刺激輻射（受激輻射）
30	激發和強化化學變化	超音波（超高音頻）；亞聲波；氣穴現象；紫外線輻射；X 光輻射；放射性輻射；放電；形變；衝擊波；催化；加熱
31	對象成分分析	吸附；滲透；電場；對象輻射的分析（分析來自對象的輻射）；光－聲效應；穆斯堡爾效應；電順磁共振和核磁共振

A.2　化學效應庫

化學效應與實現功能對照表如表 A.2 所示。

表 A.2　化學效應與實現功能對照表

編號	實現功能	化學效應
1	測量溫度	熱色反應；溫度變化時化學平衡轉變；化學發光
2	降低溫度	吸熱反應；物質溶解；氣體分解
3	提高溫度	放熱反應；燃燒；高溫自擴散合成物；使用強氧化劑；使用高熱劑
4	穩定溫度	使用金屬水合物；採用泡沫聚合物絕緣
5	檢測對象的位置和運動	使用燃料標記；化學發光；分解出氣體的反應
6	控制對象的運動	分解氣體的反應；燃燒；爆炸；應用表面活性物質；電解

編號	實現功能	化學效應
7	控制氣體或液體的運動	使用半滲透膜；輸送反應；分解後氣體的反應；爆炸；使用氫化物
8	控制懸浮體（粉塵、煙、霧等）的運動	與氣懸物粒子機械化學訊號作用的物質霧化
9	充分攪拌（混合）對象	由不發生化學作用的物質構成混合物；協同效應；溶解；輸送反應；氧化－還原反應；氣體化學結合；使用水合物、氫化物；應用絡合酮
10	分解混合物	電解；輸送反應；還原反應；分離化學結合氣體；轉變化學平衡；從氫化物和吸附劑中分離；使用絡合酮；應用半滲透膜；將成分由一種狀態向另一種狀態轉變（包括相變）
11	穩定對象的位置（定為對象）	聚合反應（使用膠、玻璃水、自凝固塑膠）；使用凝膠體；應用表面活性物質；溶解乳合劑
12	產生力或控制力	爆炸；分解氣體水合物；金屬吸氫時發生膨脹；釋放出氣體的反應；聚合反應
13	控制摩擦力	由化合物還原金屬；電解（釋放氣體）；使用表面活性物質和聚合塗層；氫化作用
14	破壞或分解對象	溶解；氧化－還原反應；燃燒；爆炸；光化學和電化學反應；輸送反應；將物質分解成成分；氫化作用；轉變混合物化學平衡
15	積蓄機械能或熱能	放熱和吸熱反應；溶解；物質分解成成分（用於儲存）；相變；電化學反應；機械化學反應
16	傳輸能量（機械能、熱能、輻射能和電能）	放熱和吸熱反應；溶解；化學發光；輸送反應；氫化物；電化學反應；能量由一種形式轉換成另一種形式，更利於能量傳遞
17	建立移動對象與固定對象的相互作用	混合；輸送反應；化學平衡轉移；氫化轉移；分子自聚集；化學發光；電解；自擴散高溫聚合物
18	測量對象的尺寸	與周圍介質發生化學轉移的速度和時間
19	改變對象的尺寸或形狀	溶解（包括在壓縮空氣中）；爆炸（氧化反應）；燃燒（轉變成化學關聯形式）；電解；使用彈性和塑性物質
20	檢測對象表面的狀態或性質	原子團再化合發光；使用親水和疏水物質；氧化－還原反應；應用光色、電色和熱色原理
21	改變對象表面的狀態或性質	輸送反應；使用水合物和氫化物；應用光色物質；氧化－還原反應；應用表面活性物質；分子自聚集；電解；侵蝕；交換反應；使用漆料
22	檢測對象內部的狀態或性質	使用色反應物質或者指示劑物質的化學反應；顏色測量化學反應；形成凝膠

編號	實現功能	化學效應
23	改變對象內部的狀態或性質	引起物體的物質成分發生變化的反應（氧化反應、還原反應和交換反應）；氫化作用；溶解；溶液稀釋；燃燒；使用膠體
24	令對象形成期望的結構	電化學反應；輸送反應；氣體水合物；氫化物；分子自聚集；絡合酮
25	檢測電場和磁場	電解；電化學反應（包括電色反應）
26	檢測輻射	光化學；熱化學；核射線化學反應（包括光色、熱色和射線使顏色發生變化的反應）
27	產生輻射	燃燒反應；化學發光；雷射器活性氣體介質中的反應；發光（生物發光）
28	控制電磁場	溶解形成電解液；由氧化物和鹽生成金屬；電解
29	控制光	光色反應；電化學反應；逆向電沉積反應；週期性反應；燃燒反應
30	激發和強化化學變化	催化劑；使用強氧化劑和還原劑；分子激發活化；反應產物分離；使用磁化水
31	對象成分分析	氧化反應；還原反應；使用顯示劑
32	脫水	轉變成水合狀態；氫化作用；使用分子篩
33	改變相狀態	溶解；分解；氣體活性結合；從溶液中分解；分離出氣體的反應；使用膠體；燃燒
34	減緩和阻止化學變化	阻化劑；使用惰性氣體；使用保護層物質；改變表面性質

A.3　幾何效應庫

幾何效應與實現功能對照表如表 A.3 所示。

表 A.3　幾何效應與實現功能對照表

編號	實現功能	幾何效應
1	質量不改變的情況下增大或減小物體的體積	將各部件緊密包裝；凹凸面；單頁雙曲線
2	質量不改變的情況下增大或減小物體的面積、長度	多層裝配；凹凸面；使用截面變化的形狀；莫比烏斯環；使用相鄰的表面積
3	由一種運動形式轉變成另一種形式	「勒洛」三角形；錐形搗實；曲柄連桿傳動
4	集中能量流和粒子	拋物面；橢圓；擺線
5	強化進程	由線加工轉變成面加工；莫比烏斯環；偏心率；凹凸面；螺旋；刷子

編號	實現功能	幾何效應
6	降低能量和物質損失	凹凸面；改變工作截面；莫比烏斯環
7	提高加工精度	刷子；加工工具採用特殊形狀和運動軌跡
8	提高可控性	刷子；雙曲線；螺旋線；三角形；使用形狀變化物體；由平動向轉動轉換；偏移螺旋機構
9	降低可控性	偏心率；將圓周物體替換成多角形物體
10	提高使用壽命和可靠性	莫比烏斯環；改變接觸面積；選擇特殊形狀
11	減小作用力	相似性原則；保角映像；雙曲線；綜合使用普通幾何形狀

　　涵蓋了包括物理、化學、幾何、生物等多學科領域的原理或定律的科學效應，可以使物體或系統實現某種功能的「能量」和「作用力」，對自然科學及工程領域中事物間紛繁複雜的關係，實現全面的描述。借助於這些原理，把問題簡化到最基本的要素，引導和幫助創造者利用它來解決某一特定技術領域的知識問題。面對一個複雜的問題，只要你能找到相關的研究，它就能將輸入量轉化為輸出量，實現有用的功能，更可喜的是，它能為你帶來至少三級，甚至是四級、五級的創造發明。

附錄 B 習題參考答案

B.1 矛盾提取練習

訓練題 1 解析：矛盾的兩方面是「更大的搜尋面積」導致「更加耗費時間」。因此，用工程參數的語言進行描述，改善的參數是「6 靜止對象的面積」，惡化的參數是「26 時間的無效損耗」。

訓練題 2 解析：服務生每次托舉多個盤子，提升了單位時間內完成工作的量，因此改善的參數是「44 生產率」，但與此同時手中盤子太多容易跌落，惡化的參數是「21 穩定性」。

訓練題 3 解析：輪船的尺寸越來越大，改善的參數是「3 運動對象的尺寸」，結果是行船時阻力增加，惡化的參數是「40 作用於對象的外部有害因素」或「16 運動對象的能量消耗」。

訓練題 4 解析：牽引能力的提升，可以認為改善的參數是「18 功率」或「1 運動對象的質量」，惡化的參數是「27 能量的無效損耗」。

訓練題 5 解析：改善的參數是「18 功率」，惡化的參數是「1 運動對象的質量」。

訓練題 6 解析：想要改善螺栓被扳手旋壞的情況，可以認為是消除扳手對螺栓的有害作用，因此改善的參數是「30 對象產生的外部有害因素」，這樣的新式扳手可能沒有成熟的生產線，難以製造，惡化的參數為「41 易製造性」。

訓練題 7 解析：一座座高樓拔地而起，密集的分布在市中心（如紐約曼哈頓、上海陸家嘴、香港中環等），改善的參數可以歸納為「4 靜止對象的尺寸」或「10 物質的數量」，隨之而來的問題包括地基不穩（對應惡化的參

數為「21 穩定性」），抗震性能差（「38 易損壞性」），影響周邊建築物採光（「30 對象產生的外部有害因素」）等，均可提取為惡化的工程參數。

訓練題 8 解析：矛盾的兩方面是「增強法蘭的密封性和強度」導致「質量增加，維修繁瑣」。因此，用工程參數的語言進行描述，改善的參數是「13 靜止對象的耐久性」或「35 可靠性」，惡化的參數為「2 靜止對象的質量」「36 易維修性」或「45 裝置的複雜性」。

B.2　分離原理解決物理矛盾綜合練習

答案：

時間分離：設置紅綠燈。

空間分離：高架橋、立體交叉橋。

系統級別分離：Park & Ride（P&R）停車轉乘系統，指在城市中心區以外軌道交通車站、公車交通首末站以及高速公路旁設置停車轉乘場地，低價收費或免費為私人汽車、機車等提供停放空間，輔以優惠的公共交通收費政策，引導乘客轉乘公共交通進入城市中心區，以減少私人汽車在城市中心區域的使用，緩解中心區域交通壓力。其目的是將自用小客車系統裡的人分離到超系統中去。

條件分離：單雙號限行、設置公車道、緊急車道。

此外，還有其他思路，如在十字路口中心設置轉盤，四個方向的車流到達路口後，均進入轉盤，形成減速和分流。其遵循的條件是，遇到該去的路口就右轉彎，否則就逆時針繞著轉盤行駛，如圖 B.1 所示。另外，如圖 B.1 所示的類似於北京西單路口的「平面立體交叉」的設計，也是運用條件分離原理的一個例子，每個方向車輛在通過路口時只能直行。另外在十字路口的四個角各修建一條小型環路，如同將一座立體交叉橋放到平面上，汽車轉彎必須經過路口旁邊的環路實現——右轉彎的車輛在十字路口前面

提前拐彎，左轉彎的車輛在直行通過十字路口後連續三個右轉彎，徹底消除了最容易引起堵塞的左轉彎現象，讓車輛各行其道，互不干涉。車輛「只能直行，轉彎走環路」就是實現分離的條件。

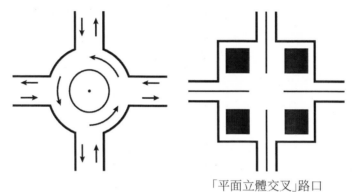

「平面立體交叉」路口

圖 B.1　轉盤路口與平面立交示意圖

B.3　建構質－場模型訓練

訓練題一的解決方案及質－場模型如圖 B.2 所示。該問題是有害的完整質－場模型，引入橡膠手套（S_3 作為中介物，消毒過的橡膠手套避免了感染的風險，也令醫生更容易操縱手術儀器）。

訓練題二的解決方案及質－場模型如圖 B.3 所示，該問題是效應不足的質－場模型，引入蒸氣溫度場 F_2，預先用蒸氣噴一下壁紙使其溼潤，然後再用刀子刮，壁紙就會輕而易舉的被刮下來了。

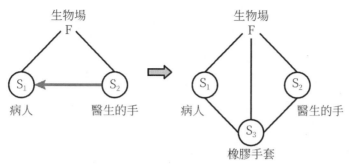

圖 B.2　訓練題一的質－場模型

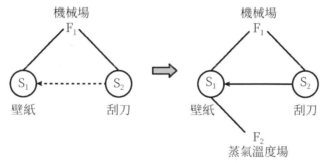

圖 B.3　訓練題二的質－場模型

　　訓練題三的解決方案及質－場模型如圖 B.4 所示。曹沖巧妙的借助石頭代替大象作為 S_1，借助水的浮力 F_1 量出了大象的重量，這是一個經典的透過引入新的場和物質改進效應不足的質－場模型的例子。

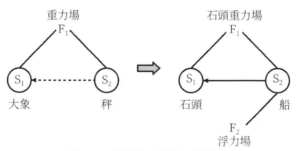

圖 B.4　訓練題三的質－場模型

B.4　運用標準解解決問題訓練解析

案例一解析：

(1) 由於不易直接找到該技術系統中的矛盾，故採用質－場模型及標準解系統對該問題進行分析。在所要解決的問題中，僅有維修對象 S_1，屬於不完整質－場模型。若對管道從外部檢測維修，須挖開所有的管溝，費用過高，因此採用從管道內部維修，將不透水的彈性物質 S_2 增加到該技術系統中，形成不完整模型 $S_1 + S_2$，如圖 B.5 所示。

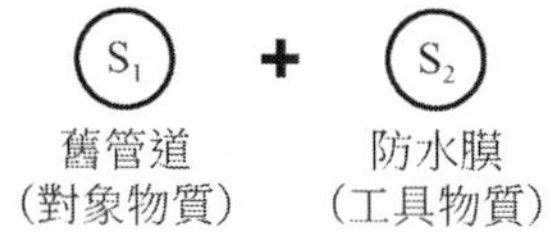

S_1 ＋ S_2
舊管道　　　　防水膜
(對象物質)　　(工具物質)
圖 B.5　案例一不完整質－場模型

(2) 對於不完整模型，標準解提供了第一類標準解法中 S1.1.1 ～ S1.1.8 的標準解法。質－場模型的改變方向為：補充元素。透過分析，應用標準解 S1.1.3（假如系統不能改變，但用永久的或臨時的外部添加物來改變 S_1 或 S_2 是可以接受的，則添加），為該技術系統 S_2 表面抹膠，改變質－場模型的形式，如圖 B.6 所示。

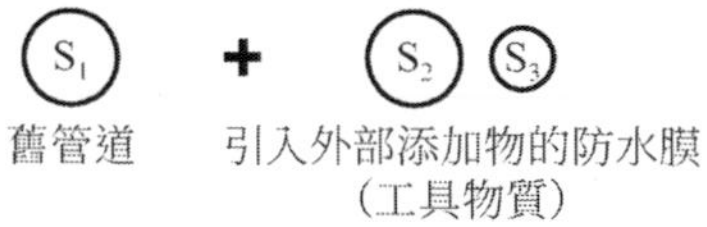

S_1 ＋ S_2 S_3
舊管道　　引入外部添加物的防水膜
(工具物質)
圖 B.6　案例一引入外部添加物不完整質－場模型

(3) 一般用人工可將抹膠的防水膜貼在管道的內表面，構成完整的技術系統質－場模型，如圖 B.7 所示。

(4) 利用人工為管道內表面貼防水膜，工作效率低，品質不能保證，而且遇到管道內徑較小的情況，人無法進入管道內部。因此考慮用第五類標準解對其進行簡化和改善。

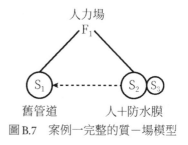

人力場
F_1

S_1 ← S_2 S_3
舊管道　　　人＋防水膜
圖 B.7　案例一完整的質－場模型

選用第五類標準解法中的 S5.1.1 間接方法（使用無成本資源，如空氣、真空、氣泡、泡沫、縫隙等），改善技術系統中場的作用。

將防水貼膜製成防水軟管，圓柱形截面直徑大於管道內徑，用固定圈

按照一定距離間隔固定在防水貼膜上。此時注意，防水貼膜已經抹好膠的
一面位於圓柱形管的內表面。將圓柱形防水貼膜一端封閉，敞口端沿管道
維修孔截面周長固定。防水軟管剛插入管道時較鬆軟，用空氣壓縮機向封
閉的套管中充氣，防水軟管受壓後延展，與維修管道壁黏結。當套管延伸
至維修管道端部時，防水軟管封閉端的封閉繩索束達到極限破壞後斷開。
這樣就完成了維修管道內表面貼防水膜的工作，示意圖如圖 B.8 所示，質－
場模型如圖 B.9 所示。

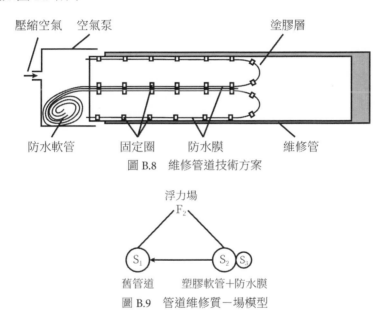

圖 B.8　維修管道技術方案

圖 B.9　管道維修質－場模型

案例二解析：

(5) 由於不能直接找到該技術系統中的矛盾，故採用質－場模型對該問題
進行分析。所要解決的問題中，有檢驗對象 S_1、加載試驗機 S_2、機械場
F，但不能完成全部檢測工作，屬於效應不足的完整模型。

(6) 對於效應不足的完整模型，應採用第二級標準解系統。相應的，質－
場模型的改變形式有以下兩種：加入 S_3 和 F_2 提高有用效應；加入 F_2 強
化有用效應。

透過分析，採用標準解 S2.2.1 利用更易控制的場替代（對可控性差的

場,用易控場來代替,或增加易控場。由重力場變為機械場或由機械場變為電磁場,其核心是由物理接觸變為場的作用)。

(7) 將機械力轉變為場的作用,則可在建築材料試塊檢測中,引入空氣壓力場。具體來講,是將建築試塊放入密閉容器罐進行加壓,達到標準壓力值後突然減壓,以檢驗其是否開裂、強度特徵以及其內部是否存有裂縫。其質－場模型如圖 B.10 所示,其中密閉容器罐作為檢測儀器 S_3,空氣壓力場作為 F_2。

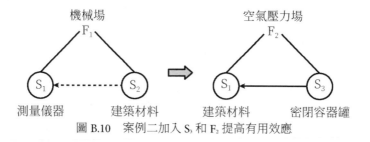

圖 B.10 案例二加入 S_3 和 F_2 提高有用效應

案例三解析:

(1) 在所要解決問題的技術系統中,有地震作用對象建築物 S_1、建築基礎 S_2、地震作用 F。其中,地震作用 F 對建築物基礎 S_2、建築物 S_1 產生了有害效應。該質－場模型屬於有害效應的完整模型,如圖 B.11 所示。

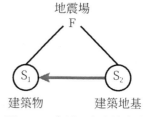

圖 B.11 案例三有害效應的完整質－場模型

(2) 對於有害效應的完整模型,參考第一類標準解法中的 S1.1.6 ～ S1.2.8,以及 S1.2.1 ～ S1.2.5。有兩種改進思路:加入 F_2 消除有害效應;加入 S_3 阻止有害效應。

在建築物抗震設計中,首先考慮第二種思路,即加入一種新物質 S_3 阻止有害效應。

產生方案一:應用標準解 S1.2.1 在系統的兩個物質之間引入外部現成的物質(在一個系統中有用及有害效應同時存在,並且 S_1 及 S_2 不必互相接觸,則可引入 S_3 來消除有害效應)。

具體來講,在建築物主體結構與地基之間引入新物質——隔震墊,以

消除地震對建築結構主體的有害效應,其質－場模型如圖 B.12 所示,示意圖如圖 B.13 所示。

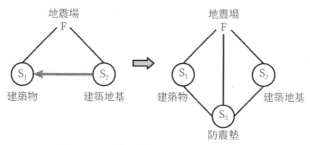

圖 B.12 案例三加入 S_3 阻止有害效應

圖 B.13 橫濱 Park 大樓引入隔震墊消除地震對建築的有害作用

昆明機場是目前世界上最大的隔震建築,橫向 328 公尺,寬 277 公尺,基底總面積達 8.5 萬平方公尺,用隔震墊 1,800 個。這是由於雲南地處斷裂帶,地震頻發,屬於抗震重點區域。採用隔震技術,理想解決了昆明機場的建築抗震設計問題,如圖 B.14 所示。

方案二:應用標準解 S1.2.2 引入系統中現有物質的變異物(標準解 S1.2.2 與 S1.2.1 類似,但不允許增加

圖 B.14 昆明機場隔震專案

新物質。透過改變 S_1 或 S_2 來消除有害效應。）

　　按照標準解 S1.2.2 的要求，在標準解 S1.2.1 的基礎上將建築物主體結構與建築地基隔離，但不增加新物質，僅對建築主體進行改變。蘇聯抗震專家基於俄羅斯娃娃的理念申請了一項抗震專利名叫 Vanka-Vstanka，其重心沿中心軸對稱，如圖 B.15 所示。

圖 B.15　俄羅斯娃娃 Vanka-Vstanka

　　該項技術已應用到建築設計中，如圖 B.16 所示。在這種形式的建築中，上部結構為剛性，下部柱腳形成圓形，由砂、橡膠或其他彈性材料製成。在建築底部形成兩層地板，中間「十」字形交叉的柱有 Vanka-Vstanka 的特性，地震來臨時柱子可以晃動。圖 B.17 所示為採用新型建築地基的建築物質－場模型。

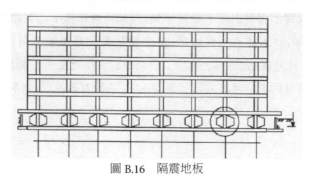

圖 B.16　隔震地板

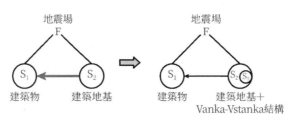

圖 B.17　採用新型建築地基的建築物質－場模型

　　方案三：應用標準解 S1.2.3 引入第二物質（如果有害效應是由一種場引起的，則引入物質 S_3 吸收有害效應。）標準 S1.2.3 針對由場引起的有害效應提出，引入新物質來吸收有害效應。地震作用正是由場引起的，該解決方

法對建築抗震設計很適用。

　　具體來講，在建築抗震設計中，可加入附加的質量、彈簧體系，以造成消耗地震能量的功能，如引入調諧質量阻尼器 TMD，或設置專門的容器灌注液體，透過液體晃動，造成耗能作用，如調諧液體阻尼器 TLD。

　　此外，可結合其他結構功能構件兼起耗能作用，包括耗能支撐、減震牆、制震壁、容損構件等，均能吸收地震能量，達到耗能減震的作用。其質－場模型圖如圖 B.18 所示。

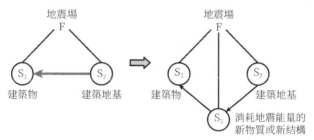

圖 B.18　減震建築工作原理的質－場模型

　　以上這些方法均為在建築物中引入新物質、吸收地震作用的能量，達到消能減震的作用。由於種類繁多，這裡僅以耗能支撐為例，說明其工作原理和作用。

　　耗能支撐由支撐芯材和套管組成，如圖 B.19 所示。其設計思維是讓芯材承擔軸向力，套管不承受軸力，產生防止支撐屈曲的作用，而芯材用低屈服點鋼材製成，在壓力作用下產生較大塑性變形，透過這種變形可以達到耗能目的。

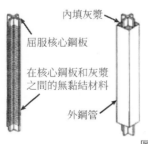

圖 B.19　耗能支撐

　　耗能支撐的一個具體應用是屈曲約束支撐，其不僅可以用於新建結構，還可以用於已有結構的抗震加固和改造。1995 年，日本神戶地震以後，多個建築的抗震加固選用屈曲約束支撐。1999 年，臺灣地震後，也選用了屈曲約束支撐對重點工程進行了加固。

　　質－場模型的另一個解題思路為加入 F_2 消除有害效應，而在建築抗震設計中，直接加入另一種場抵抗地震作用似乎很難實現，但可以利用另一種場改變建築結構的阻尼，改變建築主體結構的震動特徵。在地震作用下，減少建築物自身震動的質－場模型如圖 B.20 所示，示意圖如圖 B.21 所示。

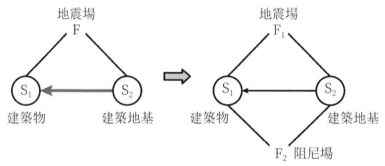

圖 B.20　加入 F_2 消除有害效應

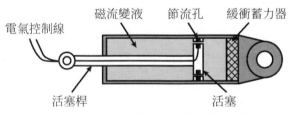

圖 B.21　磁流變阻尼器

TRIZ 的創新理論與實戰精要

因果分析、矛盾矩陣、發明原理、科學效應，一本書教你用創新方法解決實際問題

作　　者：姚威，韓旭，儲昭衛

封面設計：康學恩

發 行 人：黃振庭

出 版 者：崧燁文化事業有限公司

發 行 者：崧燁文化事業有限公司

E - m a i l：sonbookservice@gmail.com

粉 絲 頁：https://www.facebook.com/
　　　　　sonbookss/

網　　址：https://sonbook.net/

地　　址：台北市中正區重慶南路一段六十一號八
　　　　　樓 815 室

**Rm. 815, 8F., No.61, Sec. 1, Chongqing S. Rd.,
Zhongzheng Dist., Taipei City 100, Taiwan**

電　　話：(02)2370-3310

傳　　真：(02) 2388-1990

印　　刷：京峯彩色印刷有限公司（京峰數位）

律師顧問：廣華律師事務所 張珮琦律師

─ 版權聲明 ─────────

原著書名《創新之道──TRIZ 理论与实战精
要》。本作品中文繁體字版由清華大學出版社有
限公司授權台灣崧博出版事業有限公司出版發
行。未經書面許可，不得複製、發行。

定　　價：580 元

發行日期：2022 年 10 月第一版

◎本書以 POD 印製

國家圖書館出版品預行編目資料

TRIZ 的創新理論與實戰精要：因果
分析、矛盾矩陣、發明原理、科學
效應，一本書教你用創新方法解決
實際問題 / 姚威，韓旭，儲昭衛 著 . --
第一版 . -- 臺北市：崧燁文化事業有
限公司 , 2022.10
　　冊；　公分
POD 版
ISBN 978-626-332-750-4(平裝)

1.CST: 發 明 2.CST: 創造性思考
3.CST: 問題導向學習
440.601　111014579

官網

臉書